U0196644

全国建筑业企业项目经理培训教材

工程招投标与合同管理

（修订版）

全国建筑业企业项目经理培训教材编写委员会

中国建筑工业出版社

图书在版编目(CIP)数据

工程招投标与合同管理/全国建筑业企业项目经理
培训教材编写委员会编. —修订版. —北京：中国建
筑工业出版社，2000

全国建筑业企业项目经理培训教材

ISBN 978-7-112-04138-1

Ⅰ.工…　Ⅱ.全…　Ⅲ.①建筑工程-招标-职业教育-
教材②建筑工程-投标-职业教育-教材③建筑工程-经济
合同-管理-职业教育-教材　Ⅳ.TU723

中国版本图书馆 CIP 数据核字（2000）第 12012 号

本书首先介绍了合同的法律基础知识，系统地介绍了工程招标、投标
和合同管理的理论和应用，包括工程招投标程序、合同分类、工程施工招
标文件的编制；投标的组织、决策、技巧和投标文件的编制；投标报价的
组成和计算，报价的宏观审核；工程承包合同的签订和履行；工程施工索
赔的处理过程与费用计算及其典型案例。对我国的有关建设工程合同和国
际通用的 FIDIC《土木工程施工合同条件》进行了简明扼要的介绍。

本书是建筑业企业项目经理培训教材之一，也可供与建筑业有关的业
主、监理工程师、营造师与高等学校有关专业的师生学习参考。

全国建筑业企业项目经理培训教材

工程招投标与合同管理

（修订版）

全国建筑业企业项目经理培训教材编写委员会

*

中国建筑工业出版社出版、发行（北京西郊百万庄）

各地新华书店、建筑书店经销

北京建筑工业印刷厂印刷

*

开本：787×1092毫米　1/16　印张：$16\frac{1}{2}$　字数：394千字

2000年2月第一版　　2018年6月第四十七次印刷

定价：**32.00**元

ISBN 978-7-112-04138-1

（20792）

全国建筑业企业项目经理培训教材
修订版编写委员会成员名单

顾　问：
　　金德钧　　建设部总工程师、建筑管理司司长
主任委员：
　　田世宇　　中国建筑业协会常务副会长
副主任委员：
　　张鲁风　　建设部建筑管理司巡视员兼副司长
　　李竹成　　建设部人事教育司副司长
　　吴之乃　　中国建筑业协会副秘书长
委员（按姓氏笔画排序）：
　　王瑞芝　　北方交通大学教授
　　毛鹤琴　　重庆大学教授
　　丛培经　　北京建筑工程学院教授
　　孙建平　　上海市建委经济合作处处长
　　朱　嬿　　清华大学教授
　　李竹成　　建设部人事教育司副司长
　　吴　涛　　中国建筑业协会工程项目管理委员会秘书长
　　吴之乃　　中国建筑业协会副秘书长
　　何伯洲　　东北财经大学教授
　　何伯森　　天津大学教授
　　张鲁风　　建设部建筑管理司巡视员兼副司长
　　张兴野　　建设部人事教育司专业人才与培训处调研员
　　张守健　　哈尔滨工业大学教授
　　姚建平　　上海建工（集团）总公司副总经理
　　范运林　　天津大学教授
　　郁志桐　　北京市城建集团总公司总经理
　　耿品惠　　中国建设教育协会副秘书长
　　燕　平　　建设部建筑管理司建设监理处处长
办公室主任：
　　吴　涛（兼）
办公室副主任：
　　王秀娟　　建设部建筑管理司建设监理处助理调研员

3

全国建筑施工企业项目经理培训教材
第一版编写委员会成员名单

主任委员：

姚　兵　　建设部总工程师、建筑业司司长

副主任委员：

秦兰仪　　建设部人事教育劳动司巡视员

吴之乃　　建设部建筑业司副司长

委员（按姓氏笔画排序）：

王瑞芝　　北方交通大学工业与建筑管理工程系教授

毛鹤琴　　重庆建筑大学管理工程学院院长、教授

田金信　　哈尔滨建筑大学管理工程系主任、教授

丛培经　　北京建筑工程学院管理工程系教授

朱嬿　　　清华大学土木工程系教授

杜训　　　东南大学土木工程系教授

吴涛　　　中国建筑业协会工程项目管理专业委员会会长

吴之乃　　建设部建筑业司副司长

何伯洲　　哈尔滨建筑大学管理工程系教授、高级律师

何伯森　　天津大学管理工程系教授

张毅　　　建设部建筑业司工程建设处处长

张远林　　重庆建筑大学副校长、副教授

范运林　　天津大学管理工程系教授

郁志桐　　北京市城建集团总公司总经理

郎荣燊　　中国人民大学投资经济系主任、教授

姚兵　　　建设部总工程师、建筑业司司长

姚建平　　上海建工（集团）总公司副总经理

秦兰仪　　建设部人事教育劳动司巡视员

耿品惠　　建设部人事教育劳动司培训处处长

办公室主任：

吴涛（兼）

办公室副主任：

李燕鹏　　建设部建筑业司工程建设处副处长

张卫星　　中国建筑业协会工程项目管理专业委员会秘书长

修 订 版 序 言

随着我国建筑业和建设管理体制改革的不断深化，建筑业企业的生产方式和组织结构也发生了深刻的变化，以施工项目管理为核心的企业生产经营管理体制已基本形成，建筑业企业普遍实行了项目经理责任制和项目成本核算制。特别是面对中国加入 WTO 和经济全球化的挑战，施工项目管理作为一门管理学科，其理论研究和实践应用也愈来愈加得到了各方面的重视，并在实践中不断创新和发展。

施工项目是建筑业企业面向建筑市场的窗口，施工项目管理是企业管理的基础和重要方法。作为对施工项目施工过程全面负责的项目经理素质的高低，直接反映了企业的形象和信誉，决定着企业经营效果的好坏。为了培养和建立一支懂法律、善管理、会经营、敢负责、具有一定专业知识的建筑业企业项目经理队伍，高质量、高水平、高效益地搞好工程建设，建设部自 1992 年就决定对全国建筑业企业项目经理实行资质管理和持证上岗，并于 1995 年 1 月以建建〔1995〕1 号文件修订颁发了《建筑施工企业项目经理资质管理办法》。在 2001 年 4 月建设部新颁发的企业资质管理文件中又对项目经理的素质提出了更高的要求，这无疑对进一步确立项目经理的社会地位，加快项目经理职业化建设起到了非常重要的作用。

在总结前一阶段培训工作的基础上，本着项目经理培训的重点放在工程项目管理理论学习和实践应用的原则，按照注重理论联系实际，加强操作性、通用性、实用性，做到学以致用的指导思想，经建设部建筑市场管理司和人事教育司同意，编委会决定对 1995 年版《全国建筑施工企业项目经理培训教材》进行全面修订。考虑到原编委工作变动和其他原因，对原全国建筑施工企业项目经理培训教材编委会成员进行了调整，产生了全国建筑业企业项目经理培训教材（修订版）编委会，自 1999 年开始组织对《施工项目管理概论》、《工程招投标与合同管理》、《施工组织设计与进度管理》、《施工项目质量与安全管理》、《施工项目成本管理》、《计算机辅助施工项目管理》等六册全国建筑施工企业项目经理培训教材及《全国建筑施工企业项目经理培训考试大纲》进行了修订。

新修订的全国建筑业企业项目经理培训教材，根据建筑业企业项目经理实际工作的需要，高度概括总结了 15 年来广大建筑业企业推行施工项目管理的实践经验，全面系统地论述了施工项目管理的基本内涵和知识，并对传统的项目管理理论有所创新；增加了案例教学的内容，吸收借鉴了国际上通行的工程项目管理做法和现代化的管理方法，通俗实用，操作性、针对性强；适应社会主义市场经济和现代化大生产的要求，体现了改革和创新精神。

我们真诚地希望广大项目经理通过这套培训教材的学习，不断提高自己的理论创新水平，增强综合管理能力。我们也希望已经按原培训教材参加过培训的项目经理，通过自学修订版的培训教材，补充新的知识，进一步提高自身素质。同时，在这里我们对原全国建筑施工企业项目经理培训教材编委会委员以及为这套教材做出杰出贡献的所有专家、学者和企业界同仁表示衷心的感谢。

全套教材由北京建筑工程学院丛培经教授统稿。

由于时间较紧,本套教材的修订中仍然难免存在不足之处,请广大项目经理和读者批评指正。

全国建筑业企业项目经理培训教材编写委员会

2001 年 10 月

修订版前言

本书根据《全国建筑施工企业项目经理培训教学大纲》中《工程招投标与合同管理》教材大纲于1995年1月编写出版后，很受欢迎。时间已过去4年多，我国的工程项目管理有了许多新的创造和发展，1996年12月建设部发布了《建设工程施工招标示范文本》，并于1998年2月开始对1991年颁布的《建设工程施工合同文本》进行了修订，1999年9月递交了第二版送审稿。在1998年7月和1999年8月由建设部和监察部联合分别在南京和北京召开了"全国有形建筑市场现场会"和"全国有形建筑市场建设工作座谈会"，特别是在1999年3月15日第九届全国人民代表大会第二次会议通过了《中华人民共和国合同法》，取代了《中华人民共和国经济合同法》、《中华人民共和国涉外经济合同法》、《中华人民共和国技术合同法》。同年8月30日第九届全国人民代表大会常务委员会第十一次会议通过了《中华人民共和国招标投标法》。这些法律和规章的颁布和实施，对规范我国建设市场的运行和管理起到极大的推动作用，并且将产生深远的影响。

为了反映本书出版以来，我国在工程项目管理中的新的进展，贯彻落实《合同法》和《招标投标法》，建设部建筑管理司决定对本书进行修订，中国建筑业协会工程项目管理委员会受其委托于1998年7月召开了对本书的修订会议。会议一致认为，本书出版以来，在培训工程项目经理、推行和健全项目管理工作，特别是规范和完善工程项目的招标与投标、加强合同管理、贯彻原《经济合同法》方面起到了非常重要的作用，但是随着国家有关的新法律和部门规章的出台以及项目管理工作的不断深化，建设部建筑管理司决定对本书的内容进行修订是完全必要的，经过与会领导和专家的热烈讨论，重新确定了对本书的修订提纲和编写章节内容，并确定了编写的人员。

本书以市场经济理论为基础，依据新出台的《合同法》和《招标投标法》的规定，全面反映了自本书出版以来在我国与工程项目管理方面有关的法律和法规的新变化。第一章和第二章主要介绍有关合同的法律基础知识。第三章主要介绍建筑工程市场，特别是把我国建筑市场管理同国外的建筑市场管理进行了比较。第四章主要介绍了我国建设工程施工招标和国外工程招标的有关规定。第五章和第六章主要介绍工程投标与报价。第七章主要介绍我国与建设工程有关的合同。第八章是介绍我国新修改的建筑施工合同与管理。第九章主要介绍国际通用的FIDIC《土木工程施工合同条件》第四版及其最新修订版的内容。第十章是对施工索赔的有关内容和案例的介绍。全书由范运林统稿。

本书第一章由李长燕（天津大学）执笔，第二章由何伯洲、周显峰（东北财经大学）执笔，第三章由赵敏（天津市建委建筑业办公室）执笔，第四章和第十章由范运林（天津大学）和魏政社（河南省交通规划设计院）执笔，第五章、第六章由王瑞芝（北方交通大学）执笔，第七章、第八章由何红锋（天津大学）执笔，第九章由何伯森（天津大学）执笔。

本书主编为范运林（天津大学）、何伯森（天津大学）、王瑞芝（北方交通大学），副主编为魏政社（河南省交通规划设计院），主审为何伯洲（东北财经大学）。北京建筑工程学院丛培经对全书进行了审阅。本书得到中国土木工程学会建筑市场与招标投标分会常务副秘书长徐崇禄同志的指导，在此表示感谢。

限于作者的经验和水平有限，书中的不当以至错误之处在所难免，恳请各位读者不吝赐教。

第一版前言

本书根据《全国建筑施工企业项目经理培训教学大纲》中《工程招投标与合同管理》教材大纲编写。为了满足施工项目经理学习法律知识及合同知识的需要，书中介绍了工程招标、投标和合同管理三项内容。在绪论中主要讲述了本书的整体构思、各章的主要内容和相互之间的联系。第一、二章是学习合同所必须了解的有关法律基础知识，第三章是工程项目招标，第四章和第五章是工程项目投标和报价，第六章是工程承包合同的签订和履行，第七章是工程施工索赔，第八章是我国的建设工程施工合同示范文本的介绍，第九章是FIDIC 土木工程施工合同条件的介绍。

本书绪论、第六章第三节、第九章由何伯森（天津大学）执笔，第一章、第二章由李长燕（天津大学）执笔，第三章、第七章由范运林（天津大学）执笔，第四章、第五章、第六章由王瑞芝（北方交通大学）执笔，第八章由刘哲（建设部建筑业司）执笔。全书由何伯森、范运林统稿，王瑞芝通校。

本书主编为范运林（天津大学）、何伯森（天津大学）和王瑞芝（北方交通大学），主审为何伯洲（哈尔滨建筑大学）。

限于作者的水平和经验，加以时间紧迫，书中不妥以至错误之处在所难免，热忱欢迎读者不吝赐教，以备修改。

全套教材由北京建筑工程学院丛培经教授统稿。

目　　录

第一章　合同法律制度

第一节　《民法通则》概述

一、民法的概念

我国民法是调整平等主体的公民之间、法人之间以及公民与法人之间的财产关系和人身关系的法律规范的总称。《中华人民共和国民法通则》于 1986 年 4 月 12 日第六届全国人民代表大会第四次会议通过并公布，自 1987 年 1 月 1 日起施行。该法共 9 章 156 条，主要对我国民法的基本原则、民事主体、民事权利、民事责任、民事法律行为、诉讼时效等作出了规定，反映了社会主义经济制度的特点和要求，为保护和促进以公有制为主体的多种经济成分的共同发展，规范民事行为，保护民事主体的合法权益提供了法律依据。

1.《民法通则》的基本原则

民法通则的基本原则，是民事立法、司法以及民事活动应遵循的准则。《民法通则》规定了五项基本原则：

（1）当事人民事地位平等的原则；

（2）自愿、公平、等价有偿、诚实信用原则；

（3）保护公民、法人合法民事权益的原则；

（4）遵守法律和国家政策原则；

（5）维护国家和社会公共利益原则。

2.《民法通则》的调整对象

根据《民法通则》的规定，其调整对象是平等主体之间的财产关系和人身关系。

（1）平等主体之间的财产关系

财产关系是人们在生产、分配、交换和消费过程中形成的具有经济内容的社会关系。平等主体之间的财产关系具有以下特点：

①这一财产关系在法律上表现为静态的财产所有关系和动态的财产流转关系；

②当事人的法律地位平等；

③当事人在经济利益上互利有偿；

④这一财产关系是在自愿基础上发生在公民之间、法人之间以及公民和法人之间。

（2）平等主体之间的人身关系

人身关系是指与人身密切联系而无直接财产内容的社会关系。这种关系是与人身不可分离的，一般不具有直接的经济内容。平等主体之间的人身关系，包括人格关系和身份关系，其特点是：

①人身关系是与财产关系相对应的关系；

②当事人处于平等的地位；

③以特定的精神利益为内容；

④与作为民事主体的公民、法人密切相关，不可分离。

《民法通则》是我国民事方面的基本法，其他单行民事法规属于民事特别法，根据特别法优于基本法的原则，若民事单行法规不违背民法通则的规定或者民法通则允许单行法规另有规定的，应当优先适用单行法规。

二、民事主体

1. 公民（自然人）

（1）公民的民事权利能力和民事行为能力：

公民的民事权利能力是指公民享有民事权利、承担民事义务的资格。公民具有民事权利能力，才能成为独立的民事主体，参与民事活动，为自己取得某项具体民事权利或者设定某项具体民事义务。我国法律规定，公民的民事权利能力始于出生，终于死亡。公民在整个生存期间，不论其年龄大小和健康状况如何，都享有平等的民事权利能力。

公民的民事行为能力，是指公民通过自己的行为取得民事权利或者设定民事义务的能力。公民只有具有民事行为能力才能以自己的行为实际地参与民事活动，为自己取得民事权利，设定民事义务。与民事权利能力不同，公民的民事行为能力并不是一切人都有，也不是从人一出生就有，只有当公民智力发育成熟，能够理智判断自己行为的后果，能够审慎地独立处理自己事务，知道自己的行为会给自己产生有利或者不利的法律后果的时候，才算具备了行为能力。根据我国法律规定，公民的民事行为能力分为三类：完全民事行为能力、限制民事行为能力及无民事行为能力。18周岁以上的公民为完全民事行为能力人；16周岁以上不满18周岁的公民，以自己的劳动收入为主要生活来源的，视为完全民事行为能力人。10周岁以上的未成年人和不能完全辨认自己行为的精神病人是限制民事行为能力人。不满10周岁的未成年人和不能辨认自己行为的精神病人，为无民事行为能力人。

公民的民事权利能力和民事行为能力有着密切联系。一方面，公民的民事行为能力是以民事权利能力为前提，只有在法律赋予的民事权利能力的范围内实施的民事行为，才能为法律所承认和保护；另一方面，民事权利能力的实现必须依赖于民事行为能力，只有具备民事行为能力的人，才能通过自己的行为依法取得具体的民事权利和设定具体民事义务。

（2）个体工商户、农村承包经营户和个人合伙：

个体工商户是指在法律允许的范围内，依法核准登记，从事工商业经营的公民。

农村承包经营户是指在法律允许的范围内，按照承包合同规定从事商品经营的农村集体经济组织的成员。

个体工商户和农村承包经营户享有法律规定的权利，其合法权益受法律保护。同时，个体工商户和农村承包经营户必须承担经营过程中的财产责任，个体工商户和农村承包经营户的债务，个人经营的，以个人财产承担；家庭经营的，以家庭财产承担。

个人合伙是指两个或两个以上公民按照协议，各自提供资金、实物、技术等，合伙经营、共同劳动。其特点：

①合伙须有两个以上的公民联合经营；

②合伙是按照合伙协议建立的经济组织；

③合伙人须共同出资、共同经营、共同劳动；

④合伙财产归全体合伙人共有，合伙人对合伙债务承担连带清偿责任。

2. 法人

法人是具有民事权利能力和民事行为能力，依法独立享有民事权利和承担民事义务的组织。法人是与公民对称的另一类民事主体，其特征主要有三个方面：独立的组织、独立的财产、独立的责任。

（1）法人应具备的条件：

根据我国法律规定，法人成立必须具备以下条件：

①依法成立，即按照法定程序而成立。

②有必要的财产或者经费，即非国有企业法人必须有自己所有的财产，国有企业法人有属于其经营管理的财产；国家机关、事业单位和社会团体必须拥有必要的独立经费。

③有自己的名称、组织机构和场所，法人的名称是使法人特定化的标志，组织机构是法人对内管理法人事务、对外代表法人进行民事活动的常设机构，场所是法人进行业务活动的地方。

④能够独立承担民事责任，即法人具有独立民事主体资格，独立地参与民事活动，为自己取得权利、设定义务，并对自己的行为后果承担民事责任。

（2）法人的民事权利能力和民事行为能力：

法人的权利能力始于法人依法设立或进行法人登记，终于法人依法撤销或解散。法人民事权利能力范围的大小是由法律规定或者为法律所确认的法人章程来决定的，各个法人设立的目的、宗旨和性质的不同，决定了其所享有的民事权利能力的范围也不同。因此，各个法人的权利能力都有一定的局限性，并且相互差异较大。

法人的民事行为能力与民事权利能力相一致，产生于法人成立，终止于法人消灭，而且都受到法律或章程所规定的范围限制。法人的行为能力一般是通过法人的法定代表人来实现的。

（3）企业法人与非企业法人：

企业法人是以营利为目的，从事生产经营活动的法人。企业法人必须在核准的经营范围内从事经营活动，并以其财产承担有限责任。根据我国法律规定，企业法人又可分为公司法人和非公司法人。公司法人是依据公司法规定的条件和程序而设立的，而非公司法人则依据有关的企业法规定而设立的。

非企业法人是指机关、事业单位和社会团体法人。其特点是：主要从事非经营性活动，即国家行政管理活动和社会公益活动，不以营利为目的。

（4）联营：

联营是指两个或两个以上的企业之间、企业与事业单位之间，在平等自愿的基础上，为实现一定经济目的而实行联合的一种法律形式。联营有三种形式：

①法人型联营，也称紧密型联营，是指参加联营的各方共同出资，组成新的具有法人资格的经济实体。

②合伙型联营，也称半紧密型联营，是指联营各方共同出资，共同经营，组成一个合伙性质的经济组织，该经济组织不具有法人资格。

③协作型联营，也称松散型联营，是指联营各方按照合同的约定相互合作，各自独立经营，各自承担民事责任。该种联营不组成新的经济实体，联营成员之间是一种合同关系，各自处于合同当事人的地位。

三、民事法律行为和代理

民事法律行为是民事主体设立、变更、终止民事权利和民事义务的合法行为。

1. 民事法律行为的有效条件

（1）行为人具有相应的民事行为能力；

（2）意思表示真实；

（3）不违反法律或者社会公共利益。

2. 代理

代理是指代理人以被代理人的名义，在代理权限内实施民事法律行为，所产生的权利义务直接归属被代理人。

（1）代理的特征：

①代理是具有法律意义的行为；

②代理人应以被代理人的名义实施代理行为；

③代理人在代理权限内实施代理行为；

④被代理人对代理行为承担民事责任。

（2）代理的种类：

根据代理权产生根据不同，可将代理分为委托代理、法定代理和指定代理三种。

①委托代理。委托代理是基于被代理人的委托授权而发生的代理关系。委托代理是在一定的法律关系的基础上产生的，在这种法律关系中，对于代理人和被代理人的双方的权利和义务作出明确约定，一般表现为委托合同。委托合同是产生代理权的基础，当事人未在委托合同中明确授权的，必须由被代理人再进行授权。委托授权行为，可以用书面形式，也可以用口头形式，法律规定用书面形式的，应采用书面形式。书面委托代理的授权委托书应当载明代理人的姓名或者名称、代理事项、权限和期间，并由委托人签名或者盖章。委托书授权不明的，被代理人应当向第三人承担民事责任，代理人负连带责任。

②法定代理。法定代理是根据法律的直接规定而产生的代理关系。法定代理主要是为无民事行为能力人或者限制行为能力人设立的代理方式。法定代理的设定是以一定社会关系的存在为根据。

③指定代理。指定代理是根据人民法院和有关单位的指定而发生的代理关系。指定代理人按照人民法院或者指定单位的指定行使代理权。

（3）无权代理：

无权代理是指没有代理权而以他人名义进行代理活动的民事行为。其表现形式有三种：

①没有代理权而为代理行为；

②超越代理权限而为代理行为；

③代理权终止后而为代理行为。

无权代理人进行的代理行为，只有经过被代理人的追认，被代理人才承担民事责任，未经追认的行为，由行为人承担民事责任。但是，本人知道他人以自己的名义实施民事行为而不作否认表示的，视为同意。

（4）代理权的终止：

我国法律对委托代理的终止、法定代理和指定代理的终止分别作了规定，其中委托代理的终止事由规定如下：

①代理期间届满或者代理事务完成；

②被代理人取消委托或者代理人辞去委托；

③代理人死亡；

④代理人丧失民事行为能力；

⑤作为被代理人或者代理人的法人终止。

四、民事权利

民事权利指民事法律关系的主体依据法律规定，在国家强制力保护下，为一定行为或者要求他人为一定行为或不为一定行为的权利。民事权利和民事义务相对应，民事权利的内容通过与之相适应的民事义务来实现。民事权利主要有财产所有权、债权、知识产权、与财产所有权有关的财产权、人身权等。

1. 财产所有权

财产所有权是指所有人依法对自己的财产享有占有、使用、收益和处分的权利。

占有是指所有人对自己财产的实际控制。

使用是指按照财产的性能和用途加以利用，以满足人们生产或生活上的需要，使财产的使用价值得以实现。

收益是指基于财产所有权通过合法途径而取得的物质利益。

处分是指在法律允许的范围内对财产的处置。

（1）财产所有权的取得、消灭：

财产所有权的取得，不得违反法律的规定，其取得方法包括两种：原始取得和继受取得。

①原始取得，是指财产所有权第一次产生或者不依靠原所有人的权利而取得所有权。具体有生产、没收、收益、添附、无主财产归国家或集体所有等几种方式。

②继受取得，是指所有人通过某种法律行为从原所有人那里取得财产的所有权。具体有买卖、继承、受赠、其他合法根据等几种方式。

财产所有权的消灭是指所有权丧失，引起所有权的消灭的原因主要有：

①所有权的转让，所有人根据自己的意志把财产转让给他人，其所有权归于消灭。

②所有权的抛弃，所有人自愿抛弃某种财产，或者依法放弃所享有的所有权，随即丧失所有权。

③所有权客体的消灭，即所有人的财产在生产中消耗掉、在生活中被消费、在灾害中灭失等，该财产所有权即不复存在。

④所有权主体的消灭。

⑤所有权因强制手段而消灭。

（2）财产所有权的保护方式：

民法主要通过诉讼程序对所有权加以保护，其保护方式有：

①请求确认所有权；

②请求返还原物；

③请求恢复原状；

④要求停止侵害；

⑤请求排除妨害；

⑥请求赔偿损失。

2. 债

债是按照合同的约定或者依照法律的规定，在当事人之间产生的特定的权利和义务关系。

（1）债的要素：

债具有主体、客体和内容三要素。

①债的主体，是指参与债的法律关系的当事人，包括债权人和债务人。

②债的内容是债权人享有的权利和债务人负担的义务，即债权和债务。

③债的客体，是指债权人的权利和债务人的义务共同指向的对象，包括物、行为和智力成果等。

（2）债的发生根据：

债的发生根据是指产生债的法律事实，主要有以下几类：

①合同

当事人通过订立合同设立的以债权、债务为内容的民事关系，称之为合同之债。可以说债的制度主要是合同制度。

②不当得利

不当得利是指没有法律或合同上的根据取得利益而使他人受到损失的事实。因不当得利所发生的债，为不当得利之债，发生在不当得利者和利益所有人之间。

③无因管理

无因管理是指没有法定的或者约定的义务，为避免他人利益受到损失而进行管理或者服务的行为。无因管理发生后，在管理人和本人之间就产生了无因管理之债。

④侵权行为

侵权行为是指侵害他人财产或人身权利的不法行为。侵权行为一旦发生，依照法律规定，侵害人和受害人之间就产生债权债务关系。

（3）债的消灭：

引起债的消灭的原因包括：

①债因履行而消灭；

②债因双方协议而消灭；

③债因混同而消灭；

④债因当事人死亡而消灭；

⑤债因抵销而消灭；

⑥债因提存而消灭。

3. 知识产权

知识产权，也称智力成果权，是指公民、法人对自己的作品、专利、商标或发现、发明和其他科技成果依法享有的民事权利。在我国，知识产权是著作权、科学技术成果权、专利权和商标权的总称。

4. 人身权

人身权是指民事主体依法享有的与其人身不可分离的、以特定人身利益（精神利益）为内容的民事权利。包括生命健康权、姓名权、肖像权、名誉权、荣誉权等具体的人身权利。

五、民事责任

民事责任是指对不履行民事义务产生的后果所应承担的责任。

1. 民事责任的构成要件

（1）民事违法行为的存在；

（2）民事违法行为造成损害事实；

（3）违法行为与损害事实之间存在因果关系；

（4）行为人有主观过错。

2. 民事责任的种类

民事责任一般分为违约责任和侵权责任，违约责任见合同法部分，侵权责任又有一般侵权责任和特殊侵权责任之分。一般侵权责任包括：侵犯财产所有权的民事责任、侵害人身权的民事责任、侵害知识产权的民事责任及因正当防卫、紧急避险造成损害的民事责任。特殊侵权责任包括：国家机关或国家机关工作人员在执行职务中造成侵害的民事责任、因产品质量缺陷造成损害的民事责任、从事高度危险作业致人损害的民事责任、环境污染致人损害的民事责任、在公共场所施工致人损害的民事责任、建筑物占有人的民事责任、动物致人损害的民事责任及无行为能力人、限制行为能力人致人损害的民事责任等。

3. 承担民事责任的方式

承担民事责任的方式主要有：

（1）停止侵害；

（2）排除妨碍；

（3）消除危险；

（4）返还财产；

（5）恢复原状；

（6）修理、重作、更换；

（7）赔偿损失；

（8）支付违约金；

（9）消除影响、恢复名誉；

（10）赔礼道歉。

六、诉讼时效

诉讼时效是指权利人在法定期间内不行使权利就丧失请求人民法院保护其民事权益的权利的法律制度。

根据我国法律规定，诉讼时效有普通诉讼时效、特别诉讼时效和最长诉讼时效之分。普通诉讼时效适用于一般民事权利，诉讼时效期间为2年。特别诉讼时效仅适用于法律指定的某些民事权利，其效力优于普通诉讼时效。最长诉讼时效是根据《民法通则》规定而创立的，"诉讼时效期间从知道或者应当知道权利被侵害时起计算。但是从权利被侵害之日起超过20年的，人民法院不予保护。"

为了促使权利人行使权利，我国法律还规定了诉讼时效的中止、中断和延长。诉讼时效的中止是指在诉讼时效期间的最后六个月内，由于不可抗力或其他障碍，权利人不能行使请求权，诉讼时效期间暂停计算，从障碍消除之日起，诉讼时效继续计算。诉讼时效中断是指因提起诉讼、当事人一方提出要求或者同意履行义务，诉讼时效重新计算，原来经过的时效期间统归无效。诉讼时效的延长是指人民法院对于已届满的诉讼时效给予适当的延长。根据有关规定，诉讼时效期间的延长只适用于 20 年的最长诉讼时效。

第二节　合 同 法 概 述

一、合同的概念

一般意义的合同，泛指一切确立权利义务关系的协议，因此，有物权合同、债权合同和身份合同等。但《合同法》中所规定的合同仅指民法意义上的财产合同。《合同法》规定："本法所称合同是平等主体的自然人、法人、其他组织之间设立、变更、终止民事权利义务关系的协议。"并规定："婚姻、收养、监护等有身份关系的协议，适用其他法律规定。"根据这一规定，合同具有以下特点：

（1）合同是当事人协商一致的协议，是双方或多方的民事法律行为；

（2）合同的主体是自然人、法人和其他组织等民事主体；

（3）合同的内容是有关设立、变更和终止民事权利义务关系的约定，通过合同条款具体体现出来；

（4）合同须依法成立，只有依法成立的合同对当事人才具有法律约束力。

二、合同法的基本原则

（1）合同当事人的法律地位平等，一方不得将自己的意志强加给另一方。当事人法律地位平等，是指合同当事人不论自然人，还是法人，也不论其经济实力和经济成分如何，其法律地位无高低之分，即享有民事权利和承担民事义务的资格是平等的。这一原则既是商品经济的客观规律的体现，又是民法的平等原则的具体表现，当事人只有在平等的基础上，才有可能经过协商，达成意思表示一致的协议。

（2）当事人依法享有自愿订立合同的权利，任何单位和个人不得非法干预。当事人自愿订立合同，是指当事人有订立合同或不订立合同的权利，以及选择合同相对人、确定合同内容和合同形式的权利。自愿原则和平等原则是相辅相成的，有着密切的联系。在平等原则下，一方不得将自己的意志强加给对方，在自愿原则下，其他民事主体乃至国家机关不得对当事人订立合同进行非法干预。当然，当事人自愿订立合同时，必须遵守法律、行政法规，不得损害他人的合法权益，不得扰乱社会经济秩序。

（3）当事人应当遵循公平原则确定各方的权利和义务。遵循公平原则确定各方权利和义务，是指当事人订立和履行合同时，应根据公平的要求约定各自的权利和义务，正当行使合同权利和履行合同义务，兼顾他人利益。对于显失公平的合同，当事人一方有权请求人民法院或仲裁机构变更或撤销。

（4）当事人行使权利、履行义务应当遵循诚实信用原则。诚实信用，是指合同当事人在订立合同时要诚实，真实地向对方当事人介绍与合同有关的情况，不得有欺诈行为；合同生效后，要守信用，积极履行合同义务，不得擅自变更和解除合同，也不能任意违约。

（5）当事人订立合同、履行合同，应当遵守法律、行政法规，尊重社会公德，不得扰乱社会经济秩序，损害社会公共利益。国家法律、行政法律与社会公德在调整当事人的合同关系时，是相互补充、不可或缺的，这与民法的基本原则相一致。合同法既要保护合同当事人的合法权益，也要维护社会经济秩序和社会公共利益，因此，当事人在订立和履行合同时，不仅要合法，也要尊重社会公德，不得扰乱社会经济秩序，损害社会公共利益。

三、我国合同制度的建立和发展

合同法是商品经济的产物，是商品交换关系的法律表现。正如马克思所指出的："先有交易，后来才由交易发展为法律……这种经过交换和在交换中才产生的实际关系，后来获得契约这样的法的形式。"我国发展社会主义市场经济，决定了合同制度的必然存在，它是社会主义商品交换的法律工具，对我国社会主义市场经济体制的建立和发展，维护市场经济秩序，促进我国现代化建设起着十分重要的作用。

1981 年 12 月五届全国人大第四次会议通过了《中华人民共和国经济合同法》，初步确定了我国经济合同制度。为了保证《经济合同法》的实施，国务院发布了一系列的《合同条例》，使经济合同制度形成体系。为了适应对外开放的需要，1985 年 3 月六届全国人大常务委员会第十次会议通过了《中华人民共和国涉外经济合同法》，进一步完善了我国经济合同制度。随着我国科技体制改革的发展，制定一部调整技术商品交换关系的法律显得极为迫切。1987 年 6 月六届全国人大常务委员会第二十一次会议审议通过了《中华人民共和国技术合同法》，从而形成了我国特定历史时期的三部合同法并存的立法模式。

1992 年，中共中央关于经济体制改革的决定指出：经济体制改革的目标是建立社会主义市场经济体制，要尽快建立社会主义市场经济法律体系。为适应建立社会主义市场经济体制的迫切要求，1993 年 9 月八届全国人大常务委员会第三次会议对《中华人民共和国经济合同法》作了修改，但此次修改仅具有临时性，并没有消除合同法诸法并存和有关法规相互冲突的现象。因此制定统一的合同法势在必行。经过多年的酝酿和讨论，1998 年合同法草案趋于完善，经过九届全国人大常务委员会的多次审议，于 1999 年 3 月 15 日九届全国人大第二次会议上，《中华人民共和国合同法》顺利获得通过。1999 年 10 月 1 日起正式实施，同时，对《经济合同法》、《涉外经济合同法》和《技术合同法》予以废止。《中华人民共和国合同法》（以下简称《合同法》）是一部既反映现代市场经济规律，又符合中国国情的法律文件，它的颁布和实施，标志着我国合同制度的统一和完善，必将促进中国市场经济的发展和改革开放。

四、《合同法》的内容简介

《合同法》共 23 章 428 条，分为总则、分则和附则三个部分。其中，总则部分共 8 章，将各类合同所涉及的共性问题进行了统一规定，包括一般规定、合同的订立、合同的效力、合同的履行、合同的变更和转让、合同的权利义务终止、违约责任及其他规定等内容。分则部分共 15 章，分别对买卖合同、供用电、水、气、热力合同、赠与合同、借款合同、租赁合同、融资租赁合同、承揽合同、建设工程合同、运输合同、技术合同、保管合同、仓储合同、委托合同、经纪合同和居间合同进行了具体规定。附则部分仅 1 条，规定了《合同法》的施行日期。限于篇幅，本章仅就《合同法》总则部分的规定作一阐述。

第三节　合同的订立

合同的订立是指合同当事人依法就合同内容经过协商，达成协议的法律行为。《合同法》对合同订立的基本法律要求作出了明确规定。

一、当事人主体资格

《合同法》规定："当事人订立合同，应当具有相应的民事权利能力和民事行为能力。"

合同主体包括自然人、法人和其他组织。如前所述，我国民法对自然人和法人作为民事主体的民事权利能力和民事行为能力方面的要求是不同的。对于自然人而言，完全行为能力的人可以订立一切法律允许自然人作为合同主体的合同；限制行为能力的人，只能订立一些与其年龄、智力、精神状况相适应或纯获利益的合同，其他的合同，则应由法定代理人代订或经法定代理人同意。对于法人和其他组织而言，自依法成立或进行核准登记后，便具有民事权利能力和民事行为能力，但各个法人或其他组织，因其设立的目的、宗旨、业务活动范围的不同，而决定了其所具有的民事权利能力和民事行为能力亦互不相同。法人和其他组织只有在其权利能力和行为能力的范围内订立合同，才具有合同主体的资格。

当事人也可委托代理人订立合同。代理人订立合同时，应向对方出具其委托人签发的授权委托书。如果行为人没有代理权、超越代理权或者代理权终止后，以被代理人名义订立的合同，未经被代理人追认，对被代理人不发生效力，由行为人承担责任。但相对人有理由相信行为人有代理权的，该代理行为有效。

二、合同的形式

合同形式是合同当事人所达成协议的表现形式，是合同内容的载体。《合同法》规定："当事人订立合同，有书面形式、口头形式和其他形式。"

口头形式是指当事人只以口头语言的意思表示达成协议，而不以文字表述协议内容的合同。口头合同简便易行，缔约迅速且成本低，但在发生合同纠纷时，难以举证，不易分清责任。

书面合同是指当事人以文字表述协议内容的合同。书面合同既可成为当事人履行合同的依据，一旦发生合同纠纷又可成为证据，便于确定责任，能够确保交易安全，但不利于交易便捷。

其他形式的合同是指以当事人的行为或者特定情形推定成立的合同。

《合同法》在合同形式的规定上，明确了当事人有合同形式的选择权，但基于对重大交易安全考虑，对此又进行了一定的限制，明确规定："法律、行政法规规定采用书面形式的，应当采用书面形式。当事人约定采用书面形式的，应当采用书面形式。"比如，房地产交易，法律规定采用书面形式，当事人如果未采用书面形式，则合同不成立。

合同的书面形式具体又包括合同书、信件和数据电文等三种。其中，合同书是指记载合同内容的文书；信件是指当事人记载合同内容的往来信函；数据电文包括电报、电传、传真、电子数据交换和电子邮件。

三、合同的内容

合同内容是指据以确定当事人权利、义务和责任的具体规定，通过合同条款具体体现。按照合同自愿原则，《合同法》规定："合同内容由当事人约定"，同时，为了起到合同条款的示范作用，规定合同一般包括以下条款：

（1）当事人的名称或者姓名和住所。这是有关合同当事人的条款，通过这一条款，将合同特定化，明确了合同权利义务的享有和承担者，而当事人住所的确定，有利于当事人履行合同，也便于明确地域管辖。

（2）标的。标的是合同当事人权利义务共同指向的对象。没有标的或标的不明确，当事人的权利和义务就无所指向，合同就无法履行。不同的合同其标的也有所不同，有的合同标的是财产，有的合同标的是行为，因此，当事人必须在合同中明确规定合同标的。

（3）数量。数量是对标的的计量，是以数字和计量单位来衡量标的的尺度。没有数量条款的规定，就无法确定双方权利义务的大小，使得双方权利义务处于不确定的状态，因此，合同中必须明确标的数量。

（4）质量。质量是指标的的内在素质和外观形态的综合。如产品的品种、规格、执行标准等，当事人约定质量条款时，必须符合国家有关规定和要求。

（5）价款或者报酬。合同中的价款或者报酬，是合同当事人一方向交付标的方支付的表现为货币的代价。当事人在约定价款或者报酬时，应遵守国家有关价格方面的法律和规定，并接受工商行政管理机关和物价管理部门的监督。

（6）履行期限、地点和方式。履行期限是合同当事人履行义务的时间界限，是确定当事人是否按时履行或迟延履行的客观标准，也是当事人主张合同权利的时间依据。履行地点是当事人交付标的或者支付价款的地方，当事人应在合同中予以明确。履行方式是指当事人以什么方式来完成合同的义务，合同标的不同，履行方式有所不同，即使合同标的相同，也有不同的履行方式，当事人只有在合同中明确约定合同的履行方式，才便于合同的履行。

（7）违约责任。违约责任是指当事人一方或双方，不履行合同或不能完全履行合同，按照法律规定或合同约定应当承担的经济制裁。合同依法成立后，可能由于某种原因使得当事人不能按照合同履行义务。合同中约定违约责任条款，不仅可维护合同的严肃性，督促当事人切实履行合同，而且一旦出现当事人违反合同的情况时，便于当事人及时依照合同承担责任，减少纠纷。在违约责任条款中，当事人应明确约定承担违约责任的方式。

（8）解决争议的办法。合同发生争议时，及时解决争议可有效地维护当事人的合法权益。根据我国现有法律规定，争议解决的方法有和解、调解、仲裁和诉讼四种，其中仲裁和诉讼是最终解决争议的两种不同的方法，而且当事人只能在这两种方法中选择其一，即或裁或审。因此，当事人在订立合同时，在合同中约定争议的解决方法，有利于当事人在发生争议后，及时解决争议。在解决争议的办法条款中，当事人可以约定当合同发生争议时，不能和解或调解的，通过仲裁解决争议，或者通过诉讼解决争议。如果约定仲裁解决争议时，应明确仲裁事项和仲裁委员会，便于当事人及时通过仲裁解决争议。

四、订立合同的方式

订立合同的方式是指合同当事人双方依法就合同内容达成一致的过程。《合同法》规定："当事人订立合同采取要约、承诺方式。"

1. 要约

（1）要约的概念：

要约是希望和他人订立合同的意思表示。在要约中，提出要约的一方为要约人，要约发向的一方为受要约人。根据《合同法》的规定，要约生效应当具备以下条件：

①要约必须表明要约人具有与他人订立合同的愿望；

②要约的内容必须具体确定；

③要约经受要约人承诺，要约人即受该要约的约束。

如果当事人一方所作的是"希望他人向自己发出要约的意思表示"则是要约邀请，或称为要约引诱，而不是要约。比如寄送价目表、拍卖公告、招标公告、招股说明书等。要约与要约邀请的区别在于：第一，要约是当事人自己主动表示愿意与他人订立合同，而要约邀请则是希望他人向自己提出要约；第二，要约的内容必须包括将要订立的合同的实质条件，而要约邀请则不一定包含合同的主要内容；第三，要约经受要约人承诺，要约人受其要约的约束，要约邀请则不含有受其要约邀请约束的意思。

（2）要约的效力：

《合同法》规定："要约到达受要约人时生效。"要约生效后，对要约人和受要约人产生不同的法律后果，表现为：使得受要约人取得承诺的资格，而对要约人则受到一定的拘束。《合同法》对要约效力作出了如下规定：

①要约的撤回。撤回要约是指要约人发出要约后，在其送达受要约人之前，将要约收回，使其不生效。《合同法》规定："要约可以撤回。撤回要约的通知应当在要约到达受要约人之前或者与要约同时到达受要约人。"

②要约的撤销。撤销要约是指要约生效后，在受要约人承诺之前，要约人通过一定的方式，使要约的效力归于消灭。《合同法》规定："要约可以撤销。撤销要约的通知应当在受要约人发生承诺通知之前到达受要约人。"同时，《合同法》也规定了不得撤销要约的情形：要约人确定了承诺期限或者以其他形式明示要约不可撤销；或者受要约人有理由认为要约是不可撤销的，并已经为履行合同作了准备工作。

（3）要约失效。要约失效即要约的效力归于消灭。《合同法》规定了要约失效的四种情形：

①拒绝要约的通知到达要约人；

②要约人依法撤销要约；

③承诺期限届满，受要约人未作出承诺；

④受要约人对要约的内容作出实质性变更。

2. 承诺

（1）承诺的概念：

承诺是受要约人同意要约的意思表示。根据《合同法》的规定，承诺生效应符合以下条件：

①承诺必须由受要约人向要约人作出。因为要约生效后，只有受要约人取得了承诺资格，如果第三人了解了要约内容，向要约人作出同意的意思表示不是承诺，而是第三人发出的要约。

②承诺的内容应当与要约的内容相一致。因为要约失效的原因之一是受要约人对要约的内容作出实质性变更，因此，如果受要约人对要约的内容作出实质性变更的，则不构成承诺，而是受要约人向要约人作出的反要约。如果承诺对要约的内容作出非实质性变更的，要约人及时表示反对，或者要约表明不得对要约的内容作出任何变更，则承诺也不生效。至于哪些变更属于实质性的，《合同法》作出了明确规定："有关合同标的、数量、质量、价款或者报酬、履行期限、履行地点和方式、违约责任和解决争议方法等的变更，是对要约内容的实质性变更。"

③受要约人应当在承诺期限内作出承诺。

承诺期限有两种规定方式，一种是在要约中规定，另一种是要约未规定，以合理期限计算。如果受要约人未在承诺期限内作出承诺，则要约人就不再受其要约的拘束。对此，《合同法》规定了两种情况：如果受要约人超过期限发出承诺的，除非要约人及时通知受要约人该承诺有效的以外，则为新要约；如果受要约人虽在承诺期限内发出承诺，按照通常情形能够及时到达要约人，但因其他原因承诺到达要约人时超过承诺期限的，要约人及时通知受要约人承诺超过期限，承诺无效，否则，该承诺有效。

④承诺应以通知的方式作出。一般情况下，受要约人应当以明示的方式告知要约人其接受要约的条件。除非根据交易习惯或者要约表示可以通过行为作出承诺。

(2) 承诺的效力：

《合同法》规定："承诺通知到达要约人时生效。"承诺生效时合同即告成立，对要约人和承诺人来讲，他们相互之间就确立了权利义务关系。《合同法》对合同成立的时间规定了四种情况：

①承诺通知到达要约人时生效；

②当事人采用合同书形式订立合同的，自双方当事人签字或者盖章时合同成立；

③当事人采用信件、数据电文等形式订立合同的，可以在合同成立之前要求签订确认书。签订确认书时合同成立。

④法律、行政法规规定或者当事人约定采用书面形式订立合同，当事人未采用书面形式但一方已经履行主要义务，对方接受的，该合同成立。

关于承诺的撤回，《合同法》规定："承诺可以撤回。撤回承诺的通知应当在承诺通知到达要约人之前或者与承诺通知同时到达要约人。"

五、订立合同的其他规定

1. 合同成立的地点

关于合同成立地点的确定，《合同法》作出了如下规定：

(1) 承诺生效的地点为合同成立的地点；

(2) 双方当事人签字或者盖章的地点为合同成立的地点；这种情况适用于当事人采用合同书形式订立合同的。

2. 对合同形式要求的例外规定

《合同法》规定："法律、行政法规规定或者当事人约定采用书面形式订立合同，当事人未采用书面形式但一方已经履行主要义务，对方接受的，该合同成立。"

3. 计划合同

《合同法》规定："国家根据需要下达指令性任务或者国家订货任务的，有关法人、其他组织之间应当依照有关法律、行政法规规定的权利和义务订立合同。"

4. 违反合同前义务的法律责任

当事人订立合同过程中，应依据诚实信用的原则，对合同内容进行磋商，如果当事人违背诚实信用原则，给对方造成损失的应承担相应的法律责任。因此，《合同法》对订立合同违反诚实信用原则和保密义务的责任作出了如下规定：

(1) 当事人在订立合同过程中有下列情形之一，给对方造成损失的，应当承担损害赔偿责任：

①假借订立合同，恶意进行磋商；

②故意隐瞒与订立合同有关的重要事实或者提供虚假情况；

③有其他违背诚实信用原则的行为。

（2）当事人在订立合同过程中知悉的商业秘密，无论合同是否成立，不得泄露或者不正当地使用。泄露或者不正当地使用该商业秘密给对方造成损失的，应当承担损害赔偿责任。

第四节 合同的效力

合同的效力，是指合同所具有的法律约束力。《合同法》对合同的效力，不仅规定了合同生效、无效合同，而且还对可撤销或变更合同进行了规定。

一、合同生效要件

合同生效，即合同发生法律约束力。合同生效后，当事人必须按约定履行合同，以实现其所追求的法律后果。《合同法》对合同生效规定了三种情形：

1. 成立生效

对一般合同而言，只要当事人在合同主体资格、合同形式及合同内容等方面均符合法律的要求，经协商达成一致意见，合同成立即可生效。正如《合同法》规定的那样："依法成立的合同，自成立时生效。"

2. 批准登记生效

批准登记的合同，是指法律、行政法规规定应当办理批准登记手续的合同。按照我国现有的法律和行政法规的规定，有的将批准登记作为合同成立的条件，有的将批准登记作为合同生效的条件。比如，中外合资经营企业合同必须经过批准后才能成立。《合同法》对此规定："法律、行政法规规定应当办理批准、登记等手续生效的，依照其规定。"

3. 约定生效

约定生效是指合同当事人在订立合同时，约定以将来某种事实的发生作为合同生效或合同失效的条件，合同成立后，当约定的某种事实发生后，合同才能生效或合同即告失效。当事人约定以不确定的将来事实的成就，限制合同生效或失效的，称为附条件的合同。《合同法》规定："附生效条件的合同，自条件成就时生效。附解除条件的合同，自条件成就时失效。"同时规定："当事人为自己的利益不正当地阻止条件成就的，视为条件已成就；不正当地促成条件成就的，视为条件不成就。"当事人约定以确定的将来事实的成就，限制合同生效或失效的，即是附期限的合同。《合同法》规定："附生效期限的合同，自期限届至时生效。附终止期限的合同，自然限届满时失效。"

二、效力待定合同

效力待定合同是指行为人未经权利人同意而订立的合同，因其不完全符合合同生效的要件，合同有效与否，需要由权利人确定。根据《合同法》的规定，效力待定合同有以下几种：

1. 限制行为能力人订立的合同

限制民事行为能力人订立的合同，经法定代理人追认后，该合同有效。

2. 无权代理合同

代理合同是指行为人以他人名义，在代理权限范围内与第三人订立的合同。而无权代理合同则是行为人不具有代理权而以他人名义订立的合同。这种合同具体又有三种情况：

（1）行为人没有代理权，即行为人事先并没有取得代理权却以代理人自居而代理他人订立的合同。

（2）无权代理人超越代理权，即代理人虽然获得了被代理人的代理权，但他在代订合同时，超越了代理权限的范围。

（3）代理权终止后以被代理人的名义订立合同，即行为人曾经是被代理人的代理人，但在以被代理人的名义订立合同时，代理权已终止。

对于无权代理合同，《合同法》规定："未经被代理人追认，对被代理人不发生效力，由行为人承担责任。"但是，"相对人有理由相信行为人有代理权的，该代理行为有效。"

3. 无处分权的人处分他人财产的合同

这类合同是指无处分权的人以自己的名义对他人的财产进行处分而订立的合同。根据法律规定，财产处分权只能由享有处分权的人行使，但《合同法》对无财产处分权人订立的合同，生效情况作出了规定："无处分权的人处分他人财产，经权利人追认或者无处分权的人订立合同后取得处分权的，该合同有效。"

三、无效合同

合同从本质上说是合法行为，但并非所有的合同都具有法律效力。无效合同就是指虽经当事人协商订立，但因其不具备合同生效条件，不能产生法律约束力的合同。无效合同从订立时起就不具有法律约束力。《合同法》规定了五种无效合同：

（1）一方以欺诈、胁迫的手段订立合同，损害国家利益；

（2）恶意串通，损害国家、集体或者第三人利益；

（3）以合法形式掩盖非法目的；

（4）损害社会公共利益；

（5）违反法律、行政法规的强制性规定。

此外，《合同法》还对合同中的免责条款及争议解决条款的效力作出了规定。合同的免责条款是指当事人在合同中约定的免除或限制其未来责任的条款。免责条款是由当事人协商一致的合同的组成部分，具有约定性。如果需要，当事人应当以明示的方式依法对免责事项及免责的范围进行约定。但对那些具有社会危害性的侵权责任，当事人不能通过合同免除其法律责任，即使约定了，也不承认其有法律约束力。因此，《合同法》明确规定了两种无效免责条款：

（1）造成对方人身伤害的；

（2）因故意或者重大过失造成对方财产损失的。

合同中的解决争议条款具有相对独立性，当合同无效、被撤销或者终止时，解决争议条款的效力不受影响。

四、可变更或者可撤销合同

可变更合同是指合同部分内容违背当事人的真实意思表示，当事人可以要求对该部分内容的效力予以撤销的合同。可撤销合同是指虽经当事人协商一致，但因非对方的过错而导致一方当事人意思表示不真实，允许当事人依照自己的意思，使合同效力归于消灭的合同。《合同法》规定了下列合同当事人一方有权请求人民法院或者仲裁机构变更或者撤销。

1. 因重大误解订立的合同

所谓"重大误解"依照最高人民法院《关于贯彻〈中华人民共和国民法通则〉若干问

题的意见》（试行）规定："行为人对行为的性质、对方当事人、标的物的品种、质量、规格和数量等的错误认识，使行为的后果与自己的意思相悖，并造成较大损失的，可以认定为重大误解。"因此，有重大误解的合同，是当事人由于自己的错误认识，对合同对方或合同内容在认识上不正确，而并非由于对方当事人的故意行为而作出错误的意思表示。对于这种合同，应当允许当事人要求变更或者撤销。

2. 在订立合同时显失公平的合同

所谓"显失公平"，根据最高人民法院《关于贯彻〈中华人民共和国民法通则〉若干问题的意见》规定："一方当事人利用优势或者利用对方没有经验，致使双方的权利义务明显违反公平、等价有偿原则的，可以认定为显失公平。"因此，显失公平的合同是指当事人的权利义务极不平等，合同的执行必然给当事人一方造成极大的损失，有背于公平原则的合同。对于这种合同，当事人一方有权请求变更或者撤销。

此外，《合同法》对于一方采用欺诈、胁迫手段或乘人之危订立的合同，也作出了规定。当一方当事人以欺诈、胁迫手段或者乘人之危与另一方订立合同时，另一方当事人往往会违背其真实意思作出表示，这与民事法律行为必须意思表示真实的规定相违背，应属无效。但《合同法》根据合同自愿原则，允许受害方选择合同效力，《合同法》规定："一方以欺诈、胁迫的手段或者乘人之危，使对方在违背真实意思的情况下订立的合同，受损害方有权请求人民法院或者仲裁机构变更或者撤销。"

合同经法院或仲裁机构变更，被变更的部分即属无效，而变更后的合同则为有效合同，对当事人有法律约束力。合同经人民法院或仲裁机构撤销，被撤销的合同即属无效合同，自始不具有法律约束力。因此，对于上述合同，如果当事人未请求变更的，人民法院或者仲裁机构不得撤销。同时，为了维护社会经济秩序的稳定，保护当事人的合法权益，《合同法》对当事人的撤销权也作出了限制。《合同法》规定："有下列情形之一的，撤销权消灭：（1）具有撤销权的当事人自知道或者应当知道撤销事由之日起一年内没有行使撤销权；（2）具有撤销权的当事人知道撤销事由后明确表示或者以自己的行为放弃撤销权。"

五、无效合同的法律责任

无效合同是一种自始确定的没有法律约束力的合同，从订立时起国家法律就不承认其具有有效性，订立之后也不可能转化为有效合同。而可撤销的合同，其效力并不稳定，只有在有撤销权的当事人提出请求，并被人民法院或者仲裁机构予以撤销，才成为被撤销的合同。被撤销的合同也是自始没有法律约束力的合同。但是，如果当事人没有请求撤销，则可撤销的合同对当事人就具有法律约束力。因此，可撤销合同的效力取决于当事人是否依法行使了撤销权。

既然无效合同和被撤销合同自始没有法律约束力，如果当事人一方或双方已对合同进行了履行，就应对因无效合同和被撤销合同的履行而引起的财产后果进行处理，以追究当事人的法律责任。《合同法》对此作出了如下规定：

1. 返还财产

返还财产是指合同当事人应将因履行无效合同或者被撤销合同而取得的对方财产归还给对方。如果只有一方当事人取得对方的财产，则单方返还给对方；如果双方当事人均取得了对方的财产，则应双方返还给对方。通过返还财产，使合同当事人的财产状况恢复到订立合同时的状态，从而消除了无效合同或者被撤销合同的财产后果。但返还财产不一定返还原物，如果不能返还财产或者没有必要返还财产的，也可通过折价补偿的方式，达到恢复当事人的财产状况目的。

2. 赔偿损失

当事人对因合同无效或者被撤销而给对方造成的损失，并不能因返还财产而被补偿，因此，还应承担赔偿责任。但当事人承担赔偿损失责任时，应以过错为原则。如果一方有过错给对方造成损失，则有过错一方应赔偿对方因此而受到的损失；如果双方都有过错，则双方均应承担各自相应的责任。

3. 追缴财产

对于当事人恶意串通，损害国家、集体或者第三人利益的合同，由于其有着明显的违法性，应追缴当事人因合同而取得的财产，以示对其违法行为的制裁。对损害国家利益的合同，当事人因此取得的财产应收归国家所有；对损害集体利益的合同，应将当事人因此而取得的财产返还给集体；对损害第三人利益的合同，应将当事人因此而取得的财产返还给第三人，而不再适用返还财产的处理方式，从而达到维护国家、集体或者第三人合法权益的目的。

第五节　合同的履行

合同的履行是指合同生效后，当事人双方按照合同约定的标的、数量、质量、价款、履行期限、履行地点和履行方式等，完成各自应承担的全部义务的行为。如果当事人只完成了合同规定的部分义务，称为合同的部分履行或不完全履行；如果合同的义务全部没有完成，称为合同未履行或不履行合同。有关合同履行的规定，是合同法的核心内容。

一、全面履行合同

当事人订立合同不是目的，只有全面履行合同，才能实现当事人所追求的法律后果，其预期目的得以实现。因此，为了确保合同生效后，能够顺利履行，当事人应对合同内容作出明确具体的约定。但是如果当事人所订立的合同，对有关内容约定不明确或没有约定，为了确保交易的安全与效率，《合同法》允许当事人协议补充。如果当事人不能达成协议的，按照合同有关条款或者交易习惯确定。如果按此规定仍不能确定的，则按《合同法》规定处理：

（1）质量要求不明确的，按照国家标准、行业标准履行；没有国家标准、行业标准的，按照通常标准或者符合合同目的的特定标准履行。

（2）价款或者报酬不明确的，按照订立合同时履行地的市场价格履行；依法应当执行政府定价或者政府指导价的，按照规定履行。

（3）履行地点不明确，给付货币的，在接受货币一方所在地履行；交付不动产的，在不动产所在地履行；其他标的，在履行义务一方所在地履行。

（4）履行期限不明确的，债务人可以随时履行，债权人也可以随时要求履行，但应当给对方必要的准备时间。

（5）履行方式不明确的，按照有利于实现合同目的的方式履行。

（6）履行费用的负担不明确的，由履行义务一方负担。

当事人在履行合同时，不仅要按合同约定全面完成自己的义务，而且还要根据合同的性质、目的和交易习惯，履行通知、协助、保密等义务，这是《合同法》诚实信用原则在合同履行中的体现。

此外，《合同法》对执行政府定价或者政府指导价的合同，作出了明确规定："执行政府定价或者政府指导价的，在合同约定的交付期限内政府价格调整时，按照交付时的价格计价。逾期交付标的物的，遇价格上涨时，按照原价格执行；价格下降时，按照新价格执行。逾期提取标的物或者逾期付款的，遇价格上涨时，按照新价格执行；价格下降时，按照原价格执行。"

二、债务人履行抗辩权

1. 同时履行抗辩权

同时履行抗辩权是指在双务合同中，当事人履行合同义务没有先后顺序，应当同时履行，当对方当事人未履行合同义务时，一方当事人可以拒绝履行合同义务的权利。《合同法》规定："当事人互负债务，没有先后履行顺序的，应当同时履行，一方在对方履行之前有权拒绝其履行要求。一方在对方履行债务不符合约定时，有权拒绝其相应的履行要求。"根据这一规定，债务人行使同时履行抗辩权的条件是：第一，在合同中，双方当事人互负债务，即合同必须是双务合同；第二，在合同中未规定履行互负债务的先后顺序，即当事人双方应当同时履行合同债务；第三，对方当事人未履行合同债务或者履行债务不符合合同约定；第四，对方当事人有全面履行合同债务的能力。《合同法》有关债务人同时履行抗辩权的规定，有利于维护当事人间的公平利益关系，是公平原则的具体体现。

2. 异时履行抗辩权

异时履行抗辩权是指在双务合同中，当事人约定了债务履行的先后顺序，当先履行的一方未按约定履行债务时，后履行的一方可拒绝履行其合同债务的权利。《合同法》规定："当事人互负债务，有先后履行顺序，先履行一方未履行的，后履行一方有权拒绝其履行要求。先履行一方履行债务不符合约定的，后履行一方有权拒绝其相应的履行要求。"根据这一规定，当事人行使异时履行抗辩权的条件是：第一，当事人在合同中互相承担债权债务，即当事人订立的是双务合同；第二，合同中约定了当事人履行债务的先后顺序；第三，应当先履行债务的一方当事人未履行债务或者履行债务不符合合同的约定；第四，应当先履行债务的一方当事人能够全面履行债务。同样的，《合同法》的这一规定，也是公平原则的具体体现。

3. 不安抗辩权

不安抗辩权也称中止履行，是指在双务合同中，先履行债务的当事人掌握了后履行债务一方当事人丧失或者可能丧失履行债务能力的确切证据时，暂时停止履行其到期债务的权利。《合同法》规定："应当先履行债务的当事人，有确切证据证明对方有下列情形之一的，可以中止履行：

（1）经营状况严重恶化；

（2）转移财产、抽逃资金，以逃避债务；

（3）丧失商业信誉；

（4）有丧失或者可能丧失履行债务能力的其他情形。"

根据这一规定，当事人行使不安抗辩权的条件是：第一，当事人订立的是双务合同并约定了履行先后顺序；第二，先履行一方当事人的履行债务期限已届，而后履行一方当事人的债务未届履行期限；第三，后履行一方当事人丧失或者可能丧失履行债务能力，证据确切；第四，合同中未约定担保。

当事人行使了不安抗辩权，并不意味着合同终止，只是当事人暂时停止履行其到期债务。这时，应如何处理双方之间合同呢？《合同法》对此作出了规定："当事人依照本法第六十八条的规定中止履行的，应当及时通知对方。对方提供适当担保时，应当恢复履行。中止履行后，对方在合理期限内未恢复履行能力并且未提供适当担保的，中止履行的一方可以解除合同。"

三、债权人的代位权、撤销权和抗辩权

1. 债权人的代位权

债权人的代位权是指债权人为了使其债权免受损害，代为行使债务人权利的权利。《合同法》规定："因债务人怠于行使其到期债权，对债权人造成损害的，债权人可以向人民法院请求以自己的名义代位行使债务人的债权，但该债权专属于债务人自身的除外。"根据这一规定，债权人行使代位权的条件是：第一，债务人怠于行使其到期债权；第二，基于债务人怠于行使权利，会造成债权人的损害；第三，债务人的权利非专属债务人自身；第四，代位权的范围应以债权人的债权为限。

2. 债权人的撤销权

债权人的撤销权是指债权人对于债务人实施的损害其债权的行为，请求人民法院予以撤销的权利。《合同法》规定："因债务人放弃其到期债权或者无偿转让财产，对债权人造成损害的，债权人可以请求人民法院撤销债务人的行为。债务人以明显不合理的低价转让财产，对债权人造成损害，并且受让人知道该情形的，债权人也可以请求人民法院撤销债务人的行为。"根据这一规定，债权人行使撤销权的条件是：第一，债务人实施了损害债权人的行为，这种行为有三种表现形式：放弃到期债权、无偿转让财产以及向知情第三人以明显不合理的低价转让财产；第二，债务人造成了债权人的损害；第三，撤销权的行使范围以债权人的债权为限。

债权人无论是行使代位权，还是行使撤销权，均应当向人民法院提起诉讼，由人民法院作出裁判。当债权人行使撤销权，人民法院依法撤销债务人行为的，导致债务人的行为自始无效，第三人因此取得的财产，应当返还给债务人。由于债权人行使撤销权，涉及到第三人的利益，对债权人行使撤销权的期限，《合同法》作出了规定："撤销权自债权人知道或者应当知道撤销事由之日起一年内行使。自债务人的行为发生之日起五年内没有行使撤销权的，该撤销权消灭。"

3. 债权人的抗辩权

债权人的抗辩权是指当债务人履行债务不符合合同约定，债权人可以拒绝债务人履行债务的权利。债权人行使抗辩权的情形有两种：一种是在债务人提前履行合同时，另一种是在债务人部分履行合同时。对此，《合同法》分别作出了规定。

债权人可以拒绝债务人提前履行债务，但提前履行不损害债权人利益的除外。债务人提前履行债务给债权人增加的费用，由债务人负担。

债权人可以拒绝债务人部分履行债务，但部分履行不损害债权人利益的除外。债务人部分履行债务给债权人增加的费用，由债务人负担。

第六节 合同的变更、转让与终止

一、合同的变更

合同的变更是指合同依法成立后，在尚未履行或尚未完全履行时，当事人双方依法对合同的内容进行修订或调整所达成的协议。例如，对合同约定的标的数量、质量标准、履行期限、履行地点和履行方式等进行变更。合同变更一般不涉及已履行的部分，而只对未履行的部分进行变更，因此，合同变更不能在合同履行后进行，只能在完全履行合同之前。

按照《合同法》的规定，只要当事人协商一致，即可变更合同。因此，当事人变更合同的方式类似订立合同的方式，经过提议和接受两个步骤。首先，要求变更合同的一方当事人提出变更合同的建议，在该提议中，当事人应明确变更的内容，以及变更合同引起的财产后果的处理。然后，由另一方当事人对变更建议表示接受。至此，双方当事人对合同变更达成协议。一般来说，当事人凡书面形式订立的合同，变更协议，亦应采用书面形式；凡是法律、行政法规规定合同变更应当办理批准、登记手续的，依照其规定。

应当注意的是，当事人对合同变更只是一方提议，而未能达成协议时，不产生合同变更的效力；当事人对合同变更的内容约定不明确的，同样也不产生合同变更的效力。

二、合同的转让

合同的转让，是指当事人一方将合同的权利和义务转让给第三人，由第三人接受权利和承担义务的法律行为。当事人一方将合同的部分权利义务转让给第三方的，称为合同的部分转让，其后果是：一方面在当事人另一方与第三人之间形成新的权利义务关系，另一方未转让的那部分权利和义务，对原合同当事人仍然有效，双方仍应履行。当事人一方将合同的权利和义务全部转让给第三人的，称为合同的全部转让。合同的全部转让，实际上是合同一方当事人的变更，即主体变更，而原合同中约定的权利和义务依然存在，并未变更。随着合同的全部转让，原合同当事人之间的权利和义务关系消灭，与此同时，又在未转让一方当事人与第三人之间形成新的权利义务关系，即由第三人代替转让方的合同地位，享有权利和承担义务。允许当事人转让合同权利和义务，是合同法自愿原则的具体体现，但法律、行政法规对转让合同有所规定的，应依照其规定。

《合同法》规定了合同权利转让、合同义务转让和合同权利义务一并转让的三种情况。

1. 合同权利的转让

合同权利的转让也称为债权让与，是指合同当事人将合同中的权利全部或部分地转让给第三人的行为。转让合同权利的当事人也称让与人，接受转让的第三人称为受让人。《合同法》对债权的让与作出了如下规定：

（1）不得转让的情形：

①根据合同性质不得转让；

②按照当事人约定不得转让；

③依照法律规定不得转让。

（2）债权人转让权利的条件：

债权人转让权利的，应当通知债务人。未经通知，该转让对债务人不发生效力。

除非受让人同意，债权人转让权利的通知不得撤销。

（3）债权的让与，对其从权利的效力：

债权人转让权利的，受让人取得与债权有关的从权利，但该从权利专属于债权人自身的除外。

（4）债权的让与，对债务人的抗辩权及抵销权的效力：

债务人接到债权让与通知后，债务人对让与人的抗辩，可以向受让人主张；债务人对让与人享有债权，并且债务人的债权先于转让债权到期或者同时到期的，债务人可以向受让人主张抵销。

2. 合同义务的转让

合同义务的转让也称债务承担，是指债务人将合同的义务全部或部分地转移给第三人的行为。《合同法》对债务人转让合同义务作出了如下规定：

（1）债务人转让合同义务的条件：

债务人将合同的义务全部或者部分转让给第三人的，应当经债权人同意。

（2）新债务人的抗辩权：

债务人转让义务的，新债务人可以主张原债务人对债权人的抗辩。

（3）债务转让对其从债务的效力

债务人转让义务的，新债务人应当承担与主债务有关的从债务，但该从债务专属于原债务人自身的除外。

3. 合同权利和义务一并转让

合同权利和义务一并转让也称债权债务的概括转让，是指合同当事人一方将债权债务一并转移给第三人，由第三人概括地接受这些债权债务的行为。

合同权利和义务一并转让，分两种情况：一种是合同转让，即依据当事人之间的约定而发生债权债务的转让，对这种情况，《合同法》规定："当事人一方经对方同意，可以将自己在合同中的权利和义务一并转让给第三人。"并且，《合同法》中有关合同权利转让和义务转让的规定亦适用。另一种情况是因当事人的组织变更而引起合同权利义务转让。当事人的组织变更是指当事人在合同订立后，发生合并或分立。《合同法》对这种情况下引起的权利义务的转让规定如下：当事人订立合同后合并的，由合并后的法人或者其他组织行使合同权利，履行合同义务。当事人订立合同后分立的，除债权人和债务人另有约定外，由分立的法人或者其他组织对合同的权利和义务享有连带债权，承担连带债务。

三、合同的终止

合同的终止，又称合同的消灭，是指当事人之间的合同关系由于某种原因而不复存在。《合同法》对合同终止的情形、合同后义务以及合同的解除等作出了规定。

1. 合同终止的情形

（1）债务已经按照约定履行；

（2）合同解除；

（3）债务相互抵销；

（4）债务人依法将标的物提存；

（5）债权人免除债务；

（6）债权债务同归于一人；

（7）法律规定或者当事人约定终止的其他情形。

2. 合同后义务

合同终止后，按照诚实信用原则和交易习惯，当事人还应履行一定的义务，以维护履行合同的效果，有关这方面的义务称为合同后义务。比如，监理委托合同终止后，监理工程师应对有关工程的保密资料承担保密义务。《合同法》规定："合同的权利义务终止后，当事人应当遵循诚实信用原则，根据交易习惯履行通知、协助、保密义务。"

3. 合同的解除

合同的解除，是指合同依法成立后，在尚未履行或者尚未完全履行时，提前终止合同效力的行为。《合同法》把合同的解除规定为终止合同的一种原因，并对约定解除合同和法定解除合同分别作出了规定。

（1）约定解除：

约定解除是指当事人通过行使约定的解除权或者通过协商一致而解除合同。《合同法》规定："当事人协商一致，可以解除合同。""当事人可以约定一方解除合同的条件，解除合同的条件成就时，解除权人可以解除合同。"

（2）法定解除：

法定解除是指当具有了法律规定可以解除合同的条件时，当事人即可依法解除合同。《合同法》规定了五种法定解除合同的情形：

①因不可抗力致使不能实现合同目的；

②在履行期限届满之前，当事人一方明确表示或者以自己的行为表示不履行主要债务；

③当事人一方迟延履行主要债务，经催告后在合理期限内仍未履行；

④当事人一方迟延履行债务或者有其他违约行为致使不能实现合同目的；

⑤法律规定的其他情形。

关于合同解除的法律后果，《合同法》也作出了相应规定："合同解除后，尚未履行的，终止履行；已经履行的，根据履行情况和合同性质，当事人可以要求恢复原状、采取其他补救措施，并有权要求赔偿损失。"

合同终止后，虽然合同当事人的合同权利义务关系不复存在了，但合同责任并不一定消灭，因此，合同中结算和清理条款不因合同的终止而终止，仍然有效。

第七节 违 约 责 任

违约责任制度，是合同制度中的重要组成部分，其目的在于用法律的强制力督促合同当事人全面履行合同义务，保护当事人的合法权益，维护社会经济秩序。《合同法》总则中，对违约责任进行了一般性的规定。

一、违约的含义与构成

违约是指合同当事人完全没有履行合同或者履行合同义务不符合约定的行为。当事人完全没有履行合同又有当事人不能履行或者拒绝履行合同义务两种具体情形。不能履行是指债务人由于某种原因，事实上已经不可能再履行债务。拒绝履行，是指债务人能够履行债务而拒不履行。履行合同义务不符合约定，是指除完全没有履行合同以外的一切违反合同义务的行为，比如，履行的标的在数量上、质量上、履行期限、履行地点等不符合合同的约定等。根据我国法律规定，只有发生不可抗力，才能免除当事人的全部或部分责任外，只要当事人一方不履行合同义务或者履行合同义务不符合约定的，均构成违约，就要承担违约责任。

二、违约责任的概念及方式

违约责任，是指当事人任何一方违约后，依照法律规定或者合同约定必须承担的法律制裁。关于违约责任的方式，《合同法》规定了三种主要的方式：

1. 继续履行合同

继续履行合同是要求违约债务人按照合同的约定，切实履行所承担的合同义务。具体来讲包括两种情况：一是债权人要求债务人按合同的约定履行合同；二是债权人向法院提起起诉，由法院判决强迫违约一方具体履行其合同义务。当事人违反金钱债务，一般不能免除其继续履行的义务，《合同法》规定："当事人一方未支付价款或者报酬的，对方可以要求其支付价款或者报酬。"当事人违反非金钱债务的，除法律规定不适用继续履行的情形外，也不能免除其继续履行的义务。非金钱债务，是指以物、行为和智力成果为标的的债务。《合同法》规定："当事人一方不履行非金钱债务或者履行非金钱债务不符合约定的，对方可以要求履行，但有下列情形之一的除外：①法律上或者事实上不能履行；②债务的标的不适于强制履行或者履行费用过高；③债权人在合理期限内未要求履行。"

2. 采取补救措施

采取补救措施，是指在当事人违反合同后，为防止损失发生或者扩大，由其依照法律或者合同约定而采取的修理、更换、退货、减少价款或者报酬等措施。采用这一违约责任的方式，主要是在发生质量不符合约定的时候，《合同法》规定："质量不符合约定的，应当按照当事人的约定承担违约责任。对违约责任没有约定或者约定不明确，依照本法第61条的规定仍不能确定的，受损害方根据标的的性质以及损失的大小，可以合理选择要求对方承担修理、更换、重作、退货、减少价款或者报酬等违约责任。"

3. 赔偿损失

赔偿损失，是指合同当事人就其违约而给对方造成的损失给予补偿的一种方法。《合同法》规定："当事人一方不履行合同义务或者履行合同义务不符合约定的，在履行义务或者采取措施后，对方还有其他损失的，应当赔偿损失。"采取赔偿损失的方式时，涉及到赔偿损失的范围和方法等问题。关于赔偿损失的范围，《合同法》规定："当事人一方不履行合同义务或者履行合同义务不符合约定，给对方造成损失的，损失赔偿额应当相当于因违约所造成的损失，包括合同履行后可以获得的利益，但不得超过违反合同一方订立合同时预见到或者应当预见到的因违反合同可能造成的损失。"关于赔偿损失的方法，《合同法》规定："当事人可以约定一方违约时应当根据违约情况向对方支付一定数额的违约金，也可以约定因违约产生的损失赔偿额的计算方法。""约定的违约金低于造成的损失的，当事人可以请求人民法院或者仲裁机构予以增加；约定的违约金过分高于造成损失的，当事人可以请求人民法院或者仲裁机构予以适当减少。"此外，当事人在合同中约定定金担保的，通过定金罚则，也可达到弥补损失的目的。因此，《合同法》规定："当事人可以依照《中华人民共和国担保法》约定一方向对方给付定金作为债权的担保。债务人履行债务后，定金应当抵作价款或者收回。给付定金的一方不履行约定的债务的，无权要求返还定金；收受定金的一方不履行约定的债务的，应当双倍返还定金。""当事人既约定违约金，又约定定金的，一方违约时，对方可以选择适用违约金或者定金条款。"

三、违约责任的免除

合同生效后，当事人不履行合同或者履行合同不符合合同约定，都应承担违约责任。但是，如果是由于发生了某种非常情况或者事外事件，使合同不能按约定履行时，就应当作为例外来处理。根据《合同法》规定，只有发生不可抗力才能部分或全部免除当事人的违约责任。

1. 不可抗力的概念

《合同法》规定："不可抗力，是指不能预见、不能避免并不能克服的客观情况。"根据这一规定，不可抗力的构成条件是：

（1）不可预见性。法律要求构成一个合同的不可抗力事件必须是有关当事人在订立合同时，对这个事件是否发生不能预见到。在正常情况下，对于一般合同当事人能否预见到某一事件的发生，可以从两个方面来考察：一是客观方面，即凡正常人能预见到的或具有专业知识的一般水平的人能预见到的，合同当事人就应该预见到；二是主观方面，即根据合同当事人的主观条件来判断对事件的预见性。

（2）不可避免性。即合同生效后，当事人对可能出现的意外情况尽管采取了合理措施，但是客观上并不能阻止这一意外情况的发生，就是事件发生的不可避免性。

（3）不可克服性。不可克服性是指合同的当事人对于意外情况发生导致合同不能履行这一后果克服不了。如果某一意外情况发生而对合同履行产生不利影响，但只要通过当事人努力能够将不利影响克服，则这一意外情况就不能构成不可抗力。

（4）履行期间性。不可抗力作为免责理由时，其发生必须是在合同订立后、履行期限届满前。当事人迟延履行后发生不可抗力的，不能免除责任。

2. 不可抗力的法律后果

一个不可抗力事件发生后，可能引起三种法律后果：一是合同全部不能履行，当事人可以解除合同，并免除全部责任；二是合同部分不能履行，当事人可部分履行合同，并免除其不履行部分的责任；三是合同不能按期履行，当事人可延期履行合同，并免除其迟延履行的责任。

3. 遭遇不可抗力一方当事人的义务

根据《合同法》的规定，一方当事人因不可抗力不能履行合同义务时，应承担如下义务：第一，应当及时采取一切可能采取的有效措施避免或者减少损失；第二，应当及时通知对方；第三，当事人应当在合理期限内提供证明。

4. 不可抗力条款

合同中关于不可抗力的约定称为不可抗力条款，其作用是补充法律对不可抗力的免责事由所规定的不足，便于当事人在发生不可抗力时及时处理合同。一般来说，不可抗力条款应包括下述内容：

（1）不可抗力的范围：

由于不可抗力情况非常复杂，往往在不同环境下不可抗力事件对合同的影响是不同的，因此，在合同中约定不可抗力的范围是有必要的。

（2）不可抗力发生后，当事人一方通知另一方的期限。

（3）出具不可抗力证明的机构及证明的内容。

（4）不可抗力发生后对合同的处置。

四、非违约一方的义务

当一方当事人违约后，另一方当事人应当及时采取措施，防止损失的扩大，否则无权就扩大的损失要求赔偿。《合同法》对此明确规定："当事人一方违约后，对方应当采取适当措施防止损失的扩大；没有采取适当措施致使损失扩大的，不得就扩大的损失要求赔偿。""当事人因防止损失扩大而支出的合理费用，由违约方承担。"

第八节 其 他 规 定

《合同法》第八章对于前面各章未规定而又必须在总则部分加以明确的法规作出了规定，包括合同法与其他特别法的关系、合同法的适用原则、合同的解释、合同的管理、涉外合同的法律适用、合同争议的解决、国际货物买卖合同和技术进出口合同产生争议的诉讼时效等内容，本节仅就合同管理及合同争议的解决作一介绍。

一、合同管理

合同管理是指县级以上各级人民政府的工商行政管理部门和其他有关主管部门，依法对合同的订立、履行等进行指导、监督、检查和处理利用合同进行违法活动的行为。通过对合同进行行政管理，督促当事人依法订立合同、切实履行合同，以使《合同法》得到全面贯彻。《合同法》规定："工商行政管理部门和其他有关行政主管部门在各自的职权范围内，依照法律、行政法规的规定，对利用合同危害国家利益、社会公共利益的违法行为，负责监督处理；构成犯罪的，依法追究刑事责任。"

1. 工商行政管理部门对合同的管理

县级以上工商行政管理部门是统一的合同管理机关，其主要职责是：

（1）统一管理和监督检查所属地区合同的订立和履行情况；

（2）根据当事人双方的申请，对合同进行鉴证；

（3）查处危害国家利益、社会公共利益的违法合同。

2. 有关行政主管部门对合同的管理

有关行政主管部门既是本系统所属企事业单位的国家行政管理机关，又是本系统所属单位合同的管理机关，有权对所属单位订立及履行合同的情况进行监督检查，其主要职责是：

（1）监督检查所属单位或系统内合同的订立及履行情况；

（2）指导所属单位建立合同管理机构，健全合同管理制度；

（3）协调所属单位之间的关系，调解合同纠纷；

（4）查处利用合同危害国家利益、社会公共利益的违法行为。

二、合同争议的解决

合同争议，是指当事人双方对合同订立和履行情况以及不履行合同的后果所产生的纠纷。对合同订立产生的争议，一般是对合同是否已经成立及合同的效力产生分歧；对合同履行情况产生的争议，往往是对合同是否已经履行或者是否已按合同约定履行产生的异议；而对不履行合同的后果产生的争议，则是对没有履行合同或者没有完全履行合同的责任，应由哪一方承担责任和如何承担责任而产生的纠纷。由于当事人之间的合同是多样而复杂的，从而因合同引起相互间的权利和义务的争议是在所难免的。选择适当的解决方式，及时解决合同争议，不仅关系到维护当事人的合同利益和避免损失的扩大，而且对维护社会经济秩序也有重要作用。《合同法》规定："当事人可以通过和解或者调解解决合同争议。""当事人不愿和解、调解或者和解、调解不成的，可以根据仲裁协议向仲裁机构申请仲裁。涉外合同的当事人可以根据仲裁协议向中国仲裁机构或者其他仲裁机构申请仲裁。当事人没有订立仲裁协议或者仲裁协议无效的，可以向人民法院起诉。当事人应当履行发生法律效力的判决、仲裁裁决、调解书；拒不履行的，对方可以请求人民法院执行。"根据上述规定，合同争议的解决方式主要有和解、调解、仲裁和诉讼等。

1. 和解

和解，是指争议的合同当事人，依据有关法律规定和合同约定，在互谅互让的基础上，经过谈判和磋商，自愿对争议事项达成协议，从而解决合同争议的一种方法。和解的特点在于无须第三者介入，简便易行，能及时解决争议，并有利于双方的协作和合同的继续履行。但由于和解必须以双方自愿为前提，因此，当双方分歧严重，及一方或双方不愿协商解决争议时，和解方式往往受到局限。和解应以合法、自愿和平等为原则。

2. 调解

调解，是争议当事人在第三方的主持下，通过其劝说引导，在互谅互让的基础上自愿达成协议，以解决合同争议的一种方式。调解也是以合法、自愿和平等为原则。实践中，依调解人的不同，合同争议的调解有民间调解、仲裁机构调解和法庭调解三种。

民间调解是指当事人临时选任的社会组织或者个人作为调解人对合同争议进行调解。通过调解人的调解，当事人达成协议的，双方签署调解协议书，调解协议书对当事人具有与合同一样的法律约束力。

仲裁机构调解是指当事人将其争议提交仲裁机构后，经双方当事人同意，将调解纳入仲裁程序中，由仲裁庭主持进行，仲裁庭调解成功，制作调解书，双方签字后生效，只有调解不成才进行仲裁。调解书与裁决书具有同等的效力。

法庭调解是指由法院主持进行的调解。当事人将其争议提起诉讼后，可以请求法庭调解，调解成功的，法院制作调解书，调解书经双方当事人签收后生效，调解书与生效的判决书具有同等的效力。

调解解决合同争议，可以不伤和气，使双方当事人互相谅解，有利于促进合作。但这种方式受当事人自愿的局限，如果当事人不愿调解，或调解不成时，则应及时采取仲裁或诉讼以最终解决合同争议。

3. 仲裁

仲裁也称公断，是双方当事人通过协议自愿将争议提交第三者（仲裁机构）作出裁决，并负有履行裁决义务的一种解决争议的方式。这种方式的特点是：第一，从受案依据看，仲裁机构受理案件的依据是双方当事人的仲裁协议，在仲裁协议中，当事人应对仲裁事项的范围、仲裁机构等内容作出约定，因此具有一定的自治性。第二，从办案速度看，合同争议往往涉及许多专业性或技术性的问题，需要有专门知识的人才能解决，而仲裁人员一般都是各个领域和行业的专家和知名人士，具有较高的专业水平，熟悉有关业务，能迅速查清事实，作出处理，而且仲裁是一裁终局。从而有利于及时解决争议，节省时间和费用。根据《中华人民共和国仲裁法》的规定，仲裁包括国内仲裁和国际仲裁（详见第二章第三节内容）。

4. 诉讼

诉讼作为一种合同争议的解决方法，是指因当事人相互间发生合同争议后而在法院进行的诉讼活动。在诉讼过程中，法院始终居于主导地位，代表国家行使审判权，是解决争议案件的主持者和审判者，而当事人则各自基于诉讼法所赋予的权利，在法院的主持下为维护自己的合法权益而活动。诉讼不同于仲裁的主要特点在于：它不必以当事人的相互同意为依据，只要不存在有效的仲裁协议，任何一方都可以向有管辖权的法院起诉。由于合同争议往往具有法律性质，涉及到当事人的切身利益，通过诉讼，当事人的权利可得到法律的严格保护，尤其是当事人发生争议后，缺少或达不成仲裁协议的情况下，诉讼也就成了必不可少的补救手段了（详见第二章第二节内容）。

除了上述四种主要的合同争议解决方法外，在国际工程承包中，又出现了一些新的解决方法。比如在 FIDIC《土木工程施工合同条件》中有关"工程师的决定"的规定。按照该条件的通用条件第 67.1 款规定，业主和承包商之间发生的任何争端，均应首先提交工程师处理。工程师对争端的处理决定，通知双方后，在规定的期限内，双方均未发出仲裁意向通知，则工程师的决定即被视为最后的决定并对业主和承包商双方产生约束力。又比如在 FIDIC《设计——建造与交钥匙工程合同条件》的第一部分中，规定了雇主和承包商之间产生的任何争端应首先以书面形式提交由合同双方共同任命的争端审议委员会（DRB）裁定。争端审议委员会对争端作出决定并通知双方后，在规定期限内，如果任何一方未将其不满事宜通知对方的话，则该决定被视为最终决定并对双方具有约束力。无论工程师的决定，还是争端审议委员会的决定，都与合同具有同等的约束力。任何一方不执行决定，另一方即可将不执行决定的行为提交仲裁。显然，这种方法，不同于调解，因其决定不是争端双方达成的协议；也不同于仲裁，一是决定的效力不同于仲裁裁决的效力，二是身份不同，工程师和争端审议委员会只能以专家身份作出决定，而不能以仲裁人的身份作出裁决。尽管如此，这种方法仍不失为解决国际工程承包合同争议的有效方法，因而越来越受到人们的欢迎，并得到应用。

第二章　招投标与合同管理的相关法律

第一节　建　筑　法

一、建筑法概念及立法目的

（一）建筑法的概念

建筑法是指调整建筑活动的法律规范的总称。建筑活动是指各类房屋及其附属设施的建造和与其配套的线路、管道、设备的安装活动。

建筑法有狭义和广义之分。狭义的建筑法系指1997年11月1日由第八届全国人民代表大会常务委员会第二十八次会议通过的，于1998年3月1日起施行的《中华人民共和国建筑法》（以下简称《建筑法》）。该法是调整我国建筑活动的基本法律，共8章，85条。它以规范建筑市场行为为出发点，以建筑工程质量和安全为主线，包括总则、建筑许可、建筑工程发包与承包、建筑工程监理、建筑安全生产管理、建筑工程质量管理、法律责任、附则等内容，并确定了建筑活动中的一些基本法律制度。广义的建筑法，除《建筑法》之外，还包括所有调整建筑活动的法律规范。这些法律规范分布在我国的宪法、法律、行政法规、部门规章、地方性法规、地方规章以及国际惯例之中。这些不同法律层次的调整建筑活动的法律规范即是广义的建筑法。更为广义的建筑法是指调整建设工程活动的法律规范的总称。

（二）建筑法的立法目的

《建筑法》第1条规定："为了加强对建筑活动的监督管理，维护建筑市场秩序，保证建筑工程的质量和安全，促进建筑业健康发展，制定本法。"此条即规定了我国《建筑法》的立法目的。

1. 加强对建筑活动的监督管理

建筑活动是一个由多方主体参加的活动。没有统一的建筑活动行为规范和基本的活动程序，没有对建筑活动各方主体的管理和监督，建筑活动就是无序的。为了保障建筑活动正常、有序地进行，就必须加强对建筑活动的监督管理。

2. 维护建筑市场秩序

建筑市场作为社会主义市场经济的组成部分，需要建立与社会主义市场经济相适应的新的市场管理体制。但是，在管理体制转轨过程中，建筑市场上旧的经济秩序打破后，新的经济秩序尚未完全建立起来，以致造成某些混乱现象。制定《建筑法》就要从根本上解决建筑市场混乱状况，确立与社会主义市场经济相适应的建筑市场管理体制，以维护建筑市场的秩序。

3. 保证建筑工程的质量与安全

建筑工程质量与安全，是建筑活动永恒的主题，无论是过去、现在还是将来，只要有建筑活动的存在，就有建筑工程的安全问题。

《建筑法》以建筑工程质量与安全为主线，作出了一些重要规定：

（1）要求建筑活动应当确保建筑工程质量和安全，符合国家的建筑工程安全标准；

（2）建筑工程的质量与安全应当贯彻建筑活动的全过程，进行全过程的监督管理；

（3）建筑活动的各个阶段、各个环节，都要保证质量和安全；

（4）明确建筑活动各有关方面在保证建筑工程质量与安全中的责任。

4. 促进建筑业健康发展

建筑业是国民经济的重要物质生产部门，是国家重要支柱产业之一。建筑活动的管理水平、效果、效益，直接影响到我国固定资产投资的效果和效益，从而影响到国民经济的健康发展。为了保证建筑业在经济和社会发展中的地位和作用，同时也是为了解决建筑业发展中存在的问题，迫切需要制定《建筑法》，以促进建筑业健康发展。

二、建筑工程许可

（一）建筑工程许可制度

1. 建筑工程许可的规范

建设单位必须在建筑工程立项批准后，工程发包前，向建设行政主管部门或其授权的部门办理报建登记手续。未办理报建登记手续的工程，不得发包，不得签订工程合同。新建、扩建、改建的建筑工程，建设单位必须在开工前向建设行政主管部门或其授权的部门申请领取建筑工程施工许可证。未领取施工许可证的，不得开工。已经开工的，必须立即停止，办理施工许可证手续，否则由此引起的经济损失由建设单位承担责任，并视违法情节，对建设单位作出相应处罚。《建筑法》第7条规定："建筑工程开工前，建设单位应当按照国家有关规定向工程所在地县级以上人民政府建设行政主管部门申请领取施工许可证；但是，国务院建设行政主管部门确定的限额以下的小型工程除外。"

2. 申请建筑工程许可的条件及法律后果

（1）申请建筑工程许可证的条件。

《建筑法》第8条规定申请领取施工许可证应具备下列条件：

①已经办理该建筑工程用地批准手续；

②在城市规划区的建筑工程，已经取得规划许可证；

③需要拆迁的，其拆迁进度符合施工要求；

④已经确定建筑施工企业；

⑤有满足施工需要的施工图纸及技术资料；

⑥有保证工程质量和安全的具体措施；

⑦建设资金已经落实；

⑧法律、行政法规规定的其他条件。

（2）领取建筑工程许可证的法律后果。

①建设单位应当自领取施工许可证之日起三个月内开工。因故不能按期开工的，应当向发证机关申请延期；延期以两次为限，每次不超过三个月。既不开工又不申请延期或者超过延期时限的，施工许可证自行废止。

②在建的建筑工程因故中止施工的，建设单位应当自中止施工之日起一个月内，向发证机关报告，并按照规定做好建筑工程的维护管理工作。

建筑工程恢复施工时，应当向发证机关报告；中止施工满一年的工程恢复施工前，建设单位应当报发证机关核验施工许可证。

c. 按照国务院有关规定批准开工报告的建筑工程，因故不能按期开工或者中止施工的，应当及时向批准机关报告情况，因故不能按期开工超过六个月的，应当重新办理开工报告的批准手续。

（二）建筑工程从业者资格

1. 国家对建筑工程从业者实行资格管理

从事建筑工程活动的企业或单位，应当向工商行政管理部门申请设立登记，并由建设行政主管部门审查，颁发资格证书。从事建筑工程活动的人员，要通过国家任职资格考试、考核，由建设行政主管部门注册并颁发资格证书。

2. 国家规范的建筑工程从业者

（1）建筑工程从业的经济组织。

建筑工程从业的经济组织包括：建筑工程总承包企业；建筑工程勘察、设计单位；建筑工程施工企业；建筑工程监理单位；法律、法规规定的其他企业或单位。以上组织应具备下列条件：

①有符合国家规定的注册资本；

②有与其从事的建筑活动相适应的具有法定执业资格的专业技术人员；

③有从事相关建筑活动所应有的技术装备；

④法律、行政法规规定的其他条件。

（2）建筑工程的从业人员。

建筑工程的从业人员包括：建筑师，营造师，结构工程师，监理工程师，工程计价师，法律、法规规定的其他人员。

（3）建筑工程从业者资格证件的管理。

建筑工程从业者的资格证件，严禁出卖、转让、出借、涂改、伪造。违反上述规定的，将视具体情节，追究法律责任。建筑工程从业者资格的具体管理办法，由国务院及建设行政主管部门另行规定。

三、建筑工程发包与承包

（一）建筑工程发包

1. 建筑工程发包方式

《建筑法》第19条规定："建筑工程依法实行招标发包，对不适于招标发包的可以直接发包。"建筑工程的发包方式可采用招标发包和直接发包的方式进行。招标发包是业主对自愿参加某一特定工程项目的承包单位进行审查、评比和选定的过程。依据有关法规，凡政府和公有制企业、事业单位投资的新建、改建、扩建和技术改造工程项目的施工，除某些不适宜招标的特殊工程外，均应实行招投标。目前，国内外通常采用的招投标方式主要是公开招标、邀请招标、议标三种形式。

2. 建筑工程公开招标的程序

《建筑法》第20条规定："建筑工程实行公开招标的，发包单位应当依照法定程序和方式，发布招标公告，提供载有招标工程的主要技术要求、主要的合同条款、评标的标准和方法以及开标、评标、定标的程序等内容的招标文件。""开标应当在招标文件规定的时间、地点公开进行。开标后应当按照招标文件规定的评标标准和程序对标书进行评价、比较，在具备相应资质条件的投标者中，择优选定中标者。"

《建筑法》第 21 条规定："建筑工程招标的开标、评标、定标由建设单位依法组织实施，并接受有关行政主管部门的监督。"

3. 发包单位发包行为的规范

《建筑法》第 17 条规定："发包单位及其工作人员在建筑工程发包中不得收受贿赂、回扣或者索取其他好处。"

《建筑法》第 22 条规定："建筑工程实行招标发包的，发包单位应当将建筑工程发包给依法中标的承包单位。建筑工程实行直接发包的，发包单位应当将建筑工程发包给具有相应资质条件的承包单位。"

《建筑法》第 25 条规定："按照合同约定，建筑材料、建筑构配件和设备由工程承包单位采购的，发包单位不得指定承包单位购入用于工程的建筑材料、建筑构配件和设备或者指定生产厂、供应商。"

4. 发包活动中政府及其所属部门权力的限制

《建筑法》第 23 条规定："政府及其所属部门不得滥用行政权力，限定发包单位将招标发包的建筑工程发包给指定的承包单位。"

5. 禁止肢解发包

《建筑法》第 24 条规定："提倡对建筑工程实行总承包，禁止将建筑工程肢解发包"。"建筑工程的发包单位可以将建筑工程的勘察、设计、施工、设备采购一并发包给一个工程总承包单位，也可以将建筑工程勘察、设计、施工、设备采购的一项或者多项发包给一个工程总承包单位；但是，不得将应当由一个承包单位完成的建筑工程肢解成若干部分发包给几个承包单位"。

（二）建筑工程承包

1. 承包单位的资质管理

《建筑法》第 26 条规定："承包建筑工程的单位应当持有依法取得的资质证书，并在其资质等级许可的业务范围内承揽工程"。"禁止建筑施工企业超越本企业资质等级许可的业务范围或者以任何形式用其他建筑施工企业的名义承揽工程。禁止建筑施工企业以任何形式允许其他单位或者个人使用本企业的资质证书、营业执照，以本企业的名义承揽工程"。

有关企业资质见第一章第三节的内容。

2. 联合承包

《建筑法》第 27 条规定："大型建筑工程或者结构复杂的建筑工程，可以由两个以上的承包单位联合共同承包。共同承包的各方对承包合同的履行承担连带责任"。"两个以上不同资质等级的单位实行联合共同承包的，应当按照资质等级低的单位的业务许可范围承揽工程"。

3. 禁止建筑工程转包

《建筑法》第 28 条规定："禁止承包单位将其承包的全部建筑工程转包给他人，禁止承包单位将其承包的全部工程肢解以后以分包的名义分别转包给他人。"

4. 建筑工程分包

《建筑法》第 29 条规定："建筑工程总承包单位可以将承包工程中的部分工程发包给具有相应资质条件的分包单位；但是，除总承包合同中约定的分包外，必须经建设单位认可。施工总承包的建筑工程主体结构的施工必须由总承包单位自行完成"。"建筑工程总承包单位按照总承包合同的约定对建设单位负责；分包单位按照分包合同的约定对总承包单位负责。总承包单位和分包单位就分包工程对建设单位承担连带责任"。"禁止总承包单位将工程分包给不具备相应资质条件的单位。禁止分包单位将其承包的工程再分包"。

四、建筑工程监理制度

（一）建筑工程监理的概念

建筑工程监理，是指工程监理单位受建设单位的委托对建筑工程进行监理和管理的活动。建筑工程监理制度是我国建设体制深化改革的一项重大措施，它是适应市场经济的产物。建筑工程监理随着建筑市场的日益国际化，得到了普遍推行。参照国际惯例，建立具有中国特色的建筑工程监理制度，不仅是建立和完善社会主义市场经济的需要，同时也是开拓国际建筑市场，进入国际经济大循环之必需。《建筑法》第30条规定："国家推行建筑工程监理制度。"

（二）建筑工程监理的范围

建筑工程监理是一种特殊的中介服务活动，对建筑工程实行强制性监理，对控制建筑工程的投资、保证建设工期、确保建筑工程质量以及开拓国际建筑市场等都具有非常重要的意义。因此，《建筑法》第30条第2款规定："国务院可以规定实行强制监理的建筑工程的范围。"目前，国务院对实行强制监理的建筑工程范围还未作出规定。但在建设部、国家计委于1995年12月15日联合发布的《工程建设监理规定》中对该范围作出了明确规定。根据《规定》建筑工程实施强制监理的范围包括如下几个方面：

（1）大、中型工程项目；

（2）市政、公用工程项目；

（3）政府投资兴建和开发建设的办公楼、社会发展事业项目和住宅工程项目；

（4）外资、中外合资、国外贷款、赠款、捐款建设的工程项目。

（三）工程监理人员的权利与义务

（1）工程施工不符合工程设计要求、施工技术标准和合同约定的质量要求的，有权要求建筑施工企业改正；

（2）工程设计不符合建筑工程质量标准或合同约定的质量要求的，应当报告建设单位，要求设计单位改正。

（四）建筑工程监理合同

1. 监理合同的概念

监理合同是监理单位与建设单位之间为完成特定的建筑工程监理任务，明确相互权利义务关系的协议。

2. 监理合同示范文本的构成

建设部、国家工商行政管理局于2000年12月17日联合发布了《建设工程委托监理合同（示范文本）》（GF-2000-0202），原《工程建设监理合同》（GF-95-0202）示范文本同时废止。该新《示范文本》由《建设工程委托监理合同》、《建设工程委托监理合同标准条件》和《建设工程委托监理合同专用条件》两个部分组成。《标准条件》共46条，是监理合同的必备条款；《专用条件》是对《标准条件》中的某些条款进行补充、修正，使两个条件中相同序号的条款共同组成一条内容完备的条款。

（五）监理单位的责任

（1）工程监理单位不按照委托监理合同的约定履行监理义务，对应当监督检查的项目不检查或不按规定检查，给建设单位造成损失的，应当承担相应的赔偿责任；

（2）工程监理单位与承包单位串通，为承包单位谋取非法利益，给建设单位造成损失的，应与承包单位承担连带赔偿责任。

五、建筑工程质量与安全生产制度

（一）建筑工程质量的概念

建筑工程质量是指在国家现行的有关法律、法规、技术标准、设计文件和合同中，对工程的安全、适用、经济、美观等特性的综合要求。建筑工程质量直接关系到国家的利益和形象，关系到国家财产、集体财产、私有财产和人民的生命安全，因此必须加强对建筑工程质量的法律规范。国家建设部及有关部委自 1983 年以来，先后颁布了多项建设工程质量管理的监督法规，主要有：《建筑工程质量责任暂行规定》、《建筑工程保修办法》、《建筑工程质量检验评定标准》、《建筑工程质量监督条例》、《建筑工程质量监督站工作暂行规定》、《建筑工程质量检测工作规定》和《建筑工程质量监督管理规定》等。1993 年 11 月 16 日国家建设部发布了《建设工程质量管理办法》，特别是《建筑法》第 52 条规定："建筑工程勘察、设计、施工的质量必须符合国家有关建筑工程安全标准的要求，具体管理办法由国务院规定。有关建筑工程安全的国家标准不能适应确保建筑安全要求时，应当及时修订。"第 53 条规定："国家对从事建筑活动的单位推行质量体系认证制度。从事建筑活动的单位根据自愿原则可以向国务院产品质量监督管理部门或者国务院产品质量监督管理部门授权的部门认可的认证机构申请质量体系认证。经认证合格的，由认证机构颁发质量体系认证证书。"第 54 条规定："建设单位不得以任何理由或者建筑施工企业在工程设计或者施工作业中，违反法律、行政法规和建筑工程质量、安全标准、行政法规和建筑工程质量、安全标准，降低工程质量。建筑设计单位和建筑施工企业对建设单位违反前款规定提出的降低工程质量的要求，应当予以拒绝。"对建设工程质量作出了较全面具体的规范。这些法律、法规与规章的颁发，不仅为建设工程质量的管理监督提供了依据，而且也对维护建筑市场秩序，提高人们的质量意识，增强用户的自我保护观念，发挥了积极的作用。建设工程勘察、设计、施工、验收必须遵守有关工程建设技术标准的要求。国家鼓励推行科学的质量管理方法，采用先进的科学技术，鼓励企业健全质量保证体系，积极采用优于国家标准、行业标准的企业标准建造优质工程。

（二）建设工程质量政府监督

国家实行建设工程质量政府监督制度。建设工程质量政府监督由建设行政主管部门或国务院工业、交通等行政主管部门授权的质量监督机构实施。国家对从事建设工程的勘察、设计、施工企业推行质量体系认证制度。企业质量体系认证的实施管理，依照有关法律、行政法规的规定执行。

1. 国家建设部质量监督管理工作主要职责

（1）贯彻国家有关建设工程质量的方针、政策和法律、法规，制定建设工程质量监督、检测工作的有关规定和办法；

（2）负责全国建设工程质量监督和检测工作的规划及管理；

（3）掌握全国建设工程质量动态，组织交流质量监督工作经验；

（4）负责协调解决跨地区、跨部门重大工程质量问题的争端。

2. 省、自治区、直辖市建委（建设厅）和国务院工业、交通各部门对质量监督管理工作主要职责

（1）贯彻国家有关建设工程质量监督方面的方针、政策和法律、法规及有关规定与办法，制定本地区、本部门建设工程质量监督、检测工作的实施细则；

（2）负责本地区、本部门建设工程质量监督和检测工作的规划及管理，审查工程质量监督机构的资质，考核监督人员的业务水平，核发监督员证书；

（3）掌握本地区、本部门建设工程质量动态，组织交流工作经验，组织对监督人员的培训；

（4）组织协调和监督处理本地区或本部门重大工程质量问题争端。

省、自治区、直辖市建委（建设厅）和国务院工业、交通各部门根据实际情况需要可设置从事管理工作的工程质量监督总站，履行上述职责。

3. 市、县建设工程质量监督站和国务院工业、交通部门所设的专业建设工程质量监督站主要职责。

（1）核察受监工程的勘察、设计、施工单位和建筑构件厂的资质等级和营业范围；

（2）监督勘察、设计、施工单位和建筑构配件厂严格执行技术标准，检查其工程（产品）质量；

（3）核验工程的质量等级和建筑构配件质量，参与评定本地区、本部门的优质工程；

（4）参与重大工程质量事故的处理；

（5）总结质量监督工作经验，掌握工程质量状况，定期向主管部门报告。

（三）建设工程质量责任

1. 建设单位的质量责任和义务

（1）建设单位应对其选择的设计、施工单位和负责供应的设备等原因发生质量问题承担相应责任；

（2）建设单位应根据工程特点，配备相应的质量管理人员，或委托工程建设监理单位进行管理。委托监理单位的，建设单位应与工程建监理单位签订监理合同，明确双方的责任、权利和义务；

（3）建设单位必须根据工程特点和技术要求，按有关规定选择相应资格（质）等级的勘察、设计、施工单位，并签订工程承包合同。工程承包合同中必须有质量条款，明确质量责任；

（4）建设单位在工程开工前，必须办理有关工程质量监督手续，组织设计和施工单位认真进行设计交底和图纸会审；施工中应按照国家现行有关工程建设法律、法规、技术标准及合同规定，对工程质量进行检查；工程竣工后，应及时组织有关部门进行竣工验收。

（5）建设单位按照工程承包合同中规定供应的设备等产品的质量，必须符合国家现行的有关法律、法规和技术标准的要求。

2. 工程勘察设计单位的质量责任和义务

（1）勘察设计单位应对本单位编制的勘察设计文件的质量负责；

（2）勘察设计单位必须按资格等级承担相应的勘察设计任务，不得擅自超越资格等级及业务范围承接任务，应当接受工程质量监督机构对其资格的监督检查；

（3）勘察设计单位应按照国家现行的有关规定、技术标准和合同进行勘察设计。建立

健全质量保证体系，加强设计过程的质量控制，健全设计文件的审核会签制度，参与图纸会审和做好设计文件的技术交底工作；

（4）勘察设计文件必须符合下列基本要求：

①设计文件应符合国家现行有关法律、法规、工程设计技术、标准和合同的规定；②工程勘察文件应反映工程地质、地形地貌、水文地质状况，评价准确，数据可靠；③设计文件的深度，应满足相应设计阶段的技术要求。施工图应配套，细部节点应交待清楚，标准说明应清晰、完整；④设计中选用的材料、设备等，应注明其规格、型号、性能、色泽等，并提出质量要求，但不得指定生产厂家。

（5）对大型建设工程、超高层建筑，以及采用新技术、新结构的工程，应在合同中规定设计单位向施工现场派驻设计代表。

3. 施工单位的质量责任和义务

（1）施工单位应当对本单位施工的工程质量负责；

（2）施工单位必须按资质等级承担相应的工程任务，不得擅自超越资质等级及业务范围承包工程；必须依据勘察设计文件和技术标准精心施工；应当接受工程质量监督机构的监督检查；

（3）实行总包的工程，总包单位对工程质量和竣工交付使用的保修工作负责。实行分包的工程，分包单位要对其分包的工程质量和竣工交付使用的保修工作负责；

（4）施工单位应建立健全质量保证体系，落实质量责任制，加强施工现场的质量管理，加强计量、检测等基础工作，抓好职工培训，提高企业技术素质，广泛采用新技术和适用技术；

（5）竣工交付使用的工程必须符合下列基本要求：

①完成工程设计和合同中规定的各项工作内容，达到国家规定的竣工条件；②工程质量应符合国家现行有关法律、法规、技术标准、设计文件及合同规定的要求，并经质量监督机构核定为合格或优良；③工程所用的设备和主要建筑材料、构件应具有产品质量出厂检验合格证明和技术标准规定必要的进场试验报告；④具有完整的工程技术档案和竣工图，已办理工程竣工交付使用的有关手续；⑤已签署工程保修证书。⑥竣工交付使用的工程实行保修，并提供有关使用、保养、维护的说明。

4. 建筑材料、构配件生产及设备供应单位的质量责任和义务

（1）建筑材料、构配件生产及设备供应单位对其生产或供应的产品质量负责；

（2）建筑材料、构配件生产及设备的供需双方均应订立购销合同，并按合同条款进行质量验收；

（3）建筑材料、构配件生产及设备供应单位必须具备相应的生产条件、技术装备和质量保证体系，具备必要的检测人员和设备，把好产品看样、定货、储存、运输和核验的质量关；

（4）建筑材料、构配件及设备质量应当符合下列要求：

①符合国家或行业现行有关技术标准规定的合格标准和设计要求；②符合在建筑材料、构配件及设备或其包装上注明采用的标准；符合以建筑材料、构配件及设备说明、实物样品等方式表明的质量状况；

（5）建筑材料、构配件及设备或者包装上的标记应符合下列要求：

①有产品质量检验合格证明；②有中文标明的产品名称、生产厂厂名和厂址；③产品包装和商标样式符合国家有关规定和标准要求；④设备应有产品详细的使用说明书，电气设备还应附有线路图；⑤实施生产许可证或使用产品质量认证标志的产品，应有许可证或质量认证的编号、批准日期和有效期限。

5. 返修和损害赔偿

(1) 保修期限。《建筑法》第62条规定："建筑工程的保修范围应当包括地基基础工程、主体结构工程、屋面防水工程和其他土建工程，以及电气管线、上下水管线的安装工程，供热、供冷系统工程等项目保修的期限应当按照保证建筑物合理寿命年限内正常使用，维护使用者合法权益的原则确定。具体的保修范围和最低保修期限由国务院规定。"在新规定尚未出台前，保修期限按如下规定：①民用与公共建筑、一般工业建筑、构筑物的土建工程为一年，其中屋面防水工程为三年。②建筑物的电气管线、上下水管线安装工程为六个月；③建筑物的供热及供冷为一个采暖期及供冷期；④室外的上下水和小区道路等市政公用工程为一年；⑤其他建设工程，其保修期限由建设单位和施工单位在合同中规定，一般不得少于一年。

(2) 返修。依据《建设工程质量管理办法》的规定：建设工程自办理竣工验收手续后，在法律规定的期限内，因勘察设计、施工、材料等原因造成的质量缺陷（质量缺陷是指工程不符合国家或行业现行的有关技术标准、设计文件以及合同中对质量的要求），应当由施工单位负责维修。施工单位对工程负责维修，其维修的经济责任由责任方承担。

①施工单位未按国家有关规定、标准和设计要求施工，造成的质量缺陷，由施工单位负责返修并承担经济责任；

②由于设计方面的原因造成的质量缺陷，由设计单位承担经济责任。由施工单位负责维修，其费用按有关规定通过建设单位索赔。不足部分由建设单位负责；

③因建筑材料、构配件和设备质量不合格引起的质量缺陷，属于施工单位采购的或经其验收同意的，由施工单位承担经济责任；属于建设单位采购的，由建设单位承担经济责任；

④因使用单位使用不当造成的质量缺陷，由使用单位自行负责；

⑤因地震、洪水、台风等不可抗力造成的质量问题，施工单位、设计单位不承担经济责任。施工单位自接到保修通知书之日起，必须在两周内到达现场与建设单位共同明确责任方，商议返修内容。属施工单位的，如施工单位未能按期到达现场，建设单位应再次通知施工单位；施工单位自接到再次通知起的一周内仍不能到达时，建设单位有权自行返修，所发生的费用由原施工单位承担。不属施工单位责任，建设单位应与施工单位联系，商议维修的具体期限。

(3) 损害赔偿。因建设工程质量缺陷造成人身、缺陷工程以外的其他财产损害的，侵害人应按有关规定，给予受害人赔偿。因建设工程质量存在缺陷造成损害要求赔偿的诉讼时效期限为一年，自当事人知道或应当知道其权益受到损害时起计算。因建设工程质量责任发生民事纠纷，当事人可以通过协商或调解解决。当事人不愿通过协商、调解解决或者协商、调解不成的，可以根据当事人双方的协议，向仲裁机构申请仲裁；当事人双方没有达成仲裁协议的，可以向人民法院起诉。

(四) 建筑安全生产管理的概念和内容

1．建筑安全生产管理的概念

建筑安全生产管理是指建设行政主管部门、建筑安全监督管理机构、建筑施工企业及有关单位对建筑生产过程中的安全工作，进行计划、组织、指挥、控制、监督等一系列的管理活动。其目的在于保证建筑工程安全和建筑职工的人身安全。

2．建筑安全生产管理的内容

建筑安全生产管理包括纵向、横向、施工现场三个方面的管理。

（1）纵向管理。纵向管理是指建设行政主管部门及其授权的建筑安全监督管理机构对建筑安全生产的行业监督管理。

（2）横向管理。横向管理是指建筑生产有关各方和建筑单位、设计单位、建筑施工企业等的安全责任和义务。

（3）施工现场管理。施工现场管理是指在施工现场控制人的不安全行为和物的不安全状态。施工现场管理是建筑安全生产管理的关键。

（五）建筑安全生产管理方针和基本制度

建筑工程安全生产管理必须坚持安全第一、预防为主的方针，建立健全安全生产的责任制度和群防群治制度。

安全第一、预防为主的方针，体现了国家对在建筑安全生产过程中"以人为本"，保护劳动者权利，保护社会生产力，保护建筑生产的高度重视，确立了建筑安全生产管理在建筑活动管理中的首要和重要位置。

安全生产责任制度是建筑生产中最基本的安全管理制度，是所有安全规章制度的核心。安全生产的责任制度既包括行业主管部门建立健全建筑安全生产的监督管理体系，制定建筑安全生产监督管理工作制度，组织落实各级领导分工负责的建筑安全生产责任制，又包括参与建筑活动各方的建设单位、设计单位，特别是建筑施工企业的安全生产责任制，还包括施工现场的安全责任制。

群防群治制度是在建筑安全生产中，充分发挥广大职工的积极性，加强群众性监督检查工作，以预防和治理建筑生产中的伤亡事故。

（六）建筑安全生产的基本要求

1．建筑工程设计要保证工程的安全性

建筑工程设计应当符合按照国家规定制定的建筑安全规程和技术规范，保证工程的安全性能。

2．建筑施工企业要采取安全防范措施

建筑施工企业在编制施工组织设计时，应当根据建筑工程的特点制定相应的安全技术措施；对专业性较强的工程项目，应当编制专项安全施工组织设计，并采取安全技术措施。

建筑施工企业应当在施工现场采取维护安全、防范危险、预防火灾等措施；有条件的，应当对施工现场实行封闭管理。施工现场对毗邻的建筑物、构筑物和特殊作业环境可能造成损害的，建筑施工企业应当采取安全防护措施。

建设单位应当向建筑施工企业提供与施工现场相关的地下管线资料，建筑施工企业应当采取措施加以保护。

建筑施工企业应当遵守有关环境保护和安全生产方面的法律、法规的规定，采取控制和处理施工现场的各种粉尘、废气、废水、固体废物以及噪声、振动对环境的污染和危害的措施。

建筑施工企业必须依法加强对建筑安全生产的管理,执行安全生产责任制度,采取有效措施,防止伤亡和其他安全生产事故的发生。建筑施工企业的法定代表人对本企业的安全生产负责。

施工现场安全由建筑施工企业负责。实行施工总承包的,由总承包单位负责。分包单位向总承包单位负责,服从总承包单位对施工现场的安全生产管理。

施工企业应当建立健全劳动安全生产教育培训制度,加强对职工安全生产的教育培训。未经安全生产教育培训的人员,不得上岗作业。

建筑施工企业和作业人员在施工过程中,应当遵守有关安全生产的法律、法规和建筑行业安全规章、规程,不得违章指挥或者违章作业。作业人员有权对影响人身健康的作业程序和作业条件提出改进意见,有权获得安全生产所需的防护用品。作业人员对危及生产安全和人身健康行为有权提出批评、检举和控告。

建筑施工企业必须为从事危险作业的职工办理意外伤害保险,支付保险费。

（七）建筑施工事故报告制度

施工中发生事故时,建筑施工企业应当采取紧急措施减少人员伤亡和事故损失,并按照国家有关规定及时向有关部门报告。

施工中发生事故后,建筑施工企业应采取紧急措施,抢救伤亡人员、排除险情,尽量制止事故蔓延扩大,减少人员伤亡和事故损失。同时将施工事故发生的情况以最快速度逐级向上汇报。

建立建筑施工事故报告制度十分必要,一是可以得到有关部门的指导和配合,防止事故扩大,减少人员伤亡和财产的更大损失;二是可以及时对事故进行调查处理,总结经验,吸取教训,加强管理,保证安全生产。

建筑施工重大事故发生后,要根据有关法律、法规、规章的规定逐级上报。一次死亡3人以上的重大死亡事故,应在事故发生后2小时内报告国家建设部。

第二节　民事诉讼法

一、民事诉讼法概念

（一）民事诉讼的概念

民事诉讼是指人民法院和一切诉讼参与人,在审理民事案件过程中所进行的各种诉讼活动,以及由此产生的各种诉讼关系的总和。诉讼参与人,包括原告、被告、第三人、证人、鉴定人、勘验人等。

（二）民事诉讼法的概念

民事诉讼法就是规定人民法院和一切诉讼参与人,在审理民事案件过程中所进行的各种诉讼活动,以及由此产生的各种诉讼关系的法律规范的总和。它的适用范围包括:

（1）地域效力。即在中国领域内,包括我国的领土、领水和领空,以及领土的延伸范围内进行民事诉讼活动,均应遵从本法。

（2）对人的效力。包括中国公民、法人和其他组织;居住在中国领域内的外国人、无国籍人,以及外国企业和组织;申请在我国进行民事诉讼的外国人、无国籍人以及外国企业和组织。

（3）时间效力。《中华人民共和国民事诉讼法》（以下简称《民事诉讼法》）于 1991 年 4 月 9 日生效，《中华人民共和国民事诉讼法（试行）》同时废止。《中华人民共和国民事诉讼法》没有溯及力。

二、民事诉讼法特有的原则

（一）当事人诉讼权利平等原则

我国《民事诉讼法》第 8 条规定："民事诉讼当事人有平等的诉讼权利。人民法院审理民事案件，应当保障和便利当事人行使诉讼权利，对当事人在适用法律上一律平等。"该法第 5 条又规定："外国人、无国籍人、外国企业和组织在人民法院起诉、应诉，同中华人民共和国公民、法人和其他组织有同等的诉讼权利、义务。"这就表明，该项原则既适用于中国人，也适用外国人。当然，如果外国法院对中国公民的民事诉讼权利加以限制的，人民法院对该国公民实行对等原则，同样加以限制。

（二）调解原则

人民法院审理民事案件，对于能够调解的案件，应采用调解方式结案；调解应当自愿、合法；调解贯穿于审判过程的始终；对于调解不成的，不能只调不决，应当及时判决。

（三）辩论原则

辩论原则是指双方当事人可以采取书面或口头的形式，提出有利于自己的事实和理由，相互辩驳，以维护自己的民事实体权利的原则。该原则是民诉活动的一项重要民主原则，认真贯彻该原则，对保护当事人的诉讼权利，准确认定案情，都是十分重要的。

（四）处分原则

《民事诉讼法》第 13 条规定："当事人在法律规定的范围内处分自己的民事权利和诉讼权利。"根据这一原则，当事人对自己享有的民事权利和诉讼权利，可以行使，也可放弃，诉讼当事人可以委托代理人，也可以不委托代理人；可以对法院的判决提出上诉，也可以不上诉。但当事人在处分这些权利时，不能违背法律的规定。这种有限制的处分权，对保护当事人处分的自由和防止某些人滥用处分权，损害国家、集体和他人的合法权益都很有必要。

（五）人民检察院对民事审判活动实行法律监督

《民事诉讼法》第 14 条规定："人民检察院有权对民事审判活动实行法律监督。"根据这一规定，人民检察院有权对民事审判活动进行监督。其监督的方式为对法院已经生效的判决、裁定，如有认定事实的主要证据不足的，适用法律有错误的等情况，按审判监督程序提出抗诉。

（六）支持起诉的原则

《民事诉讼法》第 15 条规定："机关、社会团体、企业事业单位对损害国家、集体或个人民事权益的行为，可以支持受损害的单位或个人向人民法院起诉。"根据这一规定，国家、社会、团体、企事业单位都可以支持起诉，但个人无权支持起诉。这种支持起诉的规定可以调动社会力量，同违法行为作斗争，促进社会的精神文明建设。

三、民事诉讼的受案范围

《民事诉讼法》第 3 条规定："人民法院受理公民之间、法人之间、其他组织之间以及他们相互之间因财产关系和人身关系提起的民事诉讼，适用本法的规定。"根据这一规定，人民法院对民事案件的主管范围只能是财产关系发生纠纷的案件和人身关系发生纠纷的案件，具体来说主要有：

1. 民法、婚姻法、继承法等民事实体法调整的财产关系和人身关系发生纠纷的案件。

2. 经济法调整的财产关系与发生纠纷的案件，广义上也属于民事案件，也适用《民事诉讼法》的程序。

3. 劳动法调整的劳动关系所产生的，并且依照劳动法的规定，由人民法院依照民事诉讼法规定的程序审理的案件。

四、起诉与答辩

（一）起诉

1. 起诉的概念

起诉是指原告向人民法院提起诉讼，请求司法保护的诉讼行为。

2. 起诉的条件

（1）原告是与本案有直接利害关系的公民、法人和其他组织；

（2）有明确的被告；

（3）有具体的诉讼请求、事实和理由；

（4）属于人民法院受理民事诉讼的范围和受诉人民法院管辖。

3. 起诉的方式

（1）书面形式。《民事诉讼法》第109条1款规定，起诉应向人民法院递交起诉状。由此可见，我国《民事诉讼法》规定的起诉形式是以书面为原则的。

（2）口头形式。虽然起诉以书面为原则，但当事人书写起诉状有困难的，也可口头起诉，由人民法院记入笔录，并告知对方当事人。可见，我国起诉的形式是以书面起诉为主，口头形式为例外。

4. 起诉书的内容

根据《民事诉讼法》第110条规定，起诉状应当记明下列事项：

（1）当事人的姓名、性别、年龄、民族、职业、工作单位和住所，法人或其他经济组织的名称、住所和法定代表人或主要负责人的姓名、职务；

（2）诉讼请求和所根据的事实与理由；

（3）证据和证据来源，证人姓名和住所。

（二）答辩

人民法院对原告的起诉情况进行审查后，认为符合条件的，即立案，并于立案之日起5日内将起诉状副本发送到被告，被告在收到之日起15日内提出答辩状。被告不提出答辩状的，不影响人民法院的审理。

1. 答辩的概念

答辩是针对原告的起诉状而对其予以承认、辩驳、拒绝的诉讼行为。

2. 答辩的形式

（1）书面形式。即以书面形式向法院提交的答辩状。

（2）口头形式。答辩人在开庭前未以书面形式提交答辩状，开庭时以口头方式进行的答辩。

3. 答辩状的内容

针对原告、上诉人诉状中的主张和理由进行辩解，并阐明自己对案件的主张和理由。即揭示对方当事人法律行为的错误之处，对方诉状中陈述的事实和依据中的不实之处；提供相反的事实和证据说明自己法律行为的合法性；列举有关法律规定，论证自己主张的正确性，以便请求人民法院予以司法保护。

五、管辖

（一）管辖的概念

管辖是指司法机关在直接受理案件方面和在审判第一审案件方面的职权分工。

（二）级别管辖

级别管辖是指各级人民法院在审判第一审案件上的职责分工。详细规定，请见下表：

各级人民法院审判第一审案件级别管辖表

	民　事　案　件
基　层　法　院	普通的民事案件
中级法院	1. 重大涉外案件； 2. 在本辖区内有重大影响的案件； 3. 最高人民法院确定由中级人民法院管辖的案件
高级法院	本辖区内有重大影响的案件
最高法院	1. 在全国有重大影响的案件； 2. 认为应当由本院审理的案件

（三）地域管辖

地域管辖是指同级人民法院在审判第一审案件时的职责分工。

民事案件的地域管辖分为普通地域管辖和特殊地域管辖两类。

1. 普通地域管辖

普通的民事案件采取原告就被告的原则确定管辖，即由被告所在地法院管辖。所谓被告所在地是指公民的户籍所在地、经常居住地、法人的住所地、主要营业地或主要办事机构所在地、注册登记地等。

2. 特殊地域管辖

我国民事诉讼法及其相关法规规定了民事、经济诉讼的特殊地域管辖。

（1）关于合同纠纷案件的管辖。①因合同纠纷提起的诉讼由被告住所地或者合同履行地法院管辖；②因保险合同纠纷提起的诉讼，由被告住所地或者保险标的物所在地法院管辖。③因票据纠纷提起的诉讼，由票据支付地法院管辖。④因运输合同纠纷提起的诉讼，由运输的始发地、目的地和被告人所在地法院管辖。

（2）关于侵权案件的管辖。①因侵权行为提起的诉讼，由侵权行为地或被告住所地法院管辖。②因产品质量造成的损害赔偿诉讼，由产品制造地、销售地、侵权行为地和被告住所地法院管辖。③侵犯名誉权的案件，由侵权行为地和被告住所地法院管辖。④因运输事故发生的损害赔偿诉讼，由事故发生地、运输工具最先到达地或被告住所地法院管辖。

（3）关于专利侵权案件的管辖。①未经专利权许可而以生产经营为目的制造、使用、销售专利产品的，由该产品的制造地法院管辖；制造地不明的，由该专利产品的使用地或销售地法院管辖。②未经专利权人许可而以生产经营目的使用专利方法的，由该专利方法使用人所在地法院管辖。③未经专利权人授权而许可或委托他人实施专利的，由许可方或委托方法院管辖；如果被许可方或受委托方实施了专利，从而双方构成共同侵权的，由被许可方或受委托方所在地法院管辖。④专利共有人未经他人同意而许可他人实施专利或越权转让专利的，由许可方或转让方所在地法院管辖；如果被许可方实施了专利或受转让方受让了专利，从而构成共同侵权的，由被许可方或受让方所在地的法院管辖。⑤假冒他人专利，造成损害的，由假冒行为地或损害结果发生地法院管辖。

（4）协议管辖。是指合同双方当事人在纠纷发生前或发生后，采用书面的形式选择解决争议的管辖法院。在适用协议管辖时应注意：一是协议管辖只能确定一审法院，而且只能确定一个法院。二是协议管辖只能涉及合同纠纷和涉外财产纠纷，而且不能变更专属管辖。三是协议管辖仅限于选择原告或被告所在地、合同签订地、履行地、标的物所在地的法院，对于选择与合同没有关系法院的协议是无效的。四是管辖协议虽然可以在事前签订也可以在事后达成，但均必须采取书面形式达成。

（四）专属管辖

1. 专属管辖的概念

专属管辖是指法律规定的某些案件必须由特定的法院管辖，其他法院无权管辖，当事人也不得协议变更专属管辖。

2. 专属管辖的情形

（1）现役军人和军内在编职工的刑事案件由军事法院管辖。发生在铁路运输系统中的刑事案件，由铁路运输法院管辖。

（2）与铁路运输有关的合同纠纷和侵权纠纷，由铁路运输法院管辖。因水上运输合同纠纷和海事损害纠纷提起的诉讼，我国有管辖权的，由海事法院管辖。

（3）法律规定的其他专属管辖还有：①因不动产纠纷提起的诉讼，由不动产纠纷所在地法院管辖；②因港口作业中发生纠纷提起的诉讼，由港口所在地法院管辖。

（五）管辖中特殊情况的处理

1. 共同管辖

共同管辖是指两个以上法院都有管辖权的管辖。此时，由最先立案的法院管辖。

2. 指定管辖

指定管辖是指上级法院依照法律规定，指定其辖区内的下级法院对某一具体案件行使管辖权。这主要包括三种情况：

（1）有管辖权的法院因特殊原因不能行使管辖权的；（2）两个均有管辖权的法院发生争议而协商不成的；（3）接受移送的法院认为移送的案件依法不属于本院管辖的。

3. 移送管辖

（1）案件的移送，是指人民法院受理案件后，发现本院对该案没有管辖权，而将案件移送给有管辖权的法院受理。

（2）管辖区的转移，是指由上级人民法院决定或者同意，把案件的管辖权由下级法院转移给上级法院，或者由上级法院转移给下级法院审理。

六、财产保全与先予执行

（一）财产保全

1. 财产保全的概念

财产保全，是指人民法院在案件受理前或诉讼过程中对当事人的财产或争议的标的物所采取的一种强制措施。

2. 财产保全的种类

（1）诉前财产保全，是指在起诉前人民法院根据利害关系人的申请，对被申请人的有关财产采取的强制措施。采取诉前保全，须符合下列条件：①必须是紧急情况，不立即采取财产保全将会使申请人的合法权益受到难以弥补的损害。②必须由利害关系人向财产所在地的人民法院提出申请，法院不依职权主动采取财产保全措施。③申请人必须提供担保，否则，法院驳回申请。

（2）诉讼财产保全，是指人民法院在诉讼过程中，为保证将来生效判决的顺利执行，对当事人的财产或争议的标的物采取的强制措施。采取诉讼财产保全应符合下列条件：①案件须具有给付内容的。②必须是由当事人一方的行为（如出卖、转移、隐匿标的物的行为）或其他行为，使判决不能执行或难以执行。③须在诉讼过程中提出申请。必要时，法院也可依职权作出。④申请人提供担保。

3. 财产保全的对象及范围

财产保全的对象及范围，仅限于请求的范围或与本案有关的财物，而不能对当事人的人身采取措施。限于请求的范围，是指保全财产的价值与诉讼请求的数额基本相同。与本案有关的财物，是指本案的标的物或与本案标的物有关连的其他财物。

4. 财产保全的措施

财产保全的措施有查封、扣押、冻结或法律规定的其他方法。法院规定的其他方法，按最高人民法院的有关司法解释，应当包括：对债务人到期应得的收益，可以采取财产保全措施，限制其支取，通知有关单位协助执行。债务人的财产不能满足保全请求，但对第三人有到期债权的，人民法院可以依债权人的申请裁定该第三人不得对本债务人清偿；该第三人要求偿付的，由法院提存财物或价款。

5. 财产保全裁定的效力

财产保全无论是诉讼前的还是诉讼财产保全，都应作出书面裁定。财产保全裁定具有如下效力：

（1）时间效力。裁定送达当事人立即发生效力，当事人必须按照裁定的内容执行。当事人对裁定内容不服的，可以申请复议一次，但复议期间，不停止财产保全裁定的执行。作出生效判决前，执行完毕就失去效力。诉前财产保全裁定，利害关系人在法定时间（15日内）不起诉，人民法院决定撤销保全时，财产保全裁定即失去效力。

（2）对当事人和利害关系人的拘束力。当事人和利害关系人在接到人民法院的财产保全裁定后，就必须依照裁定的内容执行，并根据民事诉讼法决定，提供担保。利害关系人申请人在法定期间内提起诉讼。

（3）对有关单位和个人的拘束力。财产保全裁定虽不是终审裁定，但法律效力与终审裁定一样，对有关单位和个人都有同等的效力。有关单位或个人在接到财产保全裁定的协助执行通知书后，必须及时按裁定中指定的保全措施协助执行。

（4）对人民法院的效力。人民法院作出财产保全裁定后即开始执行。执行后，诉前财产保全裁定执行后，申请人在法定期间不起诉的，人民法院应当撤销保全，将财产恢复到保全前的状态，保存变卖价款的，交还被申请人；被申请人或被执行人提供担保的，撤销对物品的查封、扣押等措施，解冻银行存款。

（二）先予执行

1．先予执行的概念

先予执行是指人民法院对某些民事案件作出判决前，为了解决权利人的生活或生产经营急需，裁定义务人履行一定义务的诉讼措施。

2．先予执行的条件

（1）当事人之间权利义务关系明确，不先予执行将严重影响申请人的生活或生产经营。

（2）申请人有履行能力。

（3）人民法院应当在受理案件后终审判决作出前采取。

3．适用先予执行的范围

根据《民事诉讼法》的规定，对下列三类案件可以书面裁定先予执行：

（1）追索赡养费、抚养费、抚育费、抚恤金、医疗费用的案件；

（2）追索劳动报酬的案件；

（3）因情况紧急需要先予执行的案件。

4．先予执行的程序

（1）申请。先予执行根据当事人的申请而开始，人民法院不能主动采取先予执行措施。

（2）责令提供担保。人民法院应据案件具体情况来决定是否要求申请人提供担保。如果认为有必要让申请人提供担保，可以责令其提供；不提供的，驳回申请。

（3）裁定。人民法院对当事人先予执行的申请，经审查认为符合法定条件的，应当及时作出先予执行的裁定。裁定经送达当事人，即发生法律效力，当事人不服的，可申请复议。

（4）错误的补救。人民法院裁定先予执行后，经过审理，判决申请人败诉的，申请人应返还因先予执行所取得的利益。拒不返还的，由法院强制执行，被申请人因先予执行遭受损失的，还应赔偿被申请人的损失。

七、强制措施

（一）强制措施的概念

强制措施是对妨害民事诉讼的强制措施的简称，它是指人民法院在民事诉讼中，对有妨害民事诉讼行为的人采用的一种强制措施。

（二）妨害民事诉讼的行为

（1）必须到庭的被告，经过两次传票传唤，无正当理由拒不到庭的；

（2）诉讼参与人或其他人在诉讼中有下列行为：

①伪造、隐藏、毁灭证据。

②以暴力、威胁、贿买方法阻止证人作证或指使、贿买、胁迫他人作伪证。

③隐藏、转移、变卖、毁损已被查封、扣押的财产或已被清点并责令其保管的财产，转移已被冻结的财产。

④拒不履行人民法院已经发生法律效力的判决裁定的。

⑤对司法人员、诉讼参与人、证人、翻译人员、鉴定人、勘验人、协助执行的人进行侮辱、诽谤诬陷、殴打或打击报复的。

⑥以暴力威胁或其他方法阻碍司法工作人员执行职务的。

（3）有义务协助执行的单位和个人有下列之一的，人民法院可以以处罚、拘留：

①银行、信用合作社和其他有储蓄业务的单位接到人民法院协助执行通知书后，拒不协助查询、冻结或划拨存款的。

②有关单位接到人民法院协助执行通知书后，拒不协助扣留被执行人的收入，办理有关证照转移手续、转交有关的票证、证照或其他财产。

③当事人以外的人不按照人民法院通知交出有关物资或票证的。

④其他拒绝协助执行的。

（三）强制措施的种类

1. 拘传

拘传是对法律规定必须到庭听审的被告人，所采取的一种特别的传讯方法，其目的在于强制被告人到庭参加诉讼。

2. 训诫

训诫是指人民法院对妨碍民事诉讼行为较为轻微的人，以国家名义对其进行公开的谴责。这种强制方式主要以批评、警告为形式，指出当事人违法的事实和错误，教育其不得再作出妨碍民事诉讼的行为。

3. 责令退出法庭

责令退出法庭是指人民法院对违反法庭规则，妨碍民事诉讼但情节较轻的人，责令他们退出法庭，反思自己的错误。

4. 罚款

罚款是指人民法院对于妨害民事诉讼的人，在一定条件下，强令其按照法律规定，限期缴纳一定数额的罚款。罚款的数额因个人和法人、非法人单位不同而不同。对个人的罚款金额为人民币1000元以下，对法人、非法人单位的罚款金额为人民币1000元以上30000元以下。

5. 拘留

拘留是人民法院为了制止严重妨碍和扰乱民事诉讼程序的人继续进行违法活动，在紧急情况下，限制其人身自由的一种强制性手段，期限为15天以下。拘留和罚款可并用。

八、民事诉讼的主要程序

（一）普通程序

1. 普通程序的概念

普通程序是指人民法院审理第一审民事案件通常适用的程序。普通程序是第一审程序中最基本的程序，是整个民事审判程序的基础。

2. 起诉与受理（见本章有关内容）

3. 审理前的准备

（1）向当事人发送起诉状、答辩状副本。人民法院应于立案后5日内将起诉状副本发送被告，被告在收到起诉状副本之日起15日内提出答辩，人民法院应于收到答辩状之日起5日内将答辩状副本发送原告。

（2）告知当事人的诉讼权利和义务。当事人享有的诉讼权利有：委托诉讼代理人，申请回避，收集提出证据，进行辩论，请求调解，提起上诉，申请执行。当事人可以查阅本案的有关资料，并可以复制本案的有关资料和法律文书。双方当事人可以自行和解。原告可以放弃或变更诉讼请求，被告人可以承认或反驳诉讼请求，有权提起反诉等。当事人应承担的诉讼义务有：当事人必须依法行使诉讼权利，遵守诉讼程序，履行发生法律效力的判决裁定和调解协议。

（3）审阅诉讼材料，调查收集证据。人民法院受案后，应由承办人员认真审阅诉讼材料，进一步了解案情。同时受诉人民法院既可以派人直接调查收集证据，也可以委托外地人民法院调查，两者具有同等的效力。当然，进行调查研究，收集证据工作，应以直接调查为原则，委托调查为补充。

（4）更换和追加当事人。人民法院受案后，如发现起诉人或应诉人不合格，应将不合格的当事人更换成合格的当事人。在审理前的准备阶段，人民法院如发现必须共同进行诉讼的当事人没有参加诉讼，应通知其参加诉讼。当事人也可以向人民法院申请追加。

4. 开庭审理

开庭审理是指人民法院在当事人和其他诉讼参与人参加下，对案件进行实体审理的诉讼活动过程。主要有以下几个步骤：

（1）准备开庭。即由书记员查明当事人和其他诉讼参与人是否到庭，宣布法庭纪律，由审判长核对当事人，宣布开庭并公布法庭组成人员。

（2）法庭调查阶段。其顺序为：①当事人陈述。②证人出庭作证。③出示书证、物证和视听资料。④宣读鉴定结论。⑤宣读勘验笔录，在法庭调查阶段，当事人可以在法庭上提出新的证据，也可以要求法庭重新调查证据。如审判员认为案情已经查清，即可终结法庭调查，转入法庭辩论阶段。

（3）法庭辩论。其顺序为：①原告及其诉讼代理人发言。②被告及其诉讼代理人答辩。③第三人及其诉讼代理人发言或答辩。④相互辩论。法庭辩论终结后，由审判长按原告、被告、第三人的先后顺序征得各方面最后意见。

（4）法庭调解。法庭辩论终结后，应依法作出判决。但判决前能够调解的，还可进行调解。

（5）合议庭评议。法庭辩论结束后，调解又没达成协议的，合议庭成员退庭进行评议。评议是秘密进行的。

（6）宣判。合议庭评议完毕后应制作判决书，宣告判决公开进行。宣告判决时，须告知当事人上诉的权利、上诉期限和上诉法庭。

人民法院适用普通程序审理的案件，应在立案之日起 6 个月内审结，有特殊情况需延长的，由本院院长批准，可延长 6 个月；还需要延长的，报请上级人民法院批准。

（二）第二审程序

1. 第二审程序的概念

第二审程序又叫终审程序，是指民事诉讼当事人不服地方各级人民法院未生效的第一审裁判，在法定期限内向上级人民法院提起上诉，上一级人民法院对案件进行审理所适用的程序。

2. 上诉的提起和受理

（1）上诉的条件。①主体。即是第一审程序中的原告、被告、共同诉讼人、诉讼代表人、有独立请求的第三人和无独立请求的第三人。②客体。即上诉的对象，即为依法上诉的判决和裁定。③上诉期限。即须在法定的上诉期限内提起。对判决不服，提起上诉的时间为 15 天；对裁定不服，提起上诉的期限为 10 天；④要递交上诉状。上诉应提交上诉状，当事人口头表示上诉的，也应在上诉期补交上诉状。诉状的内容包括：当事人的姓名；法人的名称及其法定代表人的姓名，或其他组织的名称及其他主要负责人的姓名；原审人民法院名称、案件的编号和案由；上诉的请求和理由。

（2）上诉的受理。上级人民法院接到上诉状后，认为符合法定条件的，应当立案审理。人民法院受理上诉案件的程序是：①当事人向原审人民法院提起上诉的，上诉状由原审人民法院审查。原审人民法院收到上诉状，在5日内将上诉状副本送达对方当事人，对方当事人应在收到之日起15日内提出答辩状。人民法院应在收到答辩状之日起5日内，将副本送达上诉人。对方当事人不提出答辩状的，不影响人民法院审理。原审人民法院收到上诉状、答辩状，应在5日内连同全部卷宗和证据，报送第二审人民法院。②当事人直接向第二审人民法院上诉的，第二审人民法院应在5日内将上诉状移交原审人民法院。原审人民法院接到上级人民法院移交当事人的上诉状，应认真审查上诉，积极做好准备工作，尽快按上诉程序报送上级人民法院审理。

（3）上诉的撤回。上诉人在第二审人民法院受理上诉后，到第二审作出终审判决以前，认为上诉理由不充分，或接受了第一审人民法院的裁判，而向第二审人民法院申请，要求撤回上诉，这种行为，称为上诉的撤回。可见，上诉撤回的时间，须在第二审人民法院宣判以前。如在宣判以后，终审裁判发生法律效力，上诉人的撤回权利消失，不再允许撤回上诉。

3. 对上诉案件的裁判

（1）维持原判。即原判认定事实清楚，适用法律正确的，判决驳回上诉，维持原判。

（2）改判。如原判决适用法律错误的，依法改判；或原判决认定事实错误或原判决认定事实不清，证据不足，裁定撤销原判，发回原审人民法院重审，或查清事实后改判。

（3）发回重审。即原判决违反法定程序，可能影响案件正确判决的，裁定撤销原判决，收回原审人民法院重审。

（三）审判监督程序

1. 审判监督程序的概念

审判监督程序即再审程序，是指由有审判监督权的法定机关和人员提起，或由当事人申请，由人民法院对发生法律效力的判决、裁定、调解书再次审理的程序。

2. 审判监督程序的提起

（1）人民法院提起再审的程序。人民法院提起再审，须为判决、裁定已经发生法律效力，必须是判决裁定确有错误。其程序为：①各级人民法院院长对本院作出的已生效的判决、裁定确有错误，认为需要再审的，应当裁定中止原判决、裁定的执行。②最高人民法院对地方各级人民法院已生效的判决、裁定，上级人民法院对下级人民法院已生效的判决、裁定，发现确有错误的，有权提审或指令下级人民法院再审。再审的裁定中同时写明中止原判决、裁定的执行。

（2）当事人申请再审。当事人申请不一定引起审判监督程序，只有在同时符合下列条件的前提下，才由人民法院依法决定再审：①只有当事人才有提出申请的权利。如果当事人为无诉讼行为能力的人，可由其法定代理人代为申请。②只能向作出生效判决、裁定、调解书的人民法院或它的上一级人民法院申请。③当事人的申请，应在判决、裁定、调解书发生法律效力之日起两年内提出。④有新的证据，足以推翻原判决、裁定的；或原判决、裁定认定事实的主要证据不足的；或原判决、裁定适用法律确有错误的；或人民法院违反法定程序，可能影响案件正确判决、裁定的；或审判人员在审理该案件时有贪污受贿、徇私舞弊、枉法裁判行为的。当事人的申请应以书面形式提出，指明判决、裁定、调解书中的错误，并提供申请理由和证据事实。人民法院经对当事人的申请审查后，认为不符合申请条件的，驳回申请；确认符合申请条件的，由院长提交审判委员会决定是否再审；确认需要补正或补充判决的，由原审人民法院依法进行补正判决或补充判决。

（3）人民检察院抗诉，是指人民检察院对人民法院发生法律效力的判决、裁定，发现有提起抗诉的法定情形，提请人民法院对案件重新审理。最高人民检察院对各级人民法院已经发生法律效力的判决、裁定，发现有下列情形之一的，应当按照审判监督程序提出抗诉：①原判决裁定认定事实的主要证据不足的；②原判决、裁定适用法律确有错误的；③人民法院违反法定程序，可能影响案件正确判决、裁定的；④审判人员在审理该案件时有贪污受贿、徇私舞弊、枉法裁判行为的。

（四）执行程序

1. 执行程序的概念

执行程序是指保证具有执行效力的法律文书得以实施的程序。

2. 执行根据

执行根据是当事人申请执行，人民法院移交执行以及人民法院采取强制措施的依据。执行根据是执行程序发生的基础，没有执行根据，当事人不能向人民法院申请执行，人民法院也不得采取强制措施，执行根据主要有：

（1）人民法院作出的民事判决书和调解书。

（2）人民法院作出的先予执行的裁定、执行回转的裁定以及承认并协助执行外国判决、裁定或裁决的裁定。

（3）人民法院作出的要求债务人履行债务的支付命令。

（4）人民法院作出的具有给付内容的刑事判决、裁定书。

（5）仲裁机关作出的裁决和调解书。

（6）公证机关作出的依法赋予强制执行效力的公证债权文书。

（7）我国行政机关作出的法律明确规定由人民法院执行的行政决定。

3. 执行案件的管辖

（1）人民法院制作的具有财产内容的民事判决、裁定、调解书和刑事判决、裁定中的财产部分，由第一审人民法院执行。

（2）法律规定由人民法院执行的其他法律文书，由被执行人住所地或被执行的财产所在地人民法院执行。

（3）法律规定两个以上人民法院都有执行管辖权的，由最先接受申请的人民法院执行。

4. 执行程序的发生

（1）申请执行。人民法院作出的判决、裁定等法律文书，当事人必须履行。如果不履行，另一方可向有管辖权的人民法院申请执行。申请执行应提交申请执行书，并附作为执行根据的法律文书。申请执行，还须遵守民诉法规的申请执行期限，即双方或一方当事人是个人的为一年，双方是法人或其他组织的为六个月，从法律文书规定履行期限的最后一日起计算，如是分期履行的，从规定的每次履行期限的最后一日起计算本次应履行的义务的申请执行期限。

（2）移交执行。即人民法院的裁判生效后，由审判该案的审判人员将案件直接交付执行人员，随即开始执行程序。提交执行的案件有三类：①判决、裁定具有交付赡养费、抚养费、医药费等内容的案件；②具有财产执行内容的刑事判决书；③审判人员认为涉及国家、集体或公民重大利益的案件。

（3）委托执行。即有管辖权的人民法院遇到特殊情况，依法将应由本院执行的案件送交有关的人民法院代为执行。我国《民事诉讼法》210条规定，被执行人或执行的财产在外地的，负责执行的人民法院可以委托当地人民法院代为执行，也可以直接到当地执行。直接到当地执行的，负责执行的人民法院可以要求当地人民法院协助执行，当地人民法院应当根据要求协助执行。

5. 执行措施

（1）查封、冻结、划拨被执行人的存款；

（2）扣留、提取被执行人的收入；

（3）查封、扣押、拍卖、变卖被执行人的财产；

（4）对被执行人及其住所或财产隐匿地进行搜查；

（5）强制被执行人交付法律文书指定的财物或票证；

（6）强制被执行人迁出房屋或退出土地；

（7）强制被执行人履行法律文书指定的行为；

（8）办理财产权证照转移手续；

（9）强制被执行人支付迟延履行期间的债务利息或迟延履行金；

（10）债权人可以随时请求人民法院执行。

除此之外，还有三种执行措施：

（1）申请参与分配。被执行人为公民或其他组织，在执行程序开始后，被执行人的其他已经取得执行根据或已经起诉的债权人发现被执行人的财产不能清偿所有债权的，可以向法院申请参与分配。

（2）执行第三人到期债权。被执行人不能清偿债务，但第三人享有到期债权的，人民法院可以依申请执行人的申请，通知该第三人向申请执行人履行债务，该第三人对债务没有异议但又在通知指定的期限内不履行的，人民法院可以强制执行。

（3）通过公告、登报等方式为对方恢复名誉、消除影响。

6. 执行中止和终结

（1）执行中止。即在执行过程中，因发生特殊情况，需要暂时停止执行程序。有下列情况之一的，人民法院应裁定中止执行。①申请人表示可以延期执行的。②案外人对执行标的提出确有理由的异议的。③作为一方当事人的公民死亡，需要等待继承人继承权利或承担义务的。④作为一方当事人的法人或其他组织终止，尚未确定权利义务承受人的。⑤人民法院认为应当中止执行的其他情形。中止的情形消失后，恢复执行。

（2）执行终结。即在执行过程中，由于出现某些特殊情况，执行工作无法继续进行或没有必要继续进行时，结束执行程序。有下列情况之一的，人民法院应当裁定终结执行。①申请人撤销申请的。②据以执行的法律文书被撤销的。③作为被执行人的公民死亡，无遗产可供执行，又无义务承担人的。④追索赡养费、抚养费、抚育费案件的权利人死亡的。⑤

作为被执行人的公民因生活困难无力偿还借款，无收入来源，又丧失劳动能力的。⑥人民法院认为应当终结执行的其他情形。

九、几个特殊的民事程序

（一）督促程序

1. 督促程序的概念

督促程序是指人民法院根据债权人要求债务人给付金钱或有价证券的申请，向债务人发出有条件的支付命令，若债务人逾期不履行，人民法院则可强制执行所适用的程序。

2. 适用督促程序的要件

（1）债权人必须提出请求，且申请内容只能是关于给付金钱或有价证券；

（2）债权人与债务人没有其他债务纠纷；

（3）支付令能够送达债务人的。

在具备上述条件后，债权人可以向有管辖权的人民法院提出申请。否则人民法院不予受理。

3. 支付令申请的受理

（1）债权人提出申请后，人民法院应在 5 日内通知债权人是否受理；

（2）对申请的审查和发布支付令。人民法院受理申请后，经审查债权人提供的事实、证据，对债权、债务关系明确、合法的，应在受理之日起 15 日内向债务人发出支付令；申请不成立的，裁定予以驳回。该裁定不得上诉。

4. 支付令的异议和效力

支付令异议是指债务人对人民法院发出的支付声明不服。支付令异议应由债务人自收到支付令之日起 15 日内提出，人民法院收到债务人提出的书面异议后，应当裁定终结督促程序，支付令自行失效，债权人可以起诉。

如果债务人自收到支付令之日起 15 日内不提出异议又不履行支付令的，债权人可以申请人民法院予以执行。支付令与生效的判决具有同等法律效力。

（二）公示催告程序

1. 公示催告程序的概念

公示催告程序是指人民法院根据当事人的申请，以公示的方式催告不明的利害关系人，在法定期间内申报债权，逾期无人申报，就作出除权判决所适用的诉讼程序。

2. 适用公示催告程序的要件

（1）申请公示催告的，必须是可以背书转让的票据或法律规定的其他事项；

（2）申请人必须依法拥有申请权；

（3）必须是因票据遗失、被盗或灭失，相对人无法确定的；

（4）申请人必须向人民法院提交申请书。

3. 对公示催告申请的受理和处理

（1）申请的受理。当事人申请公示催告时，须向人民法院提交申请书。申请书应写明票面金额、发票人、持票人、背书人等票据主要内容及申请的理由和根据的事实。人民法院在接到申请后，经审查，认为符合条件的，应作出受理的裁定，如决定不予受理，就以裁定的形式驳回，并说明理由。

（2）公示催告。人民法院决定受理申请，应同时通知支付人停止支付，并在三日内发生公告；催促利害关系人申报权利。公示催告期间，由人民法院根据情况决定，但不得少于两个月。支付人收到人民法院停止支付的通知，应当停止支付，至公示催告程序终结。在公示催告期间，转让票据权利的行为无效。

（3）公示催告程序的终结。①利害关系人应在公示催告期间向人民法院申报。人民法院收到利害关系人的申报后，应裁定终结公告催告程序，并通知申请人和支付人。②如果在法定期间内没有人申报的，申请人应享有票据上的权利。人民法院应判决票据无效，并予以公告，公示催告程序终结。

4．提起诉讼

（1）利害关系人在公示催告期间向人民法院申报权利，申请人或申报人可以向人民法院起诉。

（2）利害关系人因正当理由不能在判决前向人民法院申报的，自知道或应当知道判决公告之日起一年内，可向作出判决的人民法院提起诉讼。

第三节　仲　裁　法

一、仲裁法概述

（一）仲裁的概念

仲裁是争议双方在争议发生前或争议发生后达成协议，自愿将争议交给第三者作出裁决，双方有义务执行的一种解决争议的办法。

首先，仲裁的发生是以双方当事人自愿为前提。这种自愿，体现在仲裁协议中。仲裁协议，可以在争议发生前达成，也可以在争议发生后达成。

其次，仲裁的客体是当事人之间发生的一定范围的争议。这些争议大体包括：经济纠纷、劳动纠纷、对外经贸纠纷、海事纠纷等。

再次，仲裁须有三方活动主体。即双方当事人和第三方（仲裁组织）。仲裁组织以当事人双方自愿为基础进行裁决。

第四，裁决具有强制性。当事人一旦选择了仲裁解决争议，仲裁者所作的裁决对双方都有约束力，双方都要认真履行，否则，权利人可以向人民法院申请强制执行。

（二）仲裁机构

仲裁委员会是我国国内仲裁的仲裁机构，由人民政府组织有关部门和商会统一组建，设在直辖市和省、自治区人民政府所在地市，也可以根据需要在其他设区的市设立，但不按行政区划层层设立。仲裁委员会由主任1人、副主任2～4人和委员若干人组成，仲裁员实行聘任制。

中国国际经济贸易仲裁委员会和中国海事仲裁委员会是我国的常设国际仲裁机构，两者都附设在中国国际商会内。中国国际经济贸易仲裁委员会由主席1人、副主席若干人和委员若干人组成，并备有仲裁员名册。

（三）仲裁的种类

1．国内仲裁和涉外仲裁

这是根据当事人是否具有涉外因素划分的。国内仲裁一般只涉及国内经贸方面的争议。涉外仲裁是指具有涉外因素的仲裁。

2. 普通仲裁和特殊仲裁

这是根据仲裁机构和争议的性质不同划分的。普通仲裁是指由非官方仲裁机构对民事、商事争议所进行的仲裁。包括大多数国家的国内民商事仲裁和国际贸易与海事仲裁。特殊仲裁则是指由官方机构依据行政权力而不是依据仲裁协议所进行的仲裁，它是由国家行政机关所实施的仲裁，如我国过去的经济合同仲裁法。

（四）仲裁法的概念

1. 仲裁法的概念

仲裁法是国家制定和确认的关于仲裁制度的法律规范的总和。其基本内容包括仲裁协议、仲裁组织、仲裁程序、仲裁裁决及执行等。

2. 仲裁法的适用范围

（1）对人的效力。仲裁法对平等主体的公民、法人和其他组织之间适用。

（2）空间效力。仲裁法适用于中国领域内的平等主体之间发生的合同纠纷和其他财产权益纠纷。

（3）时间效力。《中华人民共和国仲裁法》（以下简称《仲裁法》）于 1995 年 9 月 1 日起施行。

二、仲裁的范围

仲裁的范围是指哪些纠纷可以申请仲裁，解决可仲裁性的问题。

（一）确定仲裁范围的原则

我国《仲裁法》中对仲裁范围的确定，是基于下列原则制定的：

（1）发生纠纷的双方应当属于平等主体的当事人；

（2）仲裁的事项，应是当事人有权处分的；

（3）从我国法律规定和国际做法看，仲裁范围主要是合同纠纷，也包括一些非合同的经济纠纷。

因此，我国《仲裁法》在第 2 条规定："平等主体的公民、法人和其他组织之间发生的合同纠纷和其他财产权益纠纷，可以仲裁。"

（二）不能仲裁的情形

根据我国《仲裁法》第 3 条的规定，下列纠纷不能仲裁：

1. 婚姻、收养、监护、抚养、继承纠纷；

2. 依法应当由行政机关处理的行政争议。

（三）关于仲裁范围的几点说明

1. 劳动争议仲裁和农业承包合同纠纷仲裁的问题

由于劳动争议不同于一般经济纠纷，劳动争议的仲裁有自己的特点，因此，劳动争议仲裁由法律另行规定。农业承包合同纠纷面广量大，涉及广大农民的切身利益，在仲裁机构设立、仲裁程序上有其特点，因此，依照《仲裁法》第 22 条规定，农业承包合同纠纷的仲裁另行规定。

2. 企业承包合同仲裁问题

1988 年国务院颁布了《全民所有制工业企业承包经营责任制暂行条例》，其中对企业承包合同纠纷规定了由工商行政管理局的经济合同仲裁委员会仲裁。《仲裁法》中没有明确规定企业承包合同纠纷的仲裁问题。

三、仲裁协议

（一）仲裁协议的概念

根据《仲裁法》第16条规定："仲裁协议包括合同订立的仲裁条款和以其他书面方式在纠纷发生前或者纠纷发生后达成的请求仲裁的协议。"从这一规定可以看出，仲裁协议具有以下的特点：

（1）仲裁协议是合同双方商定的通过仲裁方式解决纠纷的协议。其内容规定的是关于仲裁的事项。

（2）仲裁协议必须以书面形式存在，口头形式不能成为仲裁协议。仲裁协议的形式可以有两种：一种是在订立的合同中规定的仲裁条款；另一种是双方另行达成的独立于合同之外的仲裁协议。不论哪一种形式，都具有同样的法律效力。

（3）仲裁协议订立的时间可以在合同纠纷发生之前，也可以在合同纠纷发生之后。协议订立的时间与经济合同没有必然的联系，订立时间的先后也不影响仲裁协议的效力。

（4）仲裁协议是双方当事人申请仲裁的前提。没有有效的仲裁协议，仲裁机构不予受理仲裁申请。

（二）仲裁协议的内容

根据《仲裁法》第16条第2款的规定："仲裁协议应包括下列内容：①请求仲裁的意思表示；②仲裁事项；③选定的仲裁委员会。"

（三）仲裁协议的效力

仲裁协议一经作出即发生法律效力。除非双方当事人同意解除仲裁协议，否则必须通过仲裁的方式解决纠纷，任何一方都不得向人民法院起诉。但是，仲裁协议同其他合同一样，当其内容违反有关法律规定时，也可以被仲裁机构或人民法院裁定为无效。根据《仲裁法》第17条规定："有下列情形之一的，仲裁协议无效：①约定仲裁事项超出法律规定的仲裁范围的；②无民事行为能力人或者限制民事行为能力人订立的仲裁协议；③一方采取胁迫手段，迫使对方订立仲裁协议的。"

在掌握仲裁协议的效力时，还应当注意以下几个问题：

（1）仲裁协议对仲裁事项或仲裁委员会没有约定或者约定不明确的，当事人可以补充协议；达不成补充协议的，仲裁协议无效。

（2）仲裁协议独立存在，合同的变更、解除、终止或者无效，不影响仲裁协议的效力。

（3）当事人对仲裁协议效力提出异议的，可以请求仲裁委员会作出决定或者请求人民法院作出裁定。如对仲裁协议的效力，一方请求仲裁委员会决定，另一方请求人民法院裁定的，则由人民法院裁定。

（4）当事人对仲裁协议的效力提出异议，应当在仲裁庭首次开庭前提出。

四、仲裁的主要程序

仲裁程序是指当事人提出仲裁申请直至仲裁庭作出裁决的程序。根据我国《仲裁法》第四章的规定，仲裁程序主要有申请和受理、仲裁庭的组成、开庭和裁决。

（一）申请和受理

1. 申请仲裁的条件

当事人申请仲裁应符合下列条件：

（1）有仲裁协议；

（2）有具体的仲裁请求和事实、理由；

（3）属于仲裁委员会的受理范围。

2. 受理

仲裁委员会收到仲裁申请书之日起5日内，认为符合受理条件的，应当受理，并通知当事人；认为不符合受理条件的，应书面通知当事人不予受理，并说明理由。

3. 送达法律文书

仲裁委员会受理仲裁申请后，应在仲裁规则规定的期限内将仲裁规则和仲裁员名册送达申请人，并将仲裁申请书副本和仲裁规则、仲裁员名册送达被申请人。

被申请人收到仲裁申请书后，应在仲裁规则规定的期限内向仲裁委员会提交答辩书。仲裁委员会收到答辩书后，应在仲裁规则规定的期限内将答辩书副本送达申请人。被申请人未提交答辩书的，不影响仲裁程序的进行。

4. 有仲裁协议但一方起诉时的处理

《仲裁法》26条规定双方当事人有仲裁协议但一方却向法院起诉的情形作了明确规定，即"当事人达成仲裁协议，一方向人民法院起诉未声明有仲裁协议，人民法院受理后，另一方在首次开庭前递交仲裁协议的，人民法院应当驳回起诉，但仲裁协议无效的除外；另一方在首次开庭前未对人民法院受理该案提出异议的，视为放弃仲裁协议，人民法院应当继续审理"。

5. 财产保全

仲裁中的财产保全，是指人民法院根据仲裁委员会提交的当事人的申请，就被申请人的财产作出临时性的强制措施，包括查封、扣押、冻结、责令提供担保或法律规定的其他方法，以保障当事人的合法权益不受损失，保证将来作出的裁决能够得到实现。

财产保全因国内仲裁和涉外仲裁不同，因而在选择人民法院上也有所不同。国内仲裁的财产保全申请，一般提交基层人民法院裁定。涉外仲裁财产保全申请，则应提交被申请人住所地或财产所在地的中级人民法院裁定。

根据《仲裁法》28条规定，当事人申请财产保全的，仲裁委员会应当将当事人的申请依民事诉讼法的有关规定提交人民法院。申请有错误的，申请人应当赔偿被申请人因财产保全所遭受的损失。

（二）仲裁庭的组成

1. 仲裁庭的种类

（1）合议仲裁庭。即由三名仲裁员组成的仲裁庭。

（2）独任仲裁庭。即由一名仲裁员组成的仲裁庭。

2. 仲裁庭的组成

（1）合议仲裁庭的组成。当事人约定组成合议仲裁庭的，应当各自选定或各自委托仲裁委员会主任指定一名仲裁员，第三名仲裁员由当事人共同选定或共同委托仲裁委员会主任指定。第三名仲裁员是首席仲裁员。

（2）独任仲裁庭的组成。当事人约定由一名仲裁员成立的独任仲裁庭，应当由当事人共同选定或共同委托仲裁委员会主任指定仲裁员。

仲裁庭组成后，仲裁委员会应将仲裁庭的组成情况书面通知当事人。

3. 仲裁员的回避

（1）仲裁员回避的种类。仲裁员的回避可以有主动回避和申请回避两种情形，如果当事人提出回避申请的，应当说明理由，并在首次开庭前提出。如果回避事由是在首次开庭后知道的，可以在最后一次开庭终结前提出。

（2）仲裁员回避的原因。我国《仲裁法》第34条作出明确规定，即仲裁员有下列情形之一的，必须回避，当事人有权提出回避申请：

①是本案当事人或当事人、代理人的近亲属；

②与本案有利害关系；

③与本案当事人、代理人有其他关系，可能影响公正仲裁的；

④私自会见当事人、代理人，或接受当事人、代理人的请客送礼的。

（3）仲裁员回避的决定权。仲裁员是否回避，由仲裁委员会主任决定；仲裁委员会主任担任仲裁员时，由仲裁委员会集体决定。

（4）仲裁员的重新确定。仲裁员回避制度或其他原因不能履行职责的，应依照《仲裁法》的规定重新选定或指定仲裁员。因回避而重新选定或指定仲裁员后，当事人可以请求已进行的仲裁程序重新进行，是否准许，由仲裁庭决定；仲裁庭也可以自行决定已进行的仲裁程序是否重新进行。

（三）开庭和裁决

在开庭和裁决中，仅介绍不公开仲裁、举证责任、和解协议、调解和裁决等四个问题。

1．不公开仲裁

我国《仲裁法》规定，仲裁应当开庭进行，但不公开进行。当事人协议公开的，可以公开进行，但涉及国家秘密的除外。

所谓仲裁不公开进行，包括申请、受理仲裁的情况不公开报道，仲裁开庭不允许旁听，裁决不向社会公布等等。该项规定，是仲裁制度的一项特点，也是国际商事仲裁的惯例。正是由于其不公开，使得当事人能放心地将纠纷提交仲裁，一方面尽快将争议了结，另一方面也不影响自己的商业信誉，并尽可能地不损害双方的合作关系，因而人们往往在实践中多选择仲裁而不是诉讼。

2．举证责任

《仲裁法》第43条1款规定："当事人应当对自己的主张提供证据。"这是因为提供证据是确认当事人权利的前提，也是在仲裁过程中当事人应尽的义务。申请人提出仲裁请求，那么他就有责任举证加以证明，被申请人提出答辩，反驳申请人的请求，也需要提供证据来证明其反驳是有根据的。因此，《仲裁法》规定的当事人应当对自己的主张提供证据，贯彻的正是"谁主张，谁举证"的原则。

在强调当事人举证责任的同时，《仲裁法》第43条2款规定："仲裁庭认为有必要收集的证据，可以自行收集。"如某些事实尚不清楚，当事人自己举出的证据又不清楚，仲裁庭则可自行收集证据。这对纠纷的解决很有必要。

另外，在仲裁时，在证据可能灭失或以后难以取得的情况下，当事人可申请证据保全。

3．和解协议

和解是指争议的双方当事人以口头或书面的方式直接交涉以解决争议的一种方式，它是在没有仲裁庭介入，由当事人自己协商解决纠纷的一种方法。

和解达成协议的，当事人既可以请求仲裁庭根据和解协议作出判决书，也可撤回仲裁申请。如果一方或双方达成和解协议撤回了仲裁申请后，又反悔或没有履行和解协议的，可以根据仲裁协议重新申请仲裁。

4. 调解和裁决

《仲裁法》第51条1款规定："仲裁庭在作出裁决前，可以先行调解。当事人自愿调解的，仲裁庭应当调解。调解不成的，应当及时作出裁决。"

（1）调解的概念。是指当事人在自愿的基础上，在仲裁庭主持下，查明事实，分清是非，通过仲裁庭的工作，促使双方当事人互谅互让，达成协议，解决争议。

（2）调解与和解的不同。主要区别在于有无仲裁庭的介入，有无仲裁庭做双方当事人的工作。前者有仲裁庭的介入，仲裁庭做双方当事人的工作；后者则没有仲裁庭的介入，也无仲裁庭做双方当事人的工作。

（3）调解应坚持的原则。①自愿原则。如有一方不同意调解，则应裁决。②合法原则。即调解须在查明事实、分清是非、公平合理、实事求是的前提下进行。③调解不是裁决前的必经程序。

（4）调解书及其效力。如果调解达成协议的，仲裁庭应当制作调解书。调解书应当写明仲裁请求和当事人协议的结果。调解书由仲裁员签名，加盖仲裁委员会印章，送达双方当事人。调解书与裁决书具有同等法律效力。如果当事人在签收调解书前反悔的（调解书经双方当事人签收后生效），仲裁庭应当及时作出裁决。

（5）裁决及裁决书。裁决应当按照仲裁庭的意见作出，仲裁庭不能形成多数意见时，裁决应当按照首席仲裁员的意见作出。裁决书应当写明仲裁请求、争议事实、裁决理由、裁决结果、仲裁费用的负担和裁决的日期。当事人协议不愿写明争议事实和裁决理由的，可以不写。裁决书由仲裁员签字，加盖仲裁委员会印章。裁决书自作出3日起发生法律效力。

五、申请撤销裁决

实行或审或裁的制度后，法院对仲裁不能加以干预，但需要一定的监督。申请撤销裁决便是法院实行监督的一种方法。

（一）裁决被撤销的原因

根据《仲裁法》第58条的规定，当事人提出证据证明裁决有下列情形之一的，可以向仲裁委员会所在地的中级人民法院申请撤销裁决：

（1）没有仲裁协议的；

（2）裁决的事项不属于仲裁协议的范围或仲裁委员会无权仲裁的；

（3）仲裁庭的组成或仲裁的程序违反法定程序的；

（4）裁决所根据的证据是伪造的；

（5）对方当事人隐瞒了足以影响公正裁决的证据的；

（6）仲裁员在仲裁该案时有索贿受贿、徇私舞弊、枉法裁决行为的。

人民法院经组成合议庭审查核实裁决有前款规定情形之一的，应当裁定撤销。人民法院认定该裁定违背社会公共利益的，应当裁定撤销。

（二）申请撤销裁决的时效

我国《仲裁法》第59条规定，当事人申请撤销裁决的，应当自收到裁决书之日起6个月内提出。

我国《仲裁法》第60条规定，人民法院应当在受理撤销裁决申请之日起2个月内作出撤销裁决或驳回申请的裁定。

六、裁决的执行

（一）裁决的执行

由于仲裁基本上是基于当事人的意愿进行的,特别是在是否采用仲裁方式解决纠纷,以及由谁来公断纠纷这两个关键性问题上都遵循了当事人的约定。因而,在仲裁的调解书和裁决书作出后,绝大多数当事人都能自觉履行义务。但也出现有些当事人不履行义务的情况。如果一方当事人不履行裁决,另一方当事人可以依照民事诉讼法的有关规定向人民法院申请执行,受申请的人民法院应当执行。

（二）不予执行制度

1. 对国内仲裁不予执行的规定

根据《民事诉讼法》第217条规定,被申请人提出证据证明仲裁裁决有下列情形之一的,经人民法院组成合议庭审查核实,裁定不予执行：

（1）当事人在合同中没有仲裁条款或事后没有达成书面仲裁协议的；

（2）裁决的事项不属于仲裁协议的范围或仲裁机构无权仲裁的；

（3）仲裁庭的组成形式或仲裁的程序违反法定程序的；

（4）认定事实的主要证据不足的；

（5）适用法律确有错误的；

（6）仲裁员在仲裁该案时有贪污受贿、徇私舞弊、枉法裁决行为的。

2. 涉外仲裁裁决不予执行的规定。

《民事诉讼法》第260条规定,对中华人民共和国涉外仲裁机构作出的裁决,被申请人提出证据证明仲裁裁决有下列情形之一的,经人民法院组成合议庭审查核实,裁定不予执行：

（1）当事人在合同中没有仲裁条款或事后没有达成书面仲裁协议的；

（2）被申请人没有得到指定仲裁员或进行仲裁程序的通知,或由于其他不属于被申请人负责的原因未能陈述意见的；

（3）仲裁庭的组成或仲裁的程序与仲裁规则不符的；

（4）裁决的事项不属于仲裁协议的范围或仲裁机构无权仲裁的。

3. 不予执行或撤销裁决的后果

法院裁定不予执行或撤销裁决后,当事人之间的纠纷如何处理？原仲裁协议是否有效？对此,《仲裁法》第9条2款规定："裁决被人民法院依法裁定撤销或者不予执行的,当事人就该纠纷可以根据双方重新达成的仲裁协议申请仲裁,也可以向人民法院起诉。"

由此可见,在裁决不予执行或被撤销后,原仲裁协议失效,当事人不能按照原仲裁协议申请仲裁。但为了解决纠纷,当事人可以按照重新达成的仲裁协议申请仲裁,也可以向人民法院提起诉讼。

第四节　担　保　法

一、担保与担保法

（一）担保的概念

担保是指合同的双方当事人为了使合同能够得到全面按约履行，根据法律、行政法规的规定，经双方协商一致而采取的一种具有法律效力的保证措施。

（二）担保法

担保法是指调整债务人、担保人与债权人之间所发生的民商事关系的法律规范的总称。1995年6月30日第八届全国人民代表大会常务委员会第十四次会议通过的，并于1995年10月1日起施行的《中华人民共和国担保法》是规范担保活动的专门法律。该法共7章96条，明确了担保的基本方式。

我国《担保法》规定的担保方式有五种，即保证、抵押、质押、留置和定金。

二、保证

（一）保证的概念

保证是指保证人和债权人约定，当债务人不履行债务时，保证人按照约定履行债务或承担责任的行为。

保证具有以下法律特征：

（1）保证属于人的担保范畴，它不是用特定的财产提供担保，而是以保证人的信用和不特定的财产为他人债务提供担保；

（2）保证人必须是主合同以外的第三人，保证必须是债权人和债务人以外的第三人为他人债务所作的担保，债务人不得为自己的债务作保证；

（3）保证人应当具有代为清债务的能力，保证是保证人以其信用和不特定的财产来担保债务履行的，因此，设定保证关系时，保证人必须具有足以承担保证责任的财产。具有代为清偿能力是保证人应当具备的条件；

（4）保证人和债权人可以在保证合同中约定保证方式，享有法律规定的权利，承担法律规定的义务。

（二）保证人

保证人须是具有代为清偿债务能力的人，既可以是法人，也可以是其他组织或公民。下列人不可以作保证人：

（1）国家机关不得作保证人，但经国务院批准为使用外国政府或国际经济组织贷款而进行的转贷除外；

（2）学校、幼儿园、医院等以公益为目的的事业单位、社会团体不得作保证人；

（3）企业法人的分支机构、职能部门不得作保证人，但有法人书面授权的，可在授权范围内提供保证。

（三）保证合同

保证人与债权人应当以书面形式订立保证合同。保证合同应包括以下内容：

（1）被保证的主债权种类、数量；

（2）债务人履行债务的期限；

（3）保证的方式；

（4）保证担保的范围；

（5）保证的期间；

（6）双方认为需要约定的其他事项。

（四）保证方式

保证的方式有两种，一是一般保证，一是连带保证。保证方式没有约定或约定不明确的，按连带保证承担保证责任。

1. 一般保证

一般保证是指当事人在保证合同中约定，当债务人不履行债务时，由保证人承担保证责任的保证方式。一般保证的保证人在主合同纠纷未经审判或仲裁，并就债务人财产依法强制执行仍不能履行债务前，对债务人可以拒绝承担保证责任。

2. 连带保证

连带保证是指当事人在保证合同中约定保证人与债务人对债务承担连带责任的保证方式。连带责任保证的债务人在主合同规定的债务履行期届满没有履行债务的，债权人可以要求债务人履行债务，也可以要求保证人在其保证范围内承担保证责任。

（五）保证范围及保证期间

1. 保证范围

保证范围包括主债权及利息、违约金、损害赔偿金和实现债权的费用。保证合同另有约定的，按照约定。当事人对保证范围无约定或约定不明确的，保证人应对全部债务承担责任。

2. 保证期间

一般保证的担保人与债权人未约定保证期间的，保证期间为主债务履行期间届满之日起六个月。债权人未在合同约定的和法律规定的保证期间内主张权利（仲裁或诉讼），保证人免除保证责任；如债仅人已主张权利的，保证期间适用于诉讼时效中断的规定。连带责任保证人与债权人未约定保证期间的，债权人有权自主债务履行期满之日起六个月内要求保证人承担保证责任。在合同约定或法律规定的保证期间内，债权人未要求保证人承担保证责任的，保证人免除保证责任。

三、抵押

（一）抵押的概念

抵押是指债务人或第三人不转移对抵押财产的占有，将该财产作为债权的担保。当债务人不履行债务时，债务人有权依法以该财产折价或以拍卖、变卖该财产的价款优先受偿。

抵押具有以下法律特征：

（1）抵押权是一种他物权，抵押权是对他人所有物具有取得利益的权利，当债务人不履行债务时，债权人（抵押权人）有权依照法律以抵押物折价或者从变卖抵押物的价款中得到清偿；

（2）抵押权是一种从物权，抵押权将随着债权的发生而发生，随着债权的消灭而消灭；

（3）抵押权是一种对抵押物的优先受偿权，在以抵押物的折价受偿债务时，抵押权人的受偿权优先于其他债权人；

（4）抵押权具有追及力，当抵押人将抵押物擅自转让他人时，抵押权人可追及抵押物而行使权利。

（二）可以抵押的财产

根据《担保法》第 34 条的规定，下列财产可以抵押：

（1）抵押人所有的房屋和其他地上定着物；

（2）抵押人所有的机器、交通运输工具和其他财产；

（3）抵押人依法有权处分的国有土地使用权、房屋和其他地上定着物；

（4）抵押人依法有权处分的机器、交通运输工具和其他财产；

（5）抵押人依法承包并经发包方同意抵押的荒山、荒沟、荒丘、荒滩等荒地土地所有权；

（6）依法可以抵押的其他财产。

（三）禁止抵押的财产

《担保法》第37条规定，下列财产不得抵押：

（1）土地所有权；

（2）耕地、宅基地、自留地、自留山等集体所有的土地使用权；但第34条第五款的乡村企业厂房等建筑物抵押的除外；

（3）学校、幼儿园、医院等以公益为目的的事业单位、社会团体的教育设施、医疗设施和其他社会公益设施；

（4）所有权、使用权不明确或有争议的财产；

（5）依法被查封、扣押、监管的财产；

（6）依法不得抵押的其他财产。

以抵押作为履行合同的担保，还应依据有关法律、法规签订抵押合同并办理抵押登记。

（四）抵押合同

采用抵押方式担保时，抵押人和抵押权人应以书面形式订立抵押合同，法律规定应当办理抵押物登记的，抵押合同自登记之日起生效。抵押合同应包括如下内容：

（1）被担保的主债权种类、数额；

（2）债务人履行债务的期限；

（3）抵押物的名称、数量、质量、状况、所在地、所有权权属或者使用权权属；

（4）抵押担保的范围；

（5）当事人认为需要约定的其他事项。

四、质押

（一）质押的概念

质押是指债务人或第三人将其动产或权利移交债权人手中占有，用以担保债权的履行，当债务人不能履行债务时，债权人依法有权就该动产或权利优先得到清偿的担保。

（二）质押的种类

质押包括动产质押和权利质押两种。

1. 动产质押

动产质押是指债务人或第三人将其动产移交债权人占有，将该动产作为债权的担保。债务人不履行债务时，债权人有权依照法律规定以该动产折价或以拍卖、变卖该动产的价款优先受偿。

2. 权利质押

权利质押是指出质人将其法定的可以质押的权利凭证交付质权人，以担保质权人的债权得以实现的法律行为。

（三）质押合同

1. 动产质押合同

出质人和债权人应以书面形式订立质押合同。质押合同自质物移交于质权人占有时生效。质押合同应当包括以下内容：

（1）被担保的主债权种类数额；

（2）债务人履行债务的期限；

（3）质押的名称、数量、质量、状况；

（4）质押担保的范围；

（5）质物移交的时间；

（6）当事人认为需要约定的其他事项。

2. 权利质押合同

（1）以汇票、支票、本票、债券、存款单、仓单、提单出质的，应当在合同的约定期限内将权利凭证交付质权人。质押合同自权利凭证交付之日起生效；

（2）以依法可以转让的股票出质的，出质人与质权人应订立书面合同，并向证券登记机构办理出质登记。质押合同自登记之日起生效；

（3）以依法可以转让的商标专用权、专利权、著作权中的财产权出质的，出质人与质权人应当订立书面合同，并向其管理部门办理出质登记。质押合同自登记之日起生效。

五、留置

（一）留置的概念

留置是指债权人按照合同约定占有债务人的动产，债务人不按照合同约定的期限履行债务的，债权人有权依法留置该财产，以该财产折价或以拍卖、变卖该财产的价格优先受偿。

留置具有如下法律特征：

（1）留置权是一种从权利；

（2）留置权属于他物权；

（3）留置权是一种法定担保方式，它依据法律规定而发生，而非以当事人之间的协议而成立。《担保法》第84条规定："因保管合同、运输合同、加工承揽合同发生的债权，债务人不履行债务的，债权人有留置权。"

（二）留置担保范围

留置担保范围包括主债权及利息、违约金、损害赔偿金、留置物保管费用和实现留置权的费用。

（三）留置的期限

留置的期限是指债权人与债务人应在合同中约定债权人留置财产后，债务人应在不少于两个月的期限内履行债务。债权人与债务人在合同中未约定的，债权人留置债务人财产后，应确定两个月以上的期限，通知债务人在该期限内履行债务。债务人逾期仍不履行的，债权人可与债务人协议以留置物折价，也可以依法拍卖、变卖留置物。留置物折价或拍卖、变卖后，其价款超过债权数额的部分归债务人所有，不足部分由债务人清偿。

六、定金

（一）定金的概念

定金是指合同当事人一方为了证明合同成立及担保合同的履行在合同中约定应给付对方一定数额的货币。合同履行后，定金或收回或抵作价款。给付定金的一方不履行合同，无权要求返还定金；收受定金的一方不履行合同的，应双倍返还定金。

（二）定金合同

定金应以书面形式约定。当事人在定金合同中应该约定交付定金的期限及数额。定金合同从实际交付定金之日起生效；定金数额最高不得超过主合同标的额的 20%。

第五节 保 险 法

一、保险的概念

保险是一种受法律保护的分散危险、消化损失的经济制度。危险的存在是保险得以存在的前提条件，无危险即无保险。危险可分为财产危险、人身危险和法律责任危险三种。财产危险是指财产因意外事故或自然灾害而遭受毁损或灭失的危险；人身危险是指人们因生老病死和失业等原因而遭致财产损失的危险；法律责任危险是指对他人的财产、人身实施不法侵害，依法应负赔偿责任的危险。基于以上的危险，我们设立保险制度。保险应具备如下特征：

（1）必须有危险存在。无危险则无保险。

（2）被保险人对于保险标的须有某种能以金钱估量的并为法律和公序良俗所认可的经济利益。

（3）保险必须有多数人参加，建立保险基金。

（4）保险人须对危险所造成的损失给予经济补偿。

（5）保险法律关系是通过保险合同建立的，保险合同具有法律约束力。

1995 年 6 月 30 日第八届全国人民代表大会常务委员会第十四次会议通过了《中华人民共和国保险法》，并于 1995 年 10 月 1 日开始实施。该法第二条规定："本法所称保险，是指投保人根据合同约定，向保险人支付保险费，保险人对于合同约定的可能发生的事故因其发生所造成的财产损失承担赔偿保险金责任，或者当被保险人死亡、伤残、疾病或者达到合同约定的年龄、期限时承担给付保险金责任的商业保险行为。"

二、保险法的基本内容

保险法是指调整保险关系的法律规范。《中华人民共和国保险法》是调整保险活动中保险人与投保人、被保险人以及受益人之间法律关系的专门法律。该法共 8 章 152 条。该法的实施对于发展社会主义市场经济、规范保险活动，保护保险活动当事人的合法权益，加强对保险业的监督管理，促进保险事业的健康发展，都具有十分重要的意义。其主要内容包括：

第一章，总则。主要规定保险法的立法宗旨、适用范围、保险活动的基本原则以及保险业的公平竞争原则和监督管理机关。

第二章，保险合同。主要规定了保险合同法律关系的主体、客体和内容；保险合同的订立、变更、解除和解释；保险责任的承担、诉讼时效、保险欺诈和再保险以及财产保险合同、人身保险合同的具体规范。

第三章，保险公司。主要规定了保险公司的设立、变更和终止。

第四章，保险经营规则。主要规定了保险公司业务范围和保险公司经营规则。

第五章，保险业的监督管理。主要规定了基本保险条款和保险费率制度的监管；保险业财务制度的监管；保险资金运用的监管；保险公司整顿的条件、整顿组织、整顿期间保险业务的进行及整顿办法；保险公司的接管；营业统计报表的监管及其报送期限；人身保险的精算报告制度；保险事故的评估与鉴定；保险公司会计账簿的监管。

第六章，保险代理人和保险经纪人。主要规定了保险代理人和保险经纪人及其相关事项。

第七章，法律责任。主要规定了违反保险法规定，如何承担法律责任。

第八章，附则。主要规定了海上保险和农业保险的法律适用，保险业中的特殊形态和其他形式的法律适用，本法对已设立的保险公司之溯及力以及本法在时间上的适用范围。

三、保险合同

（一）保险合同的概念及特征

保险合同是投保人与保险人约定保险权利义务关系的协议。保险合同具有下列特征：

1. 保险合同是保障性合同

保险是分散危险、消化损失的较理想的经济补偿手段。签订保险合同的目的，对投保人来说是希望在发生自然灾害或意外事件造成其经济损失时，由保险人给予其生产或生活上的保障；对保险人来说，则是通过收取保费，积累保险基金，保障投保人在遭受自然灾害或意外事故后生产或生活上的安定。

2. 保险合同是双务有偿合同

保险合同以投保人交付保险费为生效要件。投保人交付保险费和保险人承担的危险责任只形成一种对价关系而非等价关系，实际上危险事故可能发生，也可能不发生，发生后所造成的损害赔偿金额可能大于保险费额，也可能小于保险费额。即投保人给付保险费的义务是固定的，保险人赔偿或者给付保险金的义务则是不确定的，投保人给付保险费只是获得了一个得到保险金的机会。可见这种双务有偿合同具有一定的特殊性。

（二）保险合同的订立

1. 保险合同的形式

保险合同是由保险双方当事人在平等的基础上，自愿订立的，所以当事人可以协商确定合同的内容。但是，随着保险业的广泛开展，国家的干预，竞争的激烈，保险人为方便经营，扩大范围，快速及时签订保险合同，多采用标准化的格式合同。随着保险业务的国际化，保险合同在国际范围内也趋向标准化、格式化。标准保险合同一般由投保单、保险单、保险凭证和暂保单等保险单证组成。

（1）投保单。也称要保单、投保书，是投保人向保险人申请订立保险合同的书面要约。

（2）保险单。也称保单、保险证券，是保险人与投保人之间订立的保险合同的正式书面文件形式。保险单必须明确完整地记载保险双方的权利和义务。

（3）保险凭证。也称小保单，是一种简化了的保险单。保险凭证上不印保险条款，凡保险凭证上没有列明的内容均以相应险种的保险单内容为准。

（4）暂保单。也称临时保单，是正式保险单或保险凭证签发之前，由保险人或保险代理人签发的临时保险凭证。

2. 保险条款

保险条款是保险合同中规定保险责任范围和保险人、被保险人的权利和义务以及其他有关保险条件的合同条文。不同险种其保险条款也有不同。保险合同基本条款应包括如下内容：

    （1）保险人名称和住所；

    （2）投保人、被保险人名称和住所，以及人身保险的受益人的名称和住所；

    （3）保险标的；

    （4）保险责任和责任免除；

    （5）保险期间和保险责任开始时间；

    （6）保险价值；

    （7）保险金额；

    （8）保险以及支付办法；

    （9）保险金赔偿或者给付办法；

    （10）违约责任和争议处理；

    （11）订立合同的年、月、日。

四、工程保险

（一）建筑工程一切险

1. 建筑工程一切险的概念

建筑工程一切险承保各类民用、工业和公用事业建筑工程项目，包括道路、水坝、桥梁、港埠等，在建造过程中因自然灾害或意外事故而引起的一切损失。

建筑工程一切险往往还加保第三者责任险，即保险人在承保某建筑工程的同时，还对该工程在保险期限内因发生意外事故造成的依法应由被保险人负责的工地上及邻近地区的第三者的人身伤亡、疾病或财产损失，以及被保险人因此而支付的诉讼费用和事先经保险人书面同意支付的其他费用，负赔偿责任。

2. 被保险人

在工程保险中，保险公司可以在一张保险单上对所有参加该项工程的有关各方都给予所需的保险。即：凡在工程进行期间，对这项工程承担一定风险的有关各方，均可作为被保险人。

具体地讲，建筑工程一切险的被保险人包括：

（1）业主；

（2）承包商或分包商；

（3）技术顾问，包括业主雇用的建筑师、工程师及其他专业顾问。

由于被保险人不止一个，而且每个被保险人各有其本身的权益和责任，为了避免有关各方相互之间追偿责任，大部分保险单还加贴共保交叉责任条款。根据这一条款，每一个被保险人如同各自有一张单独的保单，其应负的那部分"责任"发生问题，财产遭受损失，就可以从保险人那里获得相应的赔偿。如果各个被保险人之间发生相互的责任事故，每一个负有责任的被保险人都可以在保单项下得到保障。即：这些责任事故造成的损失，都可由保险人负责赔偿，无须根据各自的责任相互讲行追偿。

3. 承保的财产

建筑工程一切险可承保的财产为：

（1）合同规定的建筑工程，包括永久工程、临时工程以及在工地的物料；

（2）建筑用机器、工具、设备和临时工房及其屋内存放的物件，均属履行工程合同所需要的，是被保险人所有的或为被保险人所负责的物件；

（3）业主或承包商在工地的原有财产；

（4）安装工程项目；

（5）场地清理费；

（6）工地内的现成建筑物；

（7）业主或承包商在工地上的其他财产。

4. 承保的危险

保险人对以下危险承担赔偿责任：

（1）洪水、潮水、水灾、地震、海啸、暴雨、风暴、雪崩、地崩、山崩、冻灾、冰雹及其他自然灾害；

（2）雷电、火灾、爆炸；

（3）飞机坠毁，飞机部件或物件坠落；

（4）盗窃；

（5）工人、技术人员因缺乏经验、疏忽、过失、恶意行为等造成的事故；

（6）原材料缺陷或工艺不善所引起的事故；

（7）除外责任以外的其他不可预料的自然灾害或意外事故。

5. 除外责任

建筑工程一切险的除外责任为：

（1）被保险人的故意行为引起的损失；

（2）战争、罢工、核污染的损失；

（3）自然磨损；

（4）停工；

（5）错误设计引起的损失、费用或责任；

（6）换置、修理或矫正标的本身原材料缺陷或工艺不善所支付的费用；

（7）非外力引起的机构或电器装置的损坏或建筑用机器、设备、装置失灵；

（8）领有公用运输用执照的车辆、船舶、飞机的损失；

（9）对文件、账簿、票据、现金、有价证券、图表资料的损失。

6. 保险责任的起讫

保险单一般规定：保险责任自投保工程开工日起或自承保项目所用材料卸至工地时起开始。保险责任的终止，则按以下规定办理，以先发生者为准：

（1）保险单规定的保险终止日期；

（2）工程建筑或安装（包括试车、考核）完毕，移交给工程的业主，或签发完工证明时终止（如部分移交，则该移交部分的保险责任即行终止）；

（3）业主开始使用工程时，如部分使用，则该使用部分的保险责任即行终止。

如果加保保证期（缺陷责任期、保修期）的保险责任，即在工程完毕后，工程移交证书已签发，工程已移交给业主之后，对工程质量还有一个保证期，则保险期限可延长至保证期，但需加缴一定的保险费。

7. 制定费率应考虑的因素

由于工程保险的个性很强，每个具体工程的费率往往都不相同，在制定建筑工程一切险费率时应考虑如下因素：

（1）承保责任范围的大小

双方如对承保范围作出特殊约定，则此范围大小对费率会有直接影响。如果承保地震、洪水等灾害，还应考虑以往发生这些灾害的频率及损失大小。

另外，工程保险往往有免赔额和赔偿限额的规定。这是对被保险人自己应负责任的规定。如果免赔额高、赔偿限额低，则意味着被保险人承担的责任大，则保险费率就应相应降低；如果免赔额低、赔偿限额高，则保险费率应相应提高。

（2）承保工程本身的危险程度

承保工程本身的危险程度由以下因素决定：

①施工种类、工程性质；

②施工方法；

③工地和邻近地区的自然地理条件；

④设备类型；

⑤工地现场的管理情况。

（3）承包商的资信情况

包括承包商以往承包工程的情况，以及对工程的经营管理水平、经验等。承包商的资信条件好，则可降低保险费率；反之则应提高保险费率。

（4）保险人承保同类工程的以往损失记录

这也是保险人在制定保险费率时应考虑到的重要因素。以往有较大损失记录的，则保险费率应相应提高。

（5）最大危险责任

保险人应当估计所保工程可能承担的最大危险责任的数额，作为制定费率的参考因素。

（二）安装工程一切险

由于建设工程一切险有许多与安装工程一切险相似之处，因此对安装工程一切险只作简单介绍。

1. 安装工程一切险的概述

安装工程一切险承保安装各种工厂用的机器、设备、储油罐、钢结构工程、起重机、吊车，以及包含机械工程因素的任何建造工程因自然灾害或意外事故而引起的一切损失。

由于目前机电设备价值日趋高昂，工艺和构造日趋复杂，这种安装工程的风险越来越高。因此，在国际保险市场上，安装工程一切险已发展成一种保障比较广泛、专业性很强的综合性险种。

安装工程一切险的投保人可以是业主，也可以是承包商或卖方（供货商或制造商）。在合同中，有关利益方，如所有人、承包人、转承包人、供货人、制造人、技术顾问等其他有关方，都可被列为被保险人。

安装工程一切险也可以根据投保人的要求附加第三者责任险。在安装工程建设过程中因发生任何意外事故，造成在工地及邻近地区的第三者人身伤亡、致残或财产损失，依法应由被保险人承担赔偿责任时，保险人将负责赔偿并包括被保险人因此而支付的诉讼费用或事先经保险人同意支付的其他费用。安装工程第三者责任险的最高赔偿限额，应视工程建设过程中可能造成第三者人身或财产损害的最大危险程度确定。

2. 保险期限

安装工程一切险的保险期限，通常应以整个工期为保险期限。一般是从被保险项目被卸至施工地点时起生效到工程预计竣工验收交付使用之日止。如验收完毕先于保险单列明的终止日，则验收完毕时保险期亦即终止。若工期延长，被保险人应及时以书面通知保险人申请延长保险期，并按规定增缴保险费。

安装工程第三者责任保险作为安装工程一切险的附加险，其保险期限应当与安装工程一切险相同。

3. 保险标的

安装工程一切险的保险标的有：

（1）安装的机器及安装费，包括安装工程合同内要安装的机器、设备、装置、物料、基础工程（如地基、座基等）以及为安装工程所需的各种临时设施（如水电、照明、通讯设备等）等；

（2）为安装工程使用的承包人的机器，设备；

（3）附带投保的土木建筑工程项目，其保额不得超过整个工程项目保额的20%；

（4）场地清理费用；

（5）业主或承包商在工地上的其他财产。

4. 制定费率时考虑的因素

在制定安装工程一切险的费率时应注意安装工程的特点。主要有：

（1）保险标的从安装开始就存在于工地上，风险一开始就比较集中；

（2）试车考核期内任何潜在因素都可能造成损失，且试车期的损失率占整个安装期风险的50%以上；

（3）人为因素造成的损失较多。

总的来讲，安装工程一切险的费率要高于建筑工程一切险。

（三）机器损坏险

1. 机器损坏险概述

机器损坏险主要承保各类工厂、矿山的大型机械设备、机器在运行期间发生损失的风险。这是近几十年在国际上新兴起的一种保险。由于国际工程建设中使用的机器设备趋于大型化，在国际工程建设中也经常投保机器损坏险。

机器损坏险具有以下特点：

（1）用于防损的费用高于用于赔偿的费用

保险人承保机器损坏险后，要定期检查机器的运行，许多国家的立法都有这方面的强制性规定。这往往使得保险人用于检查机器的费用远高于用于赔款的费用。

（2）承保的基本上都是人为的风险损失

机器损坏险承保的风险，如设计制造和安装错误，工人、技术人员操作错误，疏忽、过失、恶意行为等造成的损失，大都是人为的，这些风险往往是普通财产保险不负责承保的。

（3）机器设备均按重置价投保

即在投机器损坏险时按投保时重新换置同一型号、规格、性能的新机器的价格，包括出厂价、运费、可能支付的税款和安装费进行投保。

2. 保险责任范围

被保险机器及其附属设备由于下列原因造成损失，需要修理或重置时，保险人负责进行赔偿：

（1）设计、制造和安装错误，铸造和原材料缺陷。这些错误、缺点和缺陷常常在制造商的保修期满后在操作中发现，而不可能向制造商再提出追偿。

（2）工人、技术人员操作错误，缺乏经验，技术不善，疏忽、过失，恶意行为。

（3）离心力引起的撕裂。它往往会对机器本身或其周围财产造成很严重的损失。

（4）电气短路或其他电气原因。这是指短路、电压过高，绝缘不良、电流放电和产生的应力等原因。

（5）错误的操作，测量设施的失灵、锅炉加水系统有毛病，以及报警设备不良，所造成的由于锅炉缺水而致的损毁。

（6）物理性爆炸。这是与化学性爆炸相对而言的，指内储气、汽和液体物质的容器在内容物没有化学反应的情况下，过高的压力造成容器四壁破裂。

（7）露装机器遭受暴风雨、冻灾、流冰等风险。

（8）保险单规定的除外责任以外的其他事故。

3. 除外责任

机器损坏险的除外责任包括：

（1）其他财产保险所保的危险或责任；

（2）溢堤、洪水、地震、地陷、土崩、水陆空物体的碰击；

（3）自然磨损、氧化、腐蚀、锈蚀等；

（4）战争、武装冲突、民众骚动、罢工；

（5）被保险人及其代表的故意行为、重大过失；

（6）被保险人及其代表在保险生效时已经或应该知道的被保险机器存在的缺点或缺陷；

（7）根据契约或者法律，应由供货方或制造商负责的损失；

（8）核子反应和辐射或放射性污染；

（9）各种间接损失或责任。

4. 防损事项

如上所述，在机器损坏险中，保险人对机器的检查制度是很重要的。保险人在保险期间应定期派合格的、有经验的专家去检查保险机器。由于保险人有各种防损经验，熟悉机器损失原因，所以能够提出可行的防损意见。

更为重要的是，保险人应督促被保险人对机器建立完善的管理和保养制度。

第三章 建设工程市场

第一节 概 述

一、建设工程市场的概念

建设工程市场是以工程承发包交易活动为主要内容的市场，一般称作建设市场或建筑市场。

建设市场有广义的市场和狭义的市场。狭义的市场一般指有形建设市场，有固定的交易场所。广义的市场包括有形市场和无形市场，包括与工程建设有关的技术、租赁、劳务等各种要素市场，为工程建设提供专业服务的中介组织体系，包括靠广告、通讯、中介机构或经纪人等媒介沟通买卖双方或通过招投标等多种方式成交的各种交易活动，还包括建筑商品生产过程及流通过程中的经济联系和经济关系。可以说，广义的建设市场是工程建设生产和交易关系的总和。

由于建筑产品具有生产周期长，价值量大，生产过程的不同阶段对承包单位的能力和特点要求不同，决定了建筑市场交易贯穿于建筑产品生产的整个过程。从工程建设的咨询、设计、施工任务的发包开始，到工程竣工、保修期结束为止，发包方与承包方、分包方进行的各种交易（承包商生产）以及相关的商品混凝土供应、构配件生产、建筑机械租赁等活动，都是在建筑市场中进行的。生产活动和交易活动交织在一起，使得建筑市场在许多方面不同于其他产品市场。

改革开放以来，经过近年来的发展，建筑市场已形成以发包方、承包方和中介服务方组成的市场主体；建筑产品和建筑生产过程为对象组成的市场客体；由招投标为主要交易形式的市场竞争机制；由资质管理为主要内容的市场监督管理体系；以及我国特有的有形建筑市场等等。构成了建设市场体系。

建设市场由于引入了竞争机制，促进了资源优化配置，提高了建筑生产效率，推动了建筑企业的管理和工程质量的进步（如图3-1）。建筑业在国民经济中已占相当重要地位，建筑业的建筑市场体系成为我国社会主义市场经济体系中一个非常重要的生产和消费市场。

图 3-1 建设市场体系

二、建设市场的发展历程

我国市场经济体制的形成是一个逐步建立、发展和完善的过程。建筑市场的发展也不例外，也正在经历着一个从培育、发展到逐渐完善的过程。

改革开放以前，工程建设任务由行政管理部门分配，建筑产品价格由国家规定，建设市场尚未形成。这个时期我国的改革主要是在农村进行。

1984年，国务院颁发了《关于改革基本建设和建筑业管理体制的若干规定》，建筑业作为城市经济改革的突破口，率先进行改革。在企业中推行了一系列以市场为取向、以承包经营为主要内容的改革，达到了一定程度的自主经营和自负盈亏。建设管理体制也制订了改革方案并进行大规模的试点，改革的核心是将工程任务的计划分配改为从市场竞争获取任务，引进竞争机制。这项改革带来的直接结果是以农村建筑队为代表的非国有建筑业企业得到迅速发展。正是市场供求关系的变化使竞争机制得以建立，直接促进了建设生产效率和建设效益的提高，建筑市场初步形成。建设管理方面，各地区开始设立工程质量、招投标、（外地）施工企业管理站，连同计划体制时期的定额管理站，形成改革初期的建设管理模式。这个时期，可以看作是松动旧体制阶段，改革的任务主要是放权让利；改革的手段是通过政策来引导；改革目标尚不明确，即所谓"摸着石头过河"。

1992年，随着城市经济体制改革步入第二阶段。这一年年初，邓小平同志发表了著名的南巡谈话。指出，计划经济不等于社会主义，市场经济不等于资本主义，计划和市场都是经济手段。按照这一理论，党的十四大明确提出了把建立社会主义市场经济体制作为经济体制改革的目标。从这一年起，建筑市场进入了一个新的发展时期。改革从松动计划旧体制转入到建立市场经济新体制，在建筑业不断市场化的进程中，建设管理的法制建设获得了非常迅速的进展。建设部出台了一系列的规章和规范性文件，各省市人大、政府也加强了地方的立法，通过法规和规章，将建设活动纳入了建设市场管理的范畴，明确了建设市场的管理机构、职责、管理内容和管理范围，在我国初步形成了用法律法规的强制力和约束力来管理建设市场的局面。

三、建设市场管理体制

世界上不同的国家，由于社会制度、国情的不同，建筑市场的管理体制也各不相同。相反，发达国家虽然都实行市场经济体制，但其管理体制和管理内容也各具特色。例如，美国没有专门的建设主管部门，相应的职能由其他各部设立专门分支和机构解决。管理并不具体针对行业，为规范市场行为制定的法令，如《公司法》、《合同法》、《破产法》、《反垄断法》等并不限于建设市场管理。日本则有针对性比较强的法律，如《建设业法》、《建筑基准法》等，对建筑物安全、审查培训制、从业管理等均有详细规定。政府按照法律规定行使检查监督权。借鉴市场经济国家的做法和经验，对于转变政府职能，由部门管理转向行业管理具有重要的参考价值。

（一）西方政府建设主管部门的组织

各国政府的建设主管部门的组织形式各不相同，一般由住宅、交通、环境等部门综合而成，反映了国际上的发展趋势。这种发展趋势建立在这样的认识之上，良好的人类生活环境不单取决于住宅、交通、环境等因素的任何一个，而是三者之和，并作为纲领性宗旨提出。这种转变也经历了几十年的时间一直到90年代才完成。

英国最高建设主管机构称作"环境、交通和区域部"（Department of the Environment，

Transport and the Rigions)。该部的组织分为四层：部领导小组、部理事会、组和组下属的局。部领导小组由国务秘书长和分管不同业务的大臣、国务大臣、议会秘书组成；部理事会代表各执行机构、政府办公室的利益，在政策制定方面发挥着重要的作用；组则由功能相近的局构成（如图3-2）。

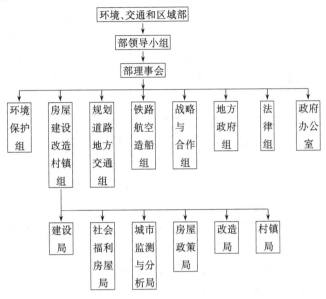

图 3-2 英国环境、交通和区域组织结构图

德国建设主管机构称作"联邦土地规划、建设和城市建设部"（Bundesbauminsterium fuer Raumsordnung，Bauwesen and Staedtbau）下设综合司、住宅司、土地规划与城市建设司、建筑司和临时设置的柏林迁都工程部（如图3-3）。

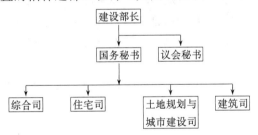

图 3-3 德国联邦土地规划、建设和城市建设部的组织结构图

与英、德相比，日本建设省组织层次清晰，构成设置也与我国较相近。建设省由七个局和附属机构组成，局下属相关的科、室（图3-4）。

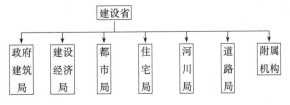

图 3-4 日本建设省的组织结构图

与我国不同的是，发达国家建设主管部门对企业的行政管理并不占重要的地位。政府的作用是建立有效、公平的建筑市场，提高行业服务质量和促进建筑生产活动的安全、健康，推进整个行业的良性发展，而不是过多地干预企业的经营和生产。对建筑业的管理主要通过政府引导、法律规范、市场调节、行业自律、专业组织辅助管理来实现，在市场机制下，经济手段和法律手段成为约束企业行为的首选方式。法制是政府管理的基础。

经历了90年代的建筑业萧条后，工业发达国家普遍进行了机构改革，组建环境、交通、建筑一体化的部门。英国1996年完成环境与交通部的合并，德国也于1998年成立交通与住宅部。机构精简了，政府的职能不能削弱，所以相应的职能就向民间或官方机构转移。例如规范制定、标准合同、文本起草，工程质量监督等都由民间或半官方机构完成。当然，政府要对这些民间或半官方机构进行业务审核和认可。

（二）西方主要国家管理体制与我国建设管理体制的差别

西方发达国家在政体上国家机构与地方政府并无隶属关系。其对建设市场的管理也体现了这一特点，即主要是通过法律手段对市场主体行为进行规范，政府不介入企业的具体经营活动或建设行为的具体过程。

在管理职能方面，立法机构负责法律、法规的制定和颁布；行政机关负责监督检查、发展规划和对有关事情作出批准；司法部门负责执法和处理。此外，作为整个管理体制的补充，其行业协会和一些专业组织也承担了相当一部分工作。如制定有关技术标准、对合同的仲裁等等。以国家立法的法律为基础，地方政府往往也制定相对独立的法律。

我国的建设管理体制是建立在社会主义公有制基础之上的。计划经济时期，无论是业主、还是承包商、供应商均隶属于不同的政府管理部门。各个政府部门主要是通过行政手段管理企业和企业行为。在一些基础设施部门则形成所谓行业垄断。改革开放以后，虽然政府机构进行多次调整，但分行业进行管理的格局基本没有改变。国家各个部委均有本行业关于建设管理的规章，有各自的勘察、设计、施工、招投标、质量监督等一套管理制度，形成对建设市场的分割。党的十五大在总结前一时期改革开放经验的基础上，明确提出了建立社会主义市场经济体制，政府在机构设置上也进行了很大的调整。除保留了少量的行业管理部门外，撤消了众多的专业政府部门，并将政府部门与所属企业脱钩。为建设管理体制的改革提供了良好的条件，使原先的部门管理向行业管理转变成为可能（如图3-5）。

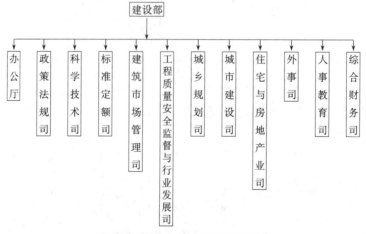

图3-5　我国建设部的组织结构图

四、政府对建设市场的管理任务

建设项目根据资金来源的不同可分为两类：公共投资项目和私人投资项目。前者是代表公共意愿的政府行为，后者则是个人行为。政府对于这两类项目的管理有很大差别。

对于公共投资项目，政府既是业主，又是管理者。以不损害纳税人利益和保证公务员廉洁为出发点，除了必须遵守一般法律外，通常规定必须公开招投标，并保证项目实施过程的透明。

对于私人投资项目，一般只要求其在实施过程中遵守有关环境保护、规划、安全生产等方面的法律规定，对是否进行招投标不作规定。

不同国家由于体制的差异，建设行政主管部门的设置不同，管理范围和管理内容也各不相同。但综合各国的情况，可以发现一定的共性，大致包括以下几个方面：

(1) 制定建筑法律、法规；

(2) 制定建筑规范与标准（国外大多由行业协会或专业组织编制）；

(3) 对承包商、专业人士资质管理；

(4) 安全和质量管理（国外主要通过专业人士或机构进行监督检查）；

(5) 行业资料统计；

(6) 公共工程管理；

(7) 国际合作和开拓国际市场。

我国通过近年来的学习和实践，已逐步摸索出一套适应国内情况的管理模式。但这种管理模式还将随着我国社会主义市场经济体制的确立和与国际接轨的需要，对我国目前的管理体制和管理内容、方式不断加以调整和完善。

第二节　建设工程市场的主体和客体

建设工程市场的形成是市场经济的产物。从一般意义去观察，建设市场交易是业主给付建设费，承包商交付工程的过程。实际上，建设市场交易包括很复杂的内容，其交易贯穿于建筑产品生产的全过程。在这个过程中，不仅存在业主和承包商之间的交易，还有承包商与分包商、材料供应商之间的交易，业主还要同设计单位、设备供应单位、咨询单位进行交易，以及与工程建设相关的商品混凝土供应，构配件生产，建筑机械租赁等活动一同构成建设市场生产和交易的总和。参与建筑生产交易过程的各方构成建设工程市场的主体；作为不同阶段的生产成果和交易内容等各种形态的建筑产品、工程设施与设备、构配件以及各种图纸和报告等非物化的劳动构成建设市场的客体。

一、建设市场主体

（一）业主

业主是指既有某项工程建设需求，又具有该项工程建设相应的建设资金和各种准建手续，在建设市场中发包工程建设的勘察、设计、施工任务，并最终得到建筑产品的政府部门、企事业单位和个人。

在我国工程建设中，业主也称之为建设单位，只有在发包工程或组织工程建设时才成为市场主体。因此，业主方作为市场主体具有不确定性。在我国，有些地方和部门曾提出过要对业主实行技术资质管理制度，以改善当前业主行为不规范的问题。但无论是从国际惯例和国内实践看，对业主资格实行审查约束是不成立的，对其行为进行约束和规范，只能通过法律和经济的手段去实现。

项目法人责任制，又称业主责任制，是我国市场经济体制条件下，根据我国公有制部门占主体的情况，为了建立投资责任约束机制、规范项目法人行为提出的。由项目法人对项目建设全过程负责管理，主要包括进度控制、质量控制、投资控制、合同管理和组织协调。

项目业主的产生，主要有三种方式：

（1）业主即原企业或单位。企业或机关、事业单位投资的新建、扩建、改建工程，则该企业或单位即为项目业主；

（2）业主是联合投资董事会。由不同投资方参股或共同投资的项目，则业主是共同投资方组成的董事会或管理委员会；

（3）业主是各类开发公司。开发公司自行融资或由投资方协商组建或委托开发的工程管理公司也可成为业主。

业主在项目建设过程的主要职能是：

（1）建设项目立项决策；

（2）建设项目的资金筹措与管理；

（3）建设项目的招标与合同管理；

（4）建设项目的施工与质量管理；

（5）建设项目的竣工验收和试运行；

（6）建设项目的统计及文档管理。

（二）承包商

承包商是指拥有一定数量的建筑装备、流动资金、工程技术经济管理人员、取得建设资质证书和营业执照的、能够按照业主的要求提供不同形态的建筑产品并最终得到相应工程价款的施工企业。

按照其能提供的建筑产品，承包商可分为不同的专业，如建筑、水电、铁路、市政工程等专业公司；按照承包方式，也可分为承包商和分包商。相对于业主，承包商作为建设市场主体，是长期和持续存在的。因此，无论是国内还是按国际惯例，对承包商一般都要实行从业资格管理。承包商从事建设生产，一般需具备三个方面的条件：

（1）有符合国家规定的注册资本；

（2）有与其从事的建筑活动相适应的具有法定执业资格的专业技术人员；

（3）有从事相应建筑活动所应有的技术装备。

经资格审查合格，取得资质证书和营业执照的承包商，方许可在批准的范围内承包工程。

我国正在建立市场经济体制。市场经济的基本特征是通过市场实现资源的优化配置。在市场经济条件下，施工企业（承包商）需要通过市场竞争（投标）取得施工项目，需要依靠自身的实力去赢得市场，承包商的实力主要包括四个方面：

1. 技术方面的实力

有精通本行业的工程师、预算师、项目经理、合同管理等专业人员队伍；

有工程设计、施工专业装备，能解决各类工程施工中的技术难题；

有承揽不同类型项目施工的经验。

2. 经济方面的实力

具有相当的周转资金用于工程准备及备料，具有一定的融资和垫付资金的能力；

具有相当的固定资产和为完成项目需购入大型设备所需的资金；

具有支付各种担保和保险的能力，能承担相应的风险能力；

承担国际工程尚需具备筹集外汇的能力。

3. 管理方面的能力

建筑承包市场属于买方市场，承包商为打开局面，往往需要低利润报价取得项目。必须在成本控制上下功夫，向管理要效益，并采用先进的施工方法提高工作效率和技术水平，因此必须具有一批过硬的项目经理和管理专家。

4. 信誉方面的实力

承包商一定要有良好的信誉，它将直接影响企业的生存与发展。要建立良好的信誉，就必须遵守法律法规，承担国外工程能按国际惯例办事，保证工程质量、安全、工期，能认真履约。

承包商投标工程，必须根据本企业的施工力量、机械装备、技术力量、施工经验等方面的条件，选择适于发挥自己优势项目，避开企业不擅长或缺乏经验的项目，做到扬长避短，避免给企业带来不必要的风险和损失。

（三）工程咨询服务机构

工程咨询服务机构是指具有一定注册资金、工程技术、经济管理人员，取得建设咨询证书和营业执照，能对工程建设提供估算测量、管理咨询、建设监理等智力型服务并获取相应费用的企业。

工程咨询服务企业包括勘察设计、工程造价（测量）、工程管理、招标代理、工程监理等多种业务。这类企业主要是向业主提供工程咨询和管理服务，弥补业主对工程建设过程不熟悉的缺陷。在国际上一般称为咨询公司。在我国，目前数量最多并有明确资质标准的是工程设计院、工程监理公司和工程造价（工程测量）事务所。招标代理、工程管理和其他咨询类企业近年来也有发展。

咨询单位虽然不是工程承发包的当事人，但其受业主聘用，作为项目技术、经济咨询单位，对项目的实施负有相当重要的作用和责任。此外，咨询单位还因其独特的职业特点和在项目实施中所处的地位要承担其自身的风险。

咨询单位与业主之间是契约关系，业主聘用工程师作为其技术、经济咨询人，为项目进行咨询、设计、监理和测量，许多情况下，咨询的任务贯穿于自项目可行性研究直至工程验收的全过程。

咨询单位的风险主要来自三个方面：

1. 来自业主的风险

（1）业主希望少花钱、多办事。对工程提出的要求往往有些过分，例如项目标准高、实施速度超出可能，导致投资难以控制或者工程质量难以保证。

（2）可行性研究缺乏严肃性。委托咨询时常常附加种种倾向性要求，咨询做可行性研究时，业主的主意已定，可行性研究成为可批性研究。一旦付诸实施，各种矛盾都将暴露出来，处理不好，导致的责任自然要由咨询单位承担。

（3）盲目干预。有些业主虽然与咨询单位签有协议书，但在项目实施过程中随意作出决定，对工程师的工作干扰过多，影响工程师行使权力，影响合同的正常实施。

2. 来自承包商的风险

作为业主委聘的工程技术负责人，咨询单位在合同实施期间代表业主的利益，在与承包商的交往中难免会出现分歧和争端。承包商出于自己的利益，常常会有种种不轨图谋，给工程师的工作带来困难，甚至导致工程师蒙受重大风险。

（1）承包商缺乏职业道德。对管理严厉的咨询单位代表有可能借业主之手达到驱逐目的。例如闻知业主代表到现场前，将工程师已签字的工程弄得面目全非，待业主查问时出示工程师已签字的认可文件。

（2）承包商素质太差。没有能力或弄虚作假，对工程质量极不负责。由于工程面大，内容复杂，承包商弄虚作假的机会很多，待工程隐患一旦暴露时，固然可以追究承包商的责任，但工程师的责任也难免除。

（3）承包商投标不诚实。有的承包商出于策略需要，投标报价很低，一旦中标难以完成合同，或施工过程中高额索赔，甚至以停工要挟，若承包商破产或工期拖延，工程师也有口难言。

3. 来自职业责任的风险

咨询单位的职业要求其承担重大的职业责任风险。这种职业责任风险一般由下列因素构成：

（1）设计错误或不完善。在承担设计任务的情况下，若设计不充分、不完善，无疑是工程师的失职。但也有业主提供的技术资料不准确等原因，特别是有关地质、水文等勘探资料。不管出自何种原因，设计不完善引发的风险自然要由设计工程师承担。应该指出的是，设计错误和疏忽往往铸成重大责任事故，会造成人员和财产的重大损失。

（2）投资概算和预算不准。完成这项工作要求测量工程师（造价师）对各项经济数据、物价指数、贷款利息变化、人工费、材料价格涨落等全面掌握。还要对各种静态和动态因素进行正确分析，工程师必须对由其完成的工程测量负责。如果工程实施后的实际投资大幅度超出，则工程师责任难免除。

（3）自身能力和水平不适应。咨询业务是一项高难度的技术工作，工程师需要有丰富的阅历和经验，还要善于处理各种烦杂的纠纷，有很强的应变能力，不断掌握新的知识。而高度的事业心和责任感以及职业道德更是不可缺少。不具备这些条件，随之而来的风险就难以避免了。

二、建设市场的客体

建设市场的客体，一般称作建筑产品，是建设市场的交易对象，既包括有形建筑产品，也包括无形产品——各类智力型服务。

建筑产品不同于一般工业产品。因为建筑产品本身及其生产过程，具有不同于其他工业产品的特点。在不同的生产交易阶段，建筑产品表现为不同的形态。可以是咨询公司提供的咨询报告、咨询意见或其他服务；可以是勘察设计单位提供的设计方案、施工图纸、勘察报告；可以是生产厂家提供的混凝土构件，当然也包括承包商生产的房屋和各类构筑物。

（一）建筑产品的特点

1. 建筑生产和交易的统一性

建筑物与土地相连，不可移动，这就要求施工人员和施工机械只能随建筑物不断流动。从工程的勘察、设计、施工任务的发包，到工程竣工，发包方与承包方、咨询方进行的各种交易与生产活动交织在一起。建筑产品的生产和交易过程均包含于建筑市场之中。

2. 建筑产品的单件性

由于业主对建筑产品的用途、性能要求不同以及建设地点的差异，决定了多数建筑产品不能批量生产，决定了建筑市场的买方只能通过选择建筑产品的生产单位来完成交易。无论是设计、施工、管理服务，发包方都只能以招标要约的方式向一个或一个以上的承包商提出自己对建筑产品的要求。通过承包方之间在价格及其他条件上的竞争，确定承发包关系。业主选择的不是产品，而是产品的生产单位。

3. 建筑产品的整体性和分部分项工程的相对独立性

这个特点决定了总包和分包相结合的特殊承包形式。随着经济的发展和建筑技术的进步，施工生产的专业性越来越强。在建筑生产中，由各种专业施工企业分别承担工程的土建、安装、装饰、劳务分包，有利于施工生产技术和效率的提高。

4. 建筑生产的不可逆性

建筑产品一旦进入生产阶段，其产品不可能退换，也难以重新建造。否则双方都将承受极大的损失。所以，建筑最终产品质量是由各阶段成果的质量决定着。设计、施工必须按照规范和标准进行，才能保证生产出合格的建筑产品。

5. 建筑产品的社会性

绝大部分建筑产品都具有相当广泛的社会性，涉及到公众的利益和生命财产的安全，即使是私人住宅，都会影响到环境、进入或靠近它的人员的生活和安全。政府作为公众利益的代表，加强对建筑产品的规划、设计、交易、建造的管理是非常必要的，有关建设的市场行为都应受到管理部门的监督和审查。

（二）建筑产品的商品属性

长期以来，受计划经济体制影响，工程建设由工程指挥部管理，工程任务由行政部门分配，建筑产品价格由国家规定，抹杀了建筑产品的商品属性。

改革开放以后，由于推行了一系列以市场为取向的改革措施，建筑企业成为独立的生产单位，建设投资由国家拨款改为多种渠道筹措，市场竞争代替行政分配任务，建筑产品价格也走向市场形成，建筑产品的商品属性的观念已为大家所认识，成为建筑市场发展的基础，并推动了建筑市场的价格机制、竞争机制和供求机制的形成，使实力强、素质好、经营好的企业在市场上更具竞争性，能够更快地发展，实现资源的优化配置，提高了全社会的生产力水平。

（三）工程建设标准的法定性

建筑产品的质量不仅关系承发包双方的利益，也关系到国家和社会的公共利益，正是由于建筑产品的这种特殊性，其质量标准是以国家标准、国家规范等形式颁布实施的。从事建筑产品生产必须遵守这些标准规范的规定，违反这些标准规范的将受到国家法律的制裁。

工程建设标准涉及面很宽，包括房屋建筑、交通运输、水利、电力、通讯、采矿冶炼、石油化工、市政公用设施等诸方面。

工程建设标准的对象是工程勘察、设计、施工、验收、质量检验等各个环节中需要统一的技术要求。它包括五个方面的内容：

①工程建设勘察、设计、施工及验收等的质量要求和方法；

②与工程建设有关的安全、卫生、环境保护的技术要求；

③工程建设的术语、符号、代号、计量与单位、建筑模数和制图方法；

④工程建设的试验、检验和评定方法；

⑤工程建设的信息技术要求。

在具体形式上，工程建设标准包括了标准、规范、规程等。工程建设标准的独特作用就在于，一方面通过有关的标准规范为相应的专业技术人员提供了需要遵循的技术要求和方法；另一方面，由于标准的法律属性和权威属性，保证了从事工程建设有关人员按照规定去执行，从而为保证工程质量打下了基础。

第三节　建设工程市场的资质管理

建筑活动的专业性、技术性都很强，而且建设工程投资大、周期长，一旦发生问题，将给社会和人民的生命财产安全造成极大损失。因此，为保证建设工程的质量和安全，对从事建设活动的单位和专业技术人员必须实行从业资格审查，即资质管理制度。

建设工程市场中的资质管理包括两类：一类是对从业企业的资质管理；另一类是对专业人士的资格管理。

在资质管理上，我国和欧美等发达国家有很大差别。我国侧重对从业企业的资质管理，发达国家则倚重对专业人士的从业资格管理。近年来，对专业人士的从业资格管理在我国开始得到重视。

一、从业企业资质管理

在建筑市场中，围绕工程建设活动的主体主要有三方，即业主方、承包方、（包括供应商）和工程咨询方（包括勘察设计）。我国《建筑法》规定，对从事建筑活动的施工企业、勘察单位、设计单位和工程监理单位实行资质管理。

（一）承包商资质

1. 企业规模

承包企业的规模是建筑市场资质管理中需要考虑的一个主要问题，企业规模的大小是生产力诸要素（劳动力、生产设备、管理能力、资金能力）在生产单位集中程度的反映。在国际上通常将企业按规模划分为大、中、小三个类别。

合理的施工企业规模是取得良好的经济效益的主要条件。从整个建筑市场角度看，也能形成较为合理的分工结构。在西方发达国家，承包商多数为中、小型施工企业，容纳就业人数很多；大型施工企业比例很少，一般不超过1％，就业人数很少，但在建筑生产领域中却占有主导地位。表3-1是德国建筑施工企业数量和职工人数统计情况，从该表可以看出，50人以下的小型企业所占比例高达93.5％；50～500人的中型企业所占比例为6.4％；500人以上的大型企业仅占0.14％。其他发达国家的情况也很类似，这里不一一列举。

德国 1986 年建筑施工企业数量及职工人数统计情况　　　　　　　表 3-1

企　业　规　模	企　业　数	占企业总数比例	总　就　业　人　数
50 人以下	55267	93.5%	544431
50~500 人	3783	6.4%	411690
500 人以上	82	0.14%	73264

2. 大、中、小型施工企业在建筑市场中的定位

在建筑市场中工程建设项目按投资规模可划分为大、中、小三个层次，大、中、小型企业结构和生产组织正是对市场需求的一种体现。

中、小型企业存在有利于建筑工程体系专业化和阶段专业化的发展，有利于提高工人的技术水平和熟练程度。

小型企业在施工中以手工操作为主，一般拥有少量的小型或轻型机械装备，以工种化为特征。小型企业多数情况下作为专业分包承接任务。少数情况下有可能独立承包一个或几个技术要求不高的小型工程或零星的修建任务。

中型企业一般采用手工操作和机械化施工相结合的生产方式。专业装备达到一定水平甚至很高水平。中型企业有能力作为大型工程的阶段性专业化和体系专业化的分包商，或以联合的方式承包中、小型工程。

大型企业资金雄厚、技术装备水平高，拥有较为合理的施工机械系列。同时大型施工企业的管理水平较高，具有综合性掌握多种高新施工技术和施工工艺的能力，可承担大、中、小型各类项目的建设，在建筑市场中处于总承包地位。大型企业多数情况下把部分施工任务以分包的形式发包给中、小型施工企业，这样可有利于实现专业化管理，突出大型企业在技术装备、资金方面的优势，降低成本。对于中、小型企业则可能保证其生产任务的连续性和均衡性。一个大型企业和多个中、小型企业出于利益互补的考虑，可形成较稳定的协作关系。

3. 承包商资质管理

对于承包商资质的管理，亚洲国家和欧美国家做法不大相同。亚洲国家包括日本、韩国、新加坡以及我国的香港、台湾地区均对承包商资质的评定有着严格的规定。按照其拥有注册资本、专业技术人员、技术装备和已完成建筑工程的业绩等资质条件，将承包商按工程专业划分为不同的资质等级。承包商承担工程必须与其评审的资质等级和专业范围相一致。例如，香港特别行政区按工程性质将承包商分为建筑、道路、土石方、水务和海事五类专业。A 级（牌）企业可承担 2000 万元以下的工程；B 级（牌）企业可承担 5000 万元以下的工程；C 级（牌）企业可承担任何价值的工程；日本将承包商分为总承包商和分包商两个等级。对总承包商只分为两个专业，即建筑工程和土木工程。对分包商则划分了几十个专业；而在欧美国家则没有对承包商资质的评定制度，在工程发包时由业主对承包商的承包能力进行审查。

无论是由政府对承包商的资质进行评定，还是业主对承包商的承包能力进行审查，重点都是对承包商的技术能力、施工经验、人力资源和财务状况进行考察。

所以我国《建筑法》对资质等级评定的基本条件明确为企业注册资本、专业技术人员、

技术装备和工程业绩四项内容，并由建设行政主管部门对不同等级的资质条件作出具体划分标准。

（二）工程咨询单位资质

发达国家的工程咨询单位具有民营化、专业化、小规模的特点。许多工程咨询单位都是以专业人士个人名义进行注册。由于工程咨询单位一般规模很小，很难承担咨询错误造成的经济风险，所以国际上通行的做法是让其购买专项责任保险，在管理上则通过实行专业人士执业制度实现对工程咨询从业人员管理，一般不对咨询单位实行资质管理制度。

1. 工程咨询的性质与工作内容

工程咨询是一种知识密集型的高智能服务工作。国际上把工程咨询分为两类：一类是技术咨询，另一类是管理咨询。工程设计属于技术咨询，项目管理则属于管理咨询。

在建筑市场中，围绕工程建设的主体各方在建筑法规约束下，构成相互制约的合同关系，即所谓的建设项目管理机制（如图3-6所示）。在这种机制中，咨询方对项目建设的成败起着非常关键的作用。因为他们掌握着工程建设所需的技术、经济、管理方面的知识、技能和经验，将指导和控制工程建设的全过程。

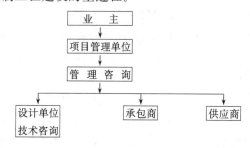

图3-6　管理咨询与技术咨询的作用

工程咨询的工作内容一般包括：可行性研究、工程设计、工程测量、项目管理、专业技术咨询等。工程咨询传统做法是建筑师不但负责工程设计，还要完成对施工的监督任务。现代咨询分工是：一部分咨询工程师成立工程设计公司、建筑师事务所、测量师（造价工程师）事务所等，为业主提供可行性研究、工程设计、工程测量和工程预算等服务；另一部分咨询工程师成立专门的项目管理公司或事务所，针对大中型项目组织管理复杂的特点，为项目业主提供专业化的工程管理服务。

2. 工程项目管理

在欧洲，很早以前建筑师自然就是总营造师，建筑师不仅负责设计，还负责购买材料、雇佣工匠，并组织工程的施工。16世纪至18世纪中期，欧洲兴起华丽的花型建筑热潮，在建筑师队伍中开始形成了分工。一部分建筑师联合起来进行设计，另一部分建筑师则负责组织监督施工，也就逐步形成了设计和施工的分离。

设计和施工的分离导致了业主对工程监督的需求，最初的工程监督的思想是对施工加以监督，这个时期施工监督的重点则在于质量监督。

50年代末60年代初，美国、联邦德国、法国等欧美国家，开始建设很多大型、特大型工程，这些工程技术复杂、规模大，对项目建设的组织与管理提出了更高的要求。竞争激烈的社会环境，迫使人们重视项目管理。建筑工程管理学和专门从事项目管理的咨询公司、事务所也就在这样的社会条件下逐步形成。现在，工程项目管理已发展成为一项专门的职业。

目前我国推行的工程建设监理制度在工作性质、工作内容上与发达国家的为业主提供的项目管理咨询服务有很大区别。发达国家的项目管理咨询服务内容包括设计准备阶段、设计阶段、施工阶段、动用前准备阶段和保修阶段共五个阶段，在各阶段要做投资控制、进度控制、质量控制、合同管理、组织协调和信息管理六个方面工作。而我国的工程监理主要是施工阶段的监理，而只从事质量控制者甚多，与项目管理咨询相差甚远。实际上对于施工质量问题，国际上一致的观点是："谁施工谁负责"。

3. 咨询单位资质管理

我国对工程咨询单位也实行资质管理。目前，已有明确资质等级评定条件的有：勘察设计、工程监理、工程造价、招标代理等咨询专业。例如监理单位，划分为三个等级：丙级监理单位可承担本地区、本部门的三等工程；乙级监理单位可承担本地区、本部门的二、三等工程；甲级监理单位可承担跨地区、跨部门的一、二、三等工程。

工程咨询单位的资质评定条件包括注册资金、专业技术人员和业绩三方面的内容，不同资质等级的标准均有具体规定。

二、专业人士资格管理

在建筑市场中，把具有从事工程咨询资格的专业工程师称为专业人士。

专业人士在建筑市场管理中起着非常重要的作用。由于他们的工作水平对工程项目建设成败具有重要的影响，对专业人士的资格条件要求很高。从某种意义上说，政府对建筑市场的管理，一方面要靠完善的建筑法规，另一方面要依靠专业人士。香港特别行政区将经过注册的专业人士称作"注册授权人"。英国、德国、日本、新加坡等国家的法规甚至规定，业主和承包商向政府申报建筑许可、施工许可、使用许可等手续，必须由专业人士提出。申报手续除应符合有关法律规定，还要有相应资格的专业人士签章。专业人士建筑市场中的作用由此可见很不一般。

（一）专业人士的责任

专业人士属于高智能工作者。专业人士的工作是利用他们的知识和技能为项目业主提供咨询服务。专业人士只对他提供的咨询活动所直接造成的后果负责。例如工程设计虽然实行建筑师负责制，但为建筑师服务的结构工程师，机电工程师和其他专业工程师要对他们自己的工作成果负责。并影响其资格的升迁。

专业人士对民事责任的承担方式，国际上通行的做法是让其购买专业责任保险，因为专业人士即使是附属于咨询单位从事工程咨询工作，由于咨询单位一般规模较小，资金有限，很难承担因其工作失误造成的经济风险。

（二）专业人士组织

在西方发达国家中，对专业人士的执业行为进行监督管理是专业人士组织的主要职能之一。一般情况下，专业工程师要成为专业人士，首先要通过由专业人士组织（学会）的考试才能取得专业人士资格。同时，各国的专业人士组织均对专业人士的执业行为规定了严格的职业道德标准。专业人士行为违背了这些标准，违反了公共利益，要受到制裁乃至取消其资格，不能在社会上继续从事其专业工作。

在发达国家和地区，政府对建筑市场的许多微观管理职能是由各种形式的专业协会组织实施的，这些专业协会在整个建筑管理体制中起着举足轻重的作用。所以，发达国家有着"小政府、大协会"之称。专业协会与政府和专业人士的相互关系如图3-7所示。

随着建筑市场全球化的发展，许多世界著名的专业人士组织（学会）正积极谋求国际化的发展，以协助专业人士和本国政府开拓国际市场。其中，国际互联网络已成为各专业学会向世界展示自己，进行交流的重要工具和手段。

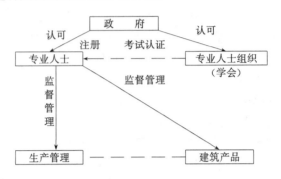

图3-7　专业人士及组织在建筑市场管理中的作用

（三）专业人士的资格管理

由于各国情况不同，专业人士的资格有的由学会或协会负责（以欧洲一些国家为代表）授予和管理，有的国家由政府负责确认和管理。

英国、德国政府不负责专业人士的资格管理、咨询工程师的执业资格由专业学会考试颁发并由学会进行管理。

美国有专门的全国注册考试委员会，负责组织专业人士的考试。通过基础考试并经过数年专业实践后再通过专业考试，即可取得相应注册工程师资格。

法国和日本由政府管理专业人士的执业资格。法国在建设部内设有一个审查咨询工程师资格的"技术监督委员会"，该委员会首先审查申请人的资格和经验，申请人须高等学院毕业，并有十年以上的工作经验。资格审查通过后可参加全国考试，考试合格者，予以确认公布。一次确认的资格，有效期为两年。在日本，对参加统一考试的专业人士的学历、工作经历也都有明确的规定，执业资格的取得与法国相类似。

新加坡对专业人士进行资格管理有专门的法规。主要有《专业工程师法案》和《建筑师法案》由国家授权的法定机构——专业工程师理事会和建筑师理事会负责进行注册和管理。在中国香港特区政府通过一套严格的注册制度来确认和授予专业人士的从业资格，具体由建筑师注册管理局、工程师注册管理局、注册委员会等专业管理机构实施。专业人士只有取得这些机构确认的从业资格后，方可独立开业，从事工程建设有关业务。如表3-2给出了部分国家和地区有代表性的专业人士资格和注册条件。

我国专业人士制度是近几年才从发达国家引入的。目前，已经确定和将要确定的专业人士有五种：建筑师、结构工程师、监理工程师、造价工程师和建造（营造）工程师。资格和注册条件为：大专以上的专业学历；参加全国统一考试，成绩合格；相关专业的实践经验。

目前我国专业人士制度尚处在初创阶段，其对建筑市场的管理作用还有待于进一步挖掘和确立。

国家或地区	专业人士名称	资 格 条 件	考试或资格证书颁发机构	注册机构
美国	项目管理工程师	1. 学士学位,并于 3~6 年内完成 4500h 相关领域项目管理经验;如无学士学位,则在 5~8 年内完成相关领域 7500hPM 实践 2. 7 年工作经验或学士学位加 2 年经验,并且在通过考试后 6 年内修完 950h 之培训(教育)	PMI(项目管理学会)	无需政府注册,政府认可 PMI
德国	审核工程师	1. 资深专业人士 2. 政府最高建设主管部门认可 3. 建筑工程相关专业人士 4. 五年以上相关专业工作经验	政府最高建设主管部门认可	需要政府认可
日本	建筑师	1. 一级建筑师要通过建设大臣的考试 2. 二、三级建筑师要通过都道府县知事的考试 3. 大学相关专业学士学位 4. 有相关专业 20 年以上的实践经验	政府主管官员政府主管部门	需要政府注册
英国	测量师(QS)建造师	1. 取得 QS 学会(RICS)认可的学士学位 2. 三年 QS 学会认可的工程实践 3. 通过 RICS 组织的考试 4. 获得 RICS 颁发的正式 QS 证书	RICS(英国皇家特许测量师学会)	政府授权的 RICS 负责注册
新加坡	建筑师	1. 专业建筑师理事会认可的建筑专业学历 2. 一年以上的工作经验 3. 参加国家考试	建筑师理事会	由政府授权的建筑师理事会按照国会批准的注册法令注册
中国香港特别行政区	工程师	1. 有专业工程师学会认可的专业学位(大学,不少于 3 年) 2. 不少于 2 年的专业实习训练 3. 通过工程师学会组织的考试,成为专业工程师 4. 至少一年在香港的工程经验 5. 申请注册,接受面试(由工程师学会和政府代表共同执行) 6. 面试合格,成为注册授权人	工程师学会负责资格考试及颁发资格证书	工程师学会和政府代表共同组织面试,由政府颁发注册授权人证书
中国	监理工程师	1. 具有高级专业技术职称,或取得中级专业技术职称后具有三年以上工程设计或施工管理实践经验 2. 在全国监理工程师注册管理机关认定的培训单位经过监理业务培训,并取得培训结业证书	通过全国监理工程师资格考试委员会的考试	建设行政主管部门注册

第四节 建设工程交易中心

建设工程交易中心是我国近几年来在改革中出现的使建设市场有形化的管理方式。这种管理形式在世界上是独一无二的。

建设工程从投资性质上可分为两大类：一类是国家投资项目，另一类是私人投资项目。在西方发达国家中，私人投资占了绝大多数，工程项目管理是业主自己的事情，政府只是监督他们是否依法建设。对国有投资项目，一般设置专门的管理部门，代为行使业主的职能。

我国是社会主义公有制为主体的国家，政府部门、国有企业、事业单位投资在社会投资中占有主导地位。建设单位使用的都是国有投资，由于国有资产管理体制的不完善和建设单位内部管理制度的薄弱，很容易造成工程发包中的不正之风和腐败现象。另外，由于我国长期实行专业部门管理体制，工程项目随建设单位的隶属由不同专业的部门管理，形成行业垄断性强，监督有效性差，交易透明度低。

这种公有制主导地位的特性，决定了对工程承发包管理不能照搬发达国家的做法。既不能象对私人投资那样放任不管。也不可能由某一个或几个政府部门来管理。因此，把所有代表国家或国有企事业单位投资的业主请进建设工程交易中心进行招标，设置专门的监督机构，就成为我国解决国有建设项目交易透明度差的问题和加强建筑市场管理的一种独特方式。

一、建设工程交易中心的性质与作用

有形建筑市场的出现，促进了我国工程招投标制度的推行。但是，在建设工程交易中心出现之初，对其性质存在两种认识。一种观点认为，建设工程交易中心是经政府授权的具备管理职能的机构，负责对工程交易活动监督管理；另一种观点认为，建设工程交易中心是服务性机构，不具备管理职能，这两种认识体现了在创建具有中国特色的市场经济条件下建设管理体制的一个摸索过程。

（一）建设工程交易中心的性质

建设工程交易中心是服务性机构，不是政府管理部门，也不是政府授权的监督机构，本身并不具备监督管理职能。

但建设工程交易中心又不是一般意义上的服务机构，其设立需得到政府或政府授权主管部门的批准，并非任何单位和个人可随意成立；它不以营利为目的，旨在为建立公开、公正、平等竞争的招投标制度服务，只可经批准收取一定的服务费，工程交易行为不能在场外发生。

（二）建设工程交易中心的作用

按照我国有关规定，所有建设项目都要在建设工程交易中心内报建、发布招标信息、合同授予、申领施工许可证。招投标活动都需在场内进行，并接受政府有关管理部门的监督。应该说建设工程交易中心的设立，对国有投资的监督制约机制的建立，规范建设工程承发包行为，和将建筑市场纳入法制管理轨道有重要作用，是符合我国特点的一种好形式。

建设工程交易中心建立以来，由于实行集中办公、公开办事制度和程序以及一条龙的"窗口"服务，不仅有力地促进了工程招投标制度的推行，而且遏制了违法违规行为，对于防止腐败、提高管理透明度收到了显著的成效。

二、建设工程交易中心的基本功能

我国的建设工程交易中心是按照三大功能进行构建的：

（一）信息服务功能

包括收集、存储和发布各类工程信息、法律法规、造价信息、建材价格、承包商信息、咨询单位和专业人士信息等。在设施上配备有大型电子墙、计算机网络工作站，为承发包交易提供广泛的信息服务。工程建设交易中心一般要定期公布工程造价指数和建筑材料价格、人工费、机械租赁费、工程咨询费以及各类工程指导价等，指导业主和承包商、咨询单位进行投资控制和投标报价。但在市场经济条件下，工程建设交易中心公布的价格指数仅是一种参考，投标最终报价还是需要依靠承包商根据本企业的经验或"企业定额"，企业机械装备和生产效率、管理能力和市场竞争需要来决定。

（二）场所服务功能

对于政府部门、国有企业、事业单位的投资项目，我国明确规定，一般情况下都必须进行公开招标，只有特殊情况下才允许采用邀请招标。所有建设项目进行招投标必须在有形建筑市场内进行，必须由有关管理部门进行监督。按照这个要求，工程建设交易中心必须为工程承发包交易双方包括建设工程的招标、评标、定标、合同谈判等提供设施和场所服务。建设部《建设工程交易中心管理办法》规定，建设工程交易中心应具备信息发布大厅、洽谈室、开标室、会议室及相关设施以满足业主和承包商、分包商、设备材料供应商之间的交易需要。同时，要为政府有关管理部门进驻集中办公，办理有关手续和依法监督招标投标活动提供场所服务。

（三）集中办公功能

由于众多建设项目要进入有形建筑市场进行报建、招投标交易和办理有关批准手续，这样就要求政府有关建设管理部门进驻工程交易中心集中办理有关审批手续和进行管理，建设行政主管部门的各职能机构进驻建设工程交易中心。受理申报的内容一般包括：工程报建、招标登记、承包商资质审查、合同登记、质量报监、施工许可证发放等。进驻建设工程交易中心的相关管理部门集中办公，公布各自的办事制度和程序，既能按照各自的职责依法对建设工程交易活动实施有力监督，也方便当事人办事，有利于提高办公效率。一般要求实行"窗口化"的服务，这种集中办公方式决定了建设工程交易中心只能集中设立，而不可能象其它商品市场随意设立。按照我国有关法规，每个城市原则上只能设立一个建设工程交易中心，特大城市可增设若干个分中心，但分中心的三项基本功能必须健全（如图3-8所示）。

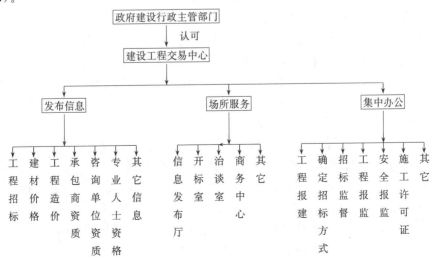

图 3-8 建设工程交易中心基本功能

三、建设工程交易中心的运行原则

为了保证建设工程交易中心能够有良好的运行秩序和市场功能的充分发挥，必须坚持市场运行的一些基本原则，主要有：

（一）信息公开原则

有形建筑市场必须充分掌握政策法规、工程发包、承包商和咨询单位的资质、造价指数、招标规则、评标标准、专家评委库等各项信息，并保证市场各方主体都能及时获得所需要的信息资料。

（二）依法管理原则

建设工程交易中心应严格按照法律、法规开展工作，尊重建设单位依照法律规定选择投标单位和选定中标单位的权利。尊重符合资质条件的建筑业企业提出的投标要求和接受邀请参加投标的权利。任何单位和个人不得非法干预交易活动的正常进行。监察机关应当进驻建设工程交易中心实施监督。

（三）公平竞争原则

建立公平竞争的市场秩序是建设工程交易中心的一项重要原则。进驻的有关行政监督管理部门应严格监督招标、投标单位的行为，防止行业、部门垄断和不正当竞争，不得侵犯交易活动各方的合法权益。

（四）属地进入原则

按照我国有形建筑市场的管理规定，建设工程交易实行属地进入。每个城市原则上只能设立一个建设工程交易中心，特大城市可以根据需要，设立区域性分中心，在业务上受中心领导。对于跨省、自治区、直辖市的铁路、公路、水利等工程，可在政府有关部门的监督下，通过公告由项目法人组织招标、投标。

（五）办事公正原则

建设工程交易中心是政府建设行政主管部门批准建立的服务性机构。须配合进场各行政管理部门做好相应的工程交易活动管理和服务工作。要建立监督制约机制，公开办事规则和程序，制定完善的规章制度和工作人员守则，发现建设工程交易活动中的违法违规行为，应当向政府有关管理部门报告，并协助进行处理。

四、建设工程交易中心运作的一般程序

按照有关规定，建设项目进入建设工程交易中心后，一般按下列程序运行（图3-9）：

（1）拟建工程得到计划管理部门立项（或计划）批准后，到中心办理报建备案手续。工程建设项目的报建内容主要包括：工程名称、建设地点、投资规模、资金来源、当年投资额、工程规模、工程筹建情况、计划开工和竣工日期等。

（2）报建工程由招标监督部门依据《招标投标法》和有关规定确认招标方式。

（3）招标人依据《招标投标法》和有关规定，履行建设项目包括项目的勘察、设计、施工、监理以及与工程建设有关的重要设备、材料等的招标投标程序：

①由招标人组成符合要求的招标工作班子，招标人不具有编制招标文件和组织评标能力的，应委托招标代理机构办理有关招标事宜；

②编制招标文件，招标文件应包括工程的综合说明、施工图纸等有关资料、工程量清单、工程价款执行的定额标准和支付方式、拟签订合同的主要条款等；

③招标人向招投标监督部门进行招标申请，招标申请书的主要内容包括：建设单位的

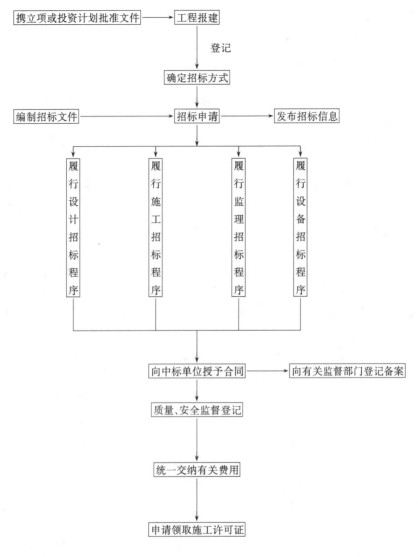

图 3-9 建设工程交易中心运行图

资格，招标工程具备的条件，拟采用的招标方式和对投标人的要求、评标方式等，并附招标文件；

④招标人在建设工程交易中心统一发布招标公告，招标公告应当载明招标人的名称和地址、招标项目的性质、数量、实施地点和时间以及获取招标文件的办法等事项；

⑤投标人申请投标；

⑥招标人对投标人进行资格预审，并将审查结果通知各申请投标的投标人；

⑦在交易中心内向合格的投标人分发招标文件及设计图纸、技术资料等；

⑧组织投标人踏勘现场，并对招标文件答疑；

⑨建立评标委员会，制定评标、定标办法；

⑩在交易中心内接受投标人提交的投标文件，并同时开标；

⑪在交易中心内组织评标，决定中标人；

⑫发出中标通知书。

（4）自中标之日起 30 日内，发包单位与中标单位签订合同。

（5）按规定进行质量、安全监督登记。

（6）统一交纳有关工程前期费用；

（7）领取建设工程施工许可证。申请领取施工许可证，应当按建设部第 71 号部令规定，具备以下条件：

①已经办理该建筑工程用地批准手续；

②在城市规划区的建筑工程，已经取得规划许可证；

③施工场地已经基本具备施工条件，需要拆迁的，其拆迁进度符合施工要求；

④已经确定建筑施工企业。按照规定应该招标的工程没有招标，应该公开招标的工程没有公开招标，或者肢解发包工程，以及将工程发包给不具备相应资质条件的，所确定的施工企业无效。

⑤有满足施工需要的施工图纸及技术资料；施工图设计文件已按规定进行了审查。

⑥有保证工程质量和安全的具体措施。施工企业编制的施工组织设计中有根据建筑工程特点制定的相应质量、技术、安全措施，专业性较强的工程项目编制了专项质量、安全施工组织设计，并按照规定办理了工程质量、安全监督手续。

⑦按照规定应该委托监理的工程已委托监理；

⑧建设资金已经落实。建设工期不足一年的，到位资金原则上不得少于工程合同价的 50％，建设工期超过一年的，到位资金原则上不得少于工程合同价的 30％。建设单位应当提供银行出具的到位资金证明，有条件的可以实行银行付款保函或者其他第三方担保。

⑨法律、行政法规规定的其他条件。

第四章 工程项目招标

第一节 概　述

以 1984 年国务院颁布的《关于改革建筑业和基本建设管理体制若干问题的暂定规定》为起算点，我国工程项目建设推行招投标制已经有十多年的历史。随着改革开放的深入，特别是建筑业改革的深入，我国实行招投标的工程比例逐年上升，不少地区对符合招投标条件的工程都实行了招投标，全国 80％以上地级以上市已建立了专门的招投标管理机构，未成立专门机构的指定了负责部门。全国 31 个省、自治区、直辖市都制定了招投标管理办法，为开展招投标提供了重要保证。招投标已逐渐成为市场的一种主要交易方式。

我国正处在发展社会主义市场经济的初级阶段，市场经济体系框架正在初步形成，许多方面尚有待完善，特别是建筑市场，由于受计划管理模式的影响，缺乏健全的市场机制，因而招投标市场中尚存在许多问题。主要表现如下：

第一，推行招投标的力度不够或者想方设法规避招投标。

第二，实施招投标程序不统一，漏洞较多，有不少项目有招投标之名而无招投标之实。

第三，招投标中不正当交易和腐败现象比较严重，招标人虚假招标，私泄标底，投标人串通投标，投标人与招标人之间行贿受贿现象，中标人擅自切割标段、分包、转包，吃回扣等钱权交易违法犯罪行为时有发生。

第四，政企不分，对招投标活动行政干预过多，有的政府机关部门随意改变招标结果，指定招标代理机构或者中标人。

第五，行政监督体制不顺，职责不清，一些地方和部门自定章法，各行其事，在一定程度上助长了地方保护主义和部门保护主义，有的地方和部门甚至只许本地方本部门的单位参加投标，限制了市场竞争。

针对以上问题，为了使招投标制度在我国有效的贯彻和实施，发挥招投标的积极作用，国务院根据我国八届和九届全国人大常委会立法规划的一类立法项目，原国家计委于 1994 年 6 月开始起草《招标投标法》，1998 年国务院机构改革后，国务院法制办和国家发展计划委员会就这部法律涉及的几个重要问题进一步征求了国务院有关部门的意见，经过反复研究、修改，形成了《中华人民共和国招标投标法（草案）》，并于 1999 年 3 月 17 日经国务院第 15 次常务会议讨论通过后，由朱镕基总理报全国人大常委会提请审议。并于 1999 年 8 月 30 日九届全国人大常委会第 11 次会议通过了《中华人民共和国招标投标法》，自 2000 年 1 月 1 日起施行。随着招标投标法的通过和施行，将使工程项目的招标和投标步入国家法制的轨道，将会进一步推动建设市场健康有序的大发展。另外随着我国市场经济体系的完善，市场机制的健全，投资体制改革的深化，相关政策法规的逐步完善及行政管理、执法队伍行为的不断规范，工程项目建设的招投标必将走入法制化规范化的轨道。招投标是具有完善机制、科学合理的工程承发包方法，是国际上采用的比较完善的工程承发包方式。我们应该学习国外先进的管理思想和方法，让建筑企业通过参加招投标取得工程项目的建设任务，在国内与国际建设市场的竞争中求得自己的生存和发展。

一、建筑市场与工程项目招投标

招投标是市场经济的产物，是期货交易的一种方式。推行工程项目招投标的目的，就是要在建筑市场中建立竞争机制。实行工程项目建设招投标是培育和发展建筑市场的主要环节，对振兴和发展建筑业及促进我国社会主义市场经济体系的完善都具有十分重要的意义。

（一）工程项目招投标的概念

所谓工程项目招标，是指招标人（下称业主）对自愿参加某一特定工程项目的投标人（承包商）进行审查、评比和选定的过程。

实行工程项目招标，业主要根据它的建设目标，对特定工程项目的建设地点、投资目的、任务数量、质量标准及工程进度等予以明确，通过发布广告或发出邀请函的形式，使自愿参加投标的承包商按照业主的要求投标，业主根据其投标报价的高低、技术水平、人员素质、施工能力、工程经验、财务状况及企业信誉等方面进行综合评价，全面分析，择优选择中标者，并与之签订合同。

工程项目招标是工程项目招投标的一个方面，它是从工程项目投资者即业主的角度所揭示的招投标的过程，亦可理解为业主采取竞争的手段，通过审查、评比、选定等活动，在众多的自愿参加的投标者中选择承包商的市场交易行为。

（二）建筑市场与工程项目招投标的关系

建筑市场与工程项目招投标是相互联系、相互促进的。工程项目招投标制是市场经济的产物，建筑市场自身的发展有赖于建筑市场整体乃至市场经济体系的完善与发展，同时招投标制又是培养和发展建筑市场的主要环节，没有招投标制的发展就不会形成完善的建筑市场机制。

1. 工程项目招投标是培育和发展建筑市场的重要环节

首先，推行招投标有利于规范建筑市场主体的行为，促进合格市场主体的形成。建筑市场的主体由业主、承包商和中介服务机构组成。

业主是建设单位，他们是市场中拥有资金的买方。也称发包方。在建设市场中发包工程建设的（咨询、设计、施工）任务，并最终得到建筑产品的所有权的政府部门、企业、事业单位。

承包商是指有一定生产能力、机械设备、流动资金，具有承包工程建设任务的营业资格，在建筑市场中按照与业主签订的合同的规定，执行和完成合同中规定的各项任务，提供各种建筑商品的施工单位。他们是市场中的卖方。

中介服务机构是指具有相应的专业能力，在建筑市场中受业主、承包商或政府管理机构的委托、对工程建设进行工程咨询、建设监理、法律服务等，并收取服务费用的服务机构和其他专门中介服务组织。

市场主体的合格程度，直接关系到建筑市场的发展。推行招投标制，特别是《招标投标法》颁布实施为规范各建设市场主体的行为，促进其尽快成为合格的市场主体创造了条件。随着与招投标制相关的各项法规的健全与完善，执法力度的加强，投资体制改革的深化，多元化投资方式的发展，工程发包中，业主的投资行为将逐渐纳入科学、规范的轨道。真正的公平竞争、优胜劣汰的市场法则，迫使施工企业必须通过各种措施提高其竞争能力，在质量、工期、成本等诸多方面创造企业生存与发展的空间，同时，招投标制对中介服务机构创造了良好的工作环境，促使中介服务队伍尽快发展壮大，以适应市场日益发展的需求。

推行招投标制有利形成良性的建筑市场的运行机制。建筑市场的运行机制主要包括价格机制、竞争机制和供求机制。良性的市场运行机制是市场发挥其优化配置资源的基础性作用的前提。

通过推行招投标制，为建筑市场的主体创造一个公平竞争的环境和政府对工程建设规模的控制。使实力强、素质高、经营好的建筑企业的产品更具竞争性，避免材料、能源供应及城市、交通设施的过度紧张，防止建设规模的过度膨胀。

2. 推行招投标制有利促进经济体制的配套改革和市场经济体制的建立

推行招投标制，涉及计划、价格、物资供应、劳动工资等各个方面，客观上要求有与之相匹配的体制。对不适应招投标的内容进行改革，加快市场体制发展的步伐。

3. 推行招投标制有利促进我国建筑业与国际接轨

随着21世纪的到来，国际建筑市场的竞争更加激烈，建筑业将逐渐与国际接轨。建筑企业将面临国内、国际两个市场的挑战与竞争。通过推行招投标制可使建筑企业逐渐认识、了解和掌握国际通行做法，寻找差距，不断提高自身素质与竞争能力，为进入国际市场奠定基础。

二、工程项目招标分类

根据不同的分类方式，工程项目招标具有不同的类型。

（一）按工程项目建设程序分类

工程项目建设过程可分类为建设前期阶段、勘察设计阶段和施工阶段。因而按工程项目建设程序，招标可分为工程项目开发招标、勘察设计招标和施工招标三种类型。

1. 项目开发招标

这种招标是业主为选择科学、合理的投资开发建设方案，为进行项目的可行性研究，通过投标竞争寻找满意的咨询单位的招标。投标人一般为工程咨询单位，中标人最终的工作成果是项目的可行性研究报告。中标人须对自己提供的研究成果负责，并得到业主的认可。

2. 勘察设计招标

勘察设计招标指根据批准的可行性研究报告，择优选择勘察设计单位的招标。勘察和设计是两种不同性质的工作，可由勘察单位和设计单位分别完成。勘察单位最终提出施工现场的地理位置、地形、地貌、地质、水文等在内的勘察报告。设计单位最终提供设计图纸和成本预算结果。施工图设计可由中标的设计单位承担，也可由施工单位承担，一般不进行单独招标。

3. 工程施工招标

在工程项目的初步设计或施工图设计完成后，用招标的方式选择施工单位的招标。施工单位最终向业主交付按招标设计文件规定的建筑产品。

（二）按工程承包的范围分类

1. 项目总承包招标

即选择项目总承包人招标，这种又可分为两种类型，其一是指工程项目实施阶段的全过程招标；其二是指工程项目建设全过程的招标。前者是在设计任务书完成后，从项目勘察、设计到交付使用进行一次性招标；后者则是从项目的可行性研究到交付使用进行一次性招标，业主只需提供项目投资和使用要求及竣工、交付使用期限，其可行性研究、勘察设计、材料和设备采购、施工安装、生产准备和试运行、交付使用，均由一个总承包商负责承包，即所谓"交钥匙工程"。

我国由于长期采取设计与施工分开的管理体制，目前具备设计、施工双重能力的施工企业为数较少。因而在国内工程招标中，所谓项目总承包招标往往是指对一个项目全部施工的总招标，与国际惯例所指的总承包尚有相当大的差距，为与国际接轨，提高我国建筑企业在国际建筑市场的竞争能力，深化施工管理体制的改革，造就一批具有真正总包能力的智力密集型的龙头企业，是我国建筑业发展的重要战略目标。

2. 专项工程承包招标

指在工程承包招标中，对其中某项比较复杂、或专业性强、施工和制作要求特殊的单项工程进行单独招标。

（三）按行业类别分类

即按与工程建设相关的业务性质分类的方式，按不同的业务性质，可分为土木工程招标、勘察设计招标、材料设备采购招标、安装工程招标、生产工艺技术转让招标、咨询服务（工程咨询）招标等。

三、工程项目招标方式

（一）公开招标

公开招标又称为无限竞争招标，是由招标单位通过报刊、广播、电视等方式发布招标广告，有意的承包商均可参加资格审查，合格的承包商可购买招标文件，参加投标的招标方式。

这种招标方式的优点是：投标的承包商多、范围广、竞争激烈，业主有较大的选择余地，有利于降低工程造价，提高工程质量和缩短工期。其缺点是：由于投标的承包商多，招标工作最大，组织工作复杂，需投入较多的人力、物力，招标过程所需时间较长，因而此类招标方式主要适用于投资额度大、工艺、结构复杂的较大型工程建设项目。

（二）邀请招标

邀请招标又称为有限竞争性招标。这种方式不发布广告，业主根据自己的经验和所掌握的各种信息资料，向有承担该项工程施工能力的三个以上（含三个）承包商发出招标邀请书，收到邀请书的单位才有资格参加投标。

这种方式的优点是：目标集中，招标的组织工作较容易，工作量比较小。其缺点是：由于参加的投标单位较少，竞争性较差，使招标单位对投标单位的选择余地较少，如果招标单位在选择邀请单位前所掌握信息资料不足，则会失去发现最适合承担该项目的承包商的机会。

公开招标和邀请招标都必须按规定的招标程序进行，要制订统一的招标文件，投标都必须按招标文件的规定进行投标。

（三）议标

对于涉及国家安全的工程或军事保密的工程，或紧急抢险救灾工程，通过直接邀请某些承包商进行协商选择承包商，这种招标方式称为议标。

在我国颁布的招标投标法中已取消了议标的招标方式。

第二节　工程项目施工招标程序

一、工程项目施工招标条件

建设部 1992 年颁发的《工程建设施工招标投标管理办法》对建设单位及建设项目的招标条件作了明确规定，其目的在于规范招标单位的行为，确保招标工作有条不紊地进行，稳定招投标市场的秩序。

（一）建设单位招标应当具备的条件

（1）招标单位是法人或依法成立的其他组织；

（2）有与招标工程相适应的经济、技术、管理人员；

（3）有组织编制招标文件的能力；

（4）有审查投标单位资质的能力；

（5）有组织开标、评标、定标的能力。

不具备上述（2）～（5）项条件的，须委托具有相应资质的咨询、监理等单位代理招标。上述五条中，（1）、（2）两条是对单位资格的规定，后三条则是对招标人能力的要求。

（二）建设项目招标应当具备的条件

（1）概算已经批准；

（2）建设项目已经正式列入国家、部门或地方的年度固定资产投资计划；

（3）建设用地的征用工作已经完成；

（4）有能够满足施工需要的施工图纸及技术资料；

（5）建设资金和主要建筑材料，设备的来源已经落实；

（6）已经建设项目所在地规划部门批准，施工现场"三通一平"已经完成或一并列入施工招标范围。

上述规定的主要目的在于促使建设单位严格按基本建设程序办事，防止"三边"工程的现象发生，并确保招标工作的顺利进行。

二、工程项目施工招标程序

招投标是一个整体活动，涉及到业主和承包商两个方面，招标作为整体活动的一部分主要是从业主的角度揭示其工作内容，但同时又须注意到招标与投标活动的关联性，不能将两者割裂开来。

所谓招标程序是指招标活动的内容的逻辑关系，不同的招标方式，具有不同的活动内容。

（一）建设项目施工公开招标程序

公开招标的程序分为 6 大步骤，即建设项目报建；编制招标文件；投标者的资格预审；发放招标文件；开标、评标与定标；签订合同。具体步骤见图 4-1。

1. 建设工程项目报建

根据《工程建设项目报建管理办法》的规定凡在我国境内投资兴建的工程建设项目，都必须实行报建制度，接受当地建设行政主管部门的监督管理。

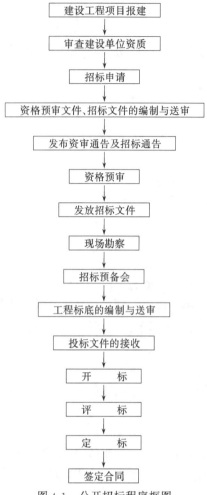

建设工程项目报建

审查建设单位资质

招标申请

资格预审文件、招标文件的编制与送审

发布资审通告及招标通告

资格预审

发放招标文件

现场勘察

招标预备会

工程标底的编制与送审

投标文件的接收

开 标

评 标

定 标

签定合同

图 4-1 公开招标程序框图

建设工程项目报建，是建设单位招标活动的前提，报建范围包括：各类房屋建筑（包括新建、改建、扩建、翻修等）、土木工程（包括：道路、桥梁、房屋基础打桩等）、设备安装、管道线路铺设和装修等建设工程。报建的内容主要包括：工程名称、建设地点、投资规模、资金投资额、工程规模、发包方式、计划开竣工日期和工程筹建情况等。

在建设工程项目的立项批准文件或投资计划下达后，建设单位根据《工程建设项目报建管理办法》规定的要求进行报建，并由建设行政主管部门审批。具备招标条件的，可开始办理建设单位资质审查。

2. 审查建设单位资质

即审查建设单位是否具备招标条件，不具备有关条件的建设单位，须委托具有相应资质中介机构代理招标，建设单位与中介机构签订委托代理招标的协议，并报招标管理机构备案。

3. 招标申请

招标单位填写"建设工程招标申请表"，并经上级主管部门批准后，连同"工程建设项目报建审查登记表"报招标管理机构审批。

申请表的主要内容包括：工程名称、建设地点、招标建设规模、结构类型、招标范围、招标方式、要求施工企业等级、施工前期准备情况（土地征用、拆迁情况、勘察设计情况、施工现场条件等）、招标机构组织情况等。

4. 资格预审文件、招标文件编制与送审

公开招标时，要求进行资格预审的只有通过资格预审的施工单位才可以参加投标。

资格预审文件和招标文件须招标管理机构审查，审查同意后可刊登资格预审通告、招标通告。

5. 刊登资格预审通告、招标通告。

公开招标可通过报刊、广播、电视等或信息网上发布"资格预审通告"或"招标通告"。

6. 资格预审

对申请资格预审的投标人送交填报的资格预审文件和资料进行评比分析，确定出合格的投标人的名单，并报招标管理机构核准。

7. 发放招标文件

将招标文件、图纸和有关技术资料发放给通过资格预审获得投标资格的投标单位。投标单位收到招标文件、图纸和有关资料后，应认真核对，核对无误后，应以书面形式予以确认。

8. 勘察现场

招标单位组织投标单位进行勘察现场的目的在于了解工程场地和周围环境情况，以获取投标单位认为有必要的信息。

9. 招标预备会

招标预备会的目的在于澄清招标文件中的疑问，解答投标单位对招标文件和勘察现场中所提出的疑问和问题。

10. 工程标底的编制与送审

当招标文件的商务条款一经确定，即可进入标底编制阶段。标底编制完后应将必要的资料报送招标管理机构审定。

11. 投标文件的接收

投标单位根据招标文件的要求，编制投标文件，并进行密封和标志，在投标截止时间前按规定的地点递交至招标单位。招标单位接收投标文件并将其秘密封存。

12. 开标

在投标截止日期后，按规定时间、地点，在投标单位法定代表人或授权代理人在场的情况下举行开标会议，按规定的议程进行开标。

13. 评标

由招标代理、建设单位上级主管部门协商，按有关规定成立评标委员会，在招标管理机构监督下，依据评标原则、评标方法，对投标单位报价、工期、质量、主要材料用量、施工方案或施工组织设计、以往业绩、社会信誉、优惠条件等方面进行综合评价，公正合理择优选择中标单位。

14. 定标

中标单位选定后由招标管理机构核准，获准后招标单位发出"中标通知书"。

15. 合同签订

建设单位与中标的单位在规定的期限内签订工程承包合同。

（二）建设项目施工邀请招标程序

邀请招标程序是直接向适于本工程施工的单位发出邀请，其程序与公开招标大同小异。其不同点主要是没有资格预审的环节，但增加了发出投标邀请书的环节。邀请招标的程序如图4-2所示。

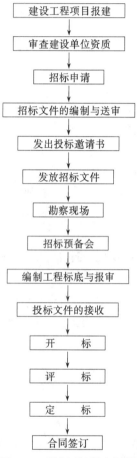

图 4-2　邀请招标程序框图

这里的发出投标邀请书，是指招标单位可直接向有能力承担本工程的施工单位发出投标邀请书。

第三节　工程项目施工招标文件编制

根据建设部1996年12月发布《建设施工招标文件范本》的规定，对于公开招标的招标文件，分为四卷共十章，其内容的目录如下：

第一卷　投标须知、合同条件及合同格式

第一章　投标须知

第二章　施工合同通用条款

第三章　施工合同专用条款

对于邀请招标的招标文件的内容除去上述公开招标文件的第九章资格审查表以外，其余与公开招标文件的完全相同。我国在施工项目招标文件的编制中除合同协议条款较少采用外，基本都按《建设工程施工招标文件范本》的规定进行编制。现将上述内容说明如下：

一、投标须知

投标须知是招标文件中很重要的一部分内容，投标者在投标时必须仔细阅读和理解，按须知中的要求进行投标，其内容包括：总则、招标文件、投标报价说明、投标文件的编制、投标文件递交、开标、评标、授予合同等八项内容。一般在投标须知前有一张"前附表"。

"前附表"是将投标者须知中重要条款规定的内容用一个表格的形式列出来，以使投标者在整个投标过程中必须严格遵守和深入的考虑。前附表的格式和内容如表4-1所示。

投标须知的前附表　　表4-1

项　　号	内　容　规　定
1	工程名称： 建设地点： 结构类型： 承包方式： 要求工期：＿＿年＿＿月＿＿日开工 　　　　　＿＿年＿＿月＿＿日竣工 　　　　工期＿＿＿＿＿＿天（日历日） 招标范围：
2	合同名称：
3	资金来源：
4	投标单位资质等级：
5	投标有效期＿＿＿＿＿＿天（日历日）
6	投标保证金额：＿＿＿％或＿＿＿元
7	投标预备会： 　　　时间：　　　　　地点：
8	投标文件份数 　　　正本＿＿＿＿份　副本＿＿＿＿份

项　号	内　容　规　定
9	投标文件递交至：单位： 地址：
10	投标截止日期： 　时间：
11	开标时间： 　时间：　　　　地点：
12	评标办法：

（一）总则

在总则中要说明工程概况和资金的来源，资质与合格条件的要求及投标费用等问题。

1. 工程概况和资金来源通过前附表中第1～3项所述内容获得。

2. 资质和合格文件中一般应说明如下内容：

（1）参加投标单位至少要求满足前附表第4项所规定的资质等级。

（2）参加投标的单位必须具有独立法人资格和相应的施工资质，非本国注册的应按建设行政主管部门有关管理规定取得施工资质。

（3）为说明投标单位符合投标合格的条件和履行合同的能力，在提供的投标文件中应包括下列资料：

1）营业执照、资质等级证书及中国注册的施工企业建设行政主管部门核准的资质证件。

2）投标单位在过去三年中已完成合同和正在履行的工程合同的情况。

3）按规范格式提供项目经理简历及拟在施工现场和不在施工现场的管理和主要施工人员情况。

4）按规定格式提供完成本合同拟采用的主要施工机械设备情况。

5）按规定格式提供拟分包的工程项目及承担该分包工程项目的分包单位的情况。

6）要求投标单位提供自身的财务状况包括近二年经过审计的财务报表，下一年度财务预测报告和投标单位授权其开户银行向招标单位提供其财务状况的授权书。

7）要求投标单位提供目前和过去二年内参与或涉及的仲裁和诉讼的资料。

（4）对于联营体投标，除要求联营体的每一成员提供上述①～⑦的资料外，还要求符合以下规定要求：

1）投标文件及中标后签署的合同协议，对联营体的每一成员均具有法律的约束力。

2）应指定联营体中的某一成员为主办人，并由联营体各成员的法人代表签署一份授权书，证明其主办人的资格。

3）联营体应随投标文件递交联营体各成员之间签订的"联营体协议书"的副本。

4）"联营体协议书"应说明其主办人应被授权代表的所有成员承担责任和接受命令，并由主办人负责合同的全面实施，只有主办人可以支付费用等。

5）在联营体成员签署的授权书和合同协议书中应说明为实施合同他们所承担的共同责任和各自的责任。

（5）参加联营体的各成员不得再以自己的名义单独对该工程项目投标，也不得同时参加两个或两个以上的联营体投标。否则取消该联营体及其各成员的投标资格。

3．投标费用

投标单位应承担投标期间的一切费用，不管是否中标，招标单位不承担投标单位的一切投标费用。

（二）招标文件

1．招标文件的组成

招标文件除了在投标须知写明的招标文件的内容外，还应说明对招标文件的解释，修改和补充内容也是招标文件的组成部分。投标单位应对组成招标文件的内容全面阅读。若投标文件实质上有不符合招标文件要求的投标，将有可能被拒绝。

2．招标文件的解释

投标单位在得到招标文件后，若有问题需要澄清，应以书面形式向招标单位提出，招标单位应以通讯的形式或投标预备会的形式予以解答，但不说明其问题的来源，答复将以书面形式送交所有的投标者。

3．招标文件的修改

在投标截止日期前，招标单位可以补充通知形式修改招标文件。为使投标单位有时间考虑招标文件的修改，招标单位有权延长递交投标文件的截止日期。对投标文件的修改和延长投标截止日期应报招标管理部门批准。

（三）投标报价说明

投标报价说明应指出对投标报价、投标报价采用的方式和投标货币三个方面的要求

1．投标价格

（1）除非合同另有规定，具有报价的工程量清单中所报的单价和合价，以及报价总表中的价格应包括人工、施工机械、材料、安装、维护、管理、保险、利润、税金，政策性文件规定、合同包含的所有风险和责任等各项费用。

（2）不论是招标单位在招标文件中提出的工程量清单，还是招标单位要求投标单位按招标文件提供的图纸列出的工程量清单，其工程量清单中的每一项的单价和合价都应填写，未填写的将不能得到支付，并认为此项费用已包含在工程量清单的其它单价和合价中。

2．投标价格采用的方式

投标价格采用价格固定和价格调整两种方式。

（1）采用价格固定方式写明：投标单位所填写的单价和合价在合同实施期间不因市场变化因素而变化，在计算报价时可考虑一定的风险系数。

（2）采用价格调整方式的应写明：投标单位所填写的单价和合价在合同实施期间可因市场变化因素而变动。

3．投标的货币

对于国内工程的国内投标单位的项目应写明：投标文件中的报价全部采用人民币表示。

（四）投标文件的编制

投标文件的编制主要说明投标文件的语言、投标文件的组成、投标有效期、投标保证金、投标预备会、投标文件的份数和签署等内容。

1．投标文件的语言

投标文件及投标单位与招标单位之间的来往通知，函件应采用中文。在少数民族聚居的地区也可使用该少数民族的语言文字。

2. 投标文件的组成

投标文件一般由下列内容组成：投标书、投标书附录、投标保证金、法定代表人的资格证明书、授权委托书、具有价格的工程量清单与报价表、辅助资料表，资格审查表（有资格预审的可不采用）、按本须知规定提出的其他资料。

对投标文件中的以上内容通常都在招标文件中提供统一的格式，投标单位按招标文件的统一规定和要求进行填报。

3. 投标有效期

（1）投标有效期一般是指从投标截止日起算至公布中标的一段时间。一般在投标须知的前附表中规定投标有效期的时间（例如28天），那么投标文件在投标截止日期后的28天内有效。

（2）在原定投标有效期满之前，如因特殊情况，经招标管理机构同意后，招标单位可以向投标单位书面提出延长投标有效期的要求，此时，投标单位须以书面的形式予以答复，对于不同意延长投标有效期的，招标单位不能因此而没收其投标保证金。对于同意延长投标有效期的，不得要求在此期间修改其投标文件，而且应相应延长其投标保证金的有效期，对投标保证金的各种有关规定在延长期内同样有效。

4. 投标保证金

（1）投标保证金是投标文件的一个组成部分，对未能按要求提供投标保证金的投标，招标单位将视为不响应投标而予以拒绝。

（2）投标保证金可以是现金、支票、汇票和在中国注册的银行出具的银行保函，对于银行保函应按招标文件规定的格式填写，其有效期应不超过招标文件规定的投标有效期。

（3）未中标的投标单位的投标保证金，招标单位应尽快将其退还，一般最迟不得超过投标有效期期满后的14天。

（4）中标的投标单位的投标保证金，在按要求提交履约保证金并签署合同协议后，予以退还。

（5）对于在投标有效期内撤回其投标文件或在中标后未能按规定提交履约保证金或签署协议者将没收其投标保证金。

5. 投标预备会

投标预备会目的是澄清解答投标单位提出的问题和组织投标单位考察和了解现场情况。

（1）勘察现场是招标单位邀请投标单位对工地现场和周围的环境进行考察，以使投标单位取得在编制投标文件和签署合同所需的第一手材料，同时招标单位有可能提供有关施工现场的材料和数据，招标单位对投标单位根据勘察现场期间所获取资料和数据做出的理解和推论及结论不负责任。

（2）投标预备会的会议记录包括对投标单位提出问题答复的副本应迅速发送给投标单位。对于投标单位提出要求答复的问题要求在投标预备会前7天以书面形式送达招标单位，对于在招标预备会期间产生的招标文件的修改按本须知中招标文件修改的规定，以补充通知形式发出。

6. 投标文件的份数和签署

投标文件应明确标明"投标文件正本"和"投标文件副本",其份数,按前附表规定的份数提交,若投标文件的正本与副本有不一致时,以正本为准。投标文件均应使用不能擦去的墨水打印和书写,由投标单位法定代表人亲自签署并加盖法人公章和法定代表人印鉴。

全套投标文件应无涂改和行间插字,若有涂改和行间插字处,应由投标文件签字人签字并加盖印鉴。

(五)投标文件的递交

1. 投标文件的密封与标志

(1)投标单位应将投标文件的正本和副本分别密封在内层包封内,再密封在一个外层包封内,并在内包封上注明"投标文件正本"或"投标文件副本"。

(2)外层和内层包封都应写明招标单位和地址,合同名称、投标编号并注明开标时间以前不得开封。在内层包封上还应写明投标单位的邮政编码、地址和名称,以便投标出现逾期送达时能原封退回。

(3)如果在内层包封未按上述规定密封并加写标志,招标单位将不承担投标文件错放或提前开封的责任,由此造成的提前开封的投标文件将予以拒绝,并退回投标单位。

2. 投标截止日期

(1)投标单位应按前附表规定的投标截止日期的时间之前递交投标文件。

(2)招标单位因补充通知修改招标文件而酌情延长投标截止日期的,招标和投标单位在投标截止日期方面的全部权力、责任和义务,将适用延长后新的投标截止期。

3. 投标文件的修改与撤回

投标单位在递交投标文件后,可以在规定的投标截止时间之前以书面形式向招标单位递交修改或撤回其投标文件的通知。在投标截止时间之后,则不能修改与撤回投标文件,否则,将没收投标保证金。

(六)开标

招标单位应在前附表规定的开标时间和地点举行开标会议,投标单位的法人代表或授权的代表应签名报到,以证明出席开标会议。投标单位未派代表出席开标会议的视为自动弃权。

开标会议在招标管理机构监督下,由招标单位组织主持,对投标文件开封进行检查,确定投标文件内容是否完整和按顺序编制,是否提供了投标保证金,文件签署是否正确。按规定提交合格撤回通知的投标文件不予开封。

投标文件有下列情况之一者将视为无效:①投标文件未按规定标志和密封,②未经法定代表人签署或未盖投标单位公章或未盖法定代表人印鉴的,③未按规定格式填写,内容不全或字迹模糊、辨认不清的,④投标截止日期以后送达的。

招标单位在开标会议上当众宣布开标结果,包括有效投标名称、投标报价、主要材料用量、工期、投标保证金以及招标单位认为适当的其他内容。

(七)评标

1. 评标内容的保密

(1)公开开标后,直到宣布授予中标单位为止,凡属于评标机构对投标文件的审查、澄清、评比和比较的有关资料和授予合同的信息、工程标底情况都不应向投标单位和与该过程无关的人员泄露。

（2）在评标和授予合同过程中，投标单位对评标机构的成员施加影响的任何行为，都将导致取消投标资格。

2. 资格审查

对于未进行资格预审的，评标时必须首先按招标文件的要求对投标文件中投标单位填报的资格审查表进行审查，只有资格审查合格的投标单位，其投标文件才能进行评比与比较。

3. 投标文件的澄清

为了有助于对投标文件的审查评比和比较，评标机构可以个别要求投标单位澄清其投标文件。有关澄清的要求与答复，均须以书面形式进行，在此不涉及投标报价的更改和投标的实质性内容。

4. 投标文件的符合性鉴定

（1）在详细评标之前，评标机构将首先审定每份投标文件是否实质上响应了招标文件的要求。所谓实质响应招标文件的要求，应将与招标文件所规定的要求、条件、条款和规范相符，无显著差异或保留。所谓显著差异或保留是指对工程的发包范围、质量标准及运用产生实质影响，或者对合同中规定的招标单位权力及投标单位的责任造成实质性限制，而且纠正这种差异或保留，将会对其他实质上响应要求的投标单位的竞争地位产生不公正的影响。

（2）如果投标文件没有实质上响应招标文件的要求，其投标将被予以拒绝，并且不允许通过修正或撤销其不符合要求的差异或保留使其成为具有响应性的投标。

5. 错误的修正

（1）评标机构将对确定为实质响应的投标文件进行校核，看其是否有计算和累加的错误，若发现算术错误，按以下修正：

①如果用数字表示的数额与用文字表示的数额不一致时，以文字数额为准。

②当单价与合价不一致时，以单价为准，除非评估机构认为有明显的小数点错位，此时应以标出的合价为准，并修改单价。

（2）按上述修改错误的方法，调整投标书的投标报价须经投标单位同意后，调整后的报价才对投标单位起约束作用。如果投标单位不同意调整投标报价，则视投标单位拒绝投标，没收其投标保证金。

6. 投标文件的评价与比较

（1）在评价与比较时应根据前附表评标方法一项规定的评标内容进行。

通常是对投标单位的投标报价、工期、质量标准、主要材料用量、施工方案或施工组织设计、优惠条件、社会信誉及以往业绩等进行综合评价。

（2）投标价格采用价格调整的，在评标时不考虑执行合同期间价格变化和允许调整的规定。

（八）授予合同

1. 中标通知书

经评标确定出中标单位后，在投标有效期截止前，招标单位将以书面的形式向中标单位发出："中标通知书"，说明中标单位按本合同实施、完成和维修本工程的中标报价（合同价格），以及工期、质量和有关签署合同协议书的日期和地点，同时声明该"中标通知书"为合同的组成部分。

2. 履约保证

中标单位应按规定提交履约保证，履约保证可由在中国注册银行出具的银行保函（保证数额为合同价的5%），也可由具有独立法人资格的经济实体企业出具履约担保书（保证数额为合同价10%）。投标单位可以选其中一种，并使用招标文件中提供的履约保证格式。中标后不提供履约保证的投标单位将没收其投标保证金。

3. 合同协议书的签署

中标单位按"中标通知书"规定的时间和地点，由投标单位和招标单位的法定代表人按招标文件中提供的合同协议书签署合同。若对合同协议书有进一步的修改或补充，应以"合同协议书谈判附录"形式作为合同的组成部分。

4. 中标单位按文件规定提供履约保证后，招标单位及时将评标结果通知未中标的投标单位。

二、合同条件

建设部颁布的《建设工程施工招标文件范本》中，对招标文件的合同条件规定采用1991年由国家工商行政管理局和建设部颁布的《建设工程施工合同（示范文本）》。该合同由两部分组成，第一部分称《建设工程施工合同条件》，第二部分称《建设工程施工合同协议条款》。

在投标文件编写中，根据实际情况有的招标单位只部分采用上述的《建设工程施工合同示范文本》，如只用《建设工程施工合同条件》。有的则用其他的标准合同来代替。

对于《建设工程施工合同（示范文本）》，在总结实施经验的基础上已作出了进一步的修改。并已公布实施，新修订的施工合同文本由《协议书》、《通用条款》、《专用条款》三部分组成，可在招标文件中采用。

三、合同格式

合同格式包括以下内容，即合同协议书格式、银行履约保函格式、履约担保格式，预付款银行保函格式。为了便于投标和评标，在招标文件中都用统一的格式。可参考选用以下格式进行编写。

合同协议书格式

本协议由_____（以下简称"发包方"）与_____（以下简称"承包方"）于___年___月___日商定并签署。

鉴于发包方拟修建_____（工程简述），并通过___年___月___日的中标通知书接受了承包方以人民币_____元为本工程施工、竣工和保修所做的投标，双方达成如下协议：

1. 本协议中所用术语的含义与下文提到的合同条件中相应术语的含义相同。

2. 下列文件应作为本协议的组成部分：

（1）本合同协议书；

（2）中标通知书；

（3）投标书及其附件；

（4）施工合同专用条款；

（5）施工合同通用条款；

（6）标准、规范和有关资料；

（7）图纸；

（8）已标价的工程量清单；

（9）工程报价单和预算书。

3. 上述文件互为补充和解释，如有不清或互相矛盾之处，以上面所列顺序在前的为准。

4. 考虑到发包方将按下条规定付款给承包方，承包方在此与发包方立约，保证全面按合同规定承包本工程的施工、竣工和保修。

5. 考虑到承包方将进行本工程的施工、竣工和保修，发包方在此立约，保证按合同规定的方式和时间付款给承包方。

为此，双方代表在此签字并加盖公章。

发包方代表（签名盖章）： 承包方代表（签名盖章）：

发包方（公章） 承包方（公章）

地址： 地址：

法定代表人： 法定代表人：

委托代理人： 委托代理人：

开户银行： 开户银行：

账号： 账号：

电话： 电话：

电传： 电传：

邮政编码： 邮政编码：

建设行政主管部门意见：

经办人： 审查机关（盖公章）；

年 月 日

银行履约保函格式

建设单位名称：＿＿＿＿＿＿＿＿

鉴于＿＿＿＿＿＿＿＿（下称"承包单位"）已保证按＿＿＿＿＿＿＿＿（下称"建设单位"）＿＿＿＿＿＿＿＿工程合同施工、竣工和保修该工程（下称"合同"）。

鉴于你方在上述合同中要求承包单位向你方提供下述金额的银行开具的保函，作为承包单位履行本合同责任的保证金；

本银行同意为承包单位出具本保函；

本银行在此代表承包单位向你方承担支付人民币＿＿＿＿＿＿＿元的责任，承包单位在履行合同中，由于资金、技术、质量或非不可抗力等原因给造成经济损失时，在你方以书面提出要求上述金额内的任何付款时，本银行即予支付，不挑剔、不争辩、也不要求你方出具证明或说明背景、理由。

本银行放弃你方应先向承包单位要求赔偿上述金额然后再向本银行提出要求的权力。

本银行进一步同意在你方和承包单位之间的合同条件、合同项下的工程或合同发生变化、补充或修改后，本银行承担保函的责任也不改变，有关上述变化、补充和修改也无须通知本银行。

本保函直至保修责任证书发出后 28 天内一直有效。

银行名称：（盖章）

银行法定代表人：（签字、盖章）

地址：

邮政编码： 日期：___年___月___日

履约担保书格式

根据本担保书，投标单位_____（下称承包单位）作为委托人和担保单位_____（下称担保人）作为担保人共同向债权人_____（下称"建设单位"）承担支付人民币_____元的责任，承包单位和担保人均受本履约担保书的约束。

鉴于承包单位已于___年___月___日向建设单位递交了_____工程的投标文件，愿为承包单位在中标后同建设单位签署的工程承包发包合同担保。下文中的合同包括合同中规定的合同协议书、合同文件、图纸、技术规范等；

本担保书的条件是：如果承包单位在履行了上述合同中，由于资金、技术、质量或非不可抗力等原因给建设单位造成经济损失时，当建设单位以书面提出要求得到上述金额内的任何付款时，担保人将迅速予以支付。

本担保人不承担大于本担保书限额的责任。

除了建设单位以外，任何人都无权对本担保书的责任提出履行要求。

本担保书直至保修责任证书发出后 28 天一直有效。

承包单位和担保人的法定代表人在此签字盖公章，以资证明。

担保单位：（盖章）

法定代表人：（签字、盖章） 日期：___年___月___日

承包单位：（盖章）

法定代表人：（签字、盖章） 日期：___年___月___日

预付款银行保函格式

建设单位名称：_____

根据你单位：_____工程合同条件（合同条款号）的规定，_____（下称"承包单位"）应向你方提交预付款银行保函，金额为人民币_____元，以保证其忠实地履行合同的上述条款。

我银行_____（银行名称）受承包单位委托，作为保证人和主要债务人，当你方以书面形式提出要求就无条件地、不可撤销地支付不超过上述保证金额的款额，也不要求你方先向承包单位提出此项要求；以保证在承包单位没有履行上述合同条件的责任时，你方可以向承包单位收回全部或部分预付款。

我银行还同意：在你方和承包单位之间的合同条件、合同项下的工程或合同文件发生变化、补充或修改后，我行承担本保函的责任也不改变，有关上述变化、补充或修改也无须通知我银行。

本保函的有效期从预付支付日期起至你方向承包单位全部收回预付款的日期止。

银行名称：（盖章）

银行法定代表人：（签字、盖章）

地址： 日期：＿＿＿年＿＿＿月＿＿＿日

四、规范

规范主要说明工程现场的自然条件，施工条件及本工程施工技术要求和采用的技术规范。

（一）工程现场的自然条件。应说明工程所处的位置、现场环境、地形、地貌、地质与水文条件、地震烈度、气温、雨雪量、风向、风力等。

（二）施工条件。应说明建设用地面积，建筑物占地面积，场地拆迁及平整情况，施工用水、用电、通讯情况，现场地下埋设物及其有关勘探资料等。

（三）施工技术要求。主要说明施工的工期、材料供应、技术质量标准有关规定，以及工程管理中对分包、各类工程报告（开工报告、测量报告、试验报告、材料检验报告、工程自检报告、工程进度报告、竣工报告、工程事故报告等）、测量、试验、施工机械、工程记录、工程检验、施工安装、竣工资料的要求等。

（四）技术规范。一般可采用国际国内公认的标准及施工图中规定的施工技术要求。

在招标文件中的技术规范必须由招标单位根据工程的实际要求，自行决定其具体的内容和格式，没有标准化内容和格式可以套用，由招标文件的编写人员自己编写。技术规范是检验工程质量的标准和质量管理的依据，招标单位对这部分文件编写应特别地重视。

五、投标书及投标书附录

投标书是由投标单位授权的代表签署的一份投标文件，投标书是对业主和承包商双方均具有约束力的合同的重要部分。与投标书跟随的有投标书附录、投标保证书和投标单位的法人代表资格证书及授权委托书。投标书附录是对合同条件规定的重要要求的具体化，投标保证书可选择银行保函、担保公司、证券公司、保险公司提供担保书，其一般格式如下：

投 标 书

建设单位：＿＿＿＿＿＿＿＿

1. 根据已收到的招标编号为＿＿＿＿＿＿的＿＿＿＿＿＿＿＿工程的招标文件、遵照（工程建设施工招标投标管理办法）的规定，我单位经考察现场和研究上述工程招标文件的投标须知、合同条件、技术规范、图纸、工程量清单和其他有关文件后，我方愿以人民币＿＿＿＿＿＿元的总价，按上述合同条件、技术规范、图纸、工程量清单的条件承包上述工程的施工、竣工和保修。

2. 一旦我方中标，我方保证在＿＿＿年＿＿＿月＿＿＿日开工，＿＿＿年＿＿＿月＿＿＿日竣工，即＿＿＿＿＿＿天（日历日）内竣工并移交整个工程。

3. 如果我方中标，我方将按照规定提交上述总价5%的银行保函或上述总价10%的具备独立法人资格的经济实体企业出具的履约担保书，做为履约保证金，共同地和分别地承担责任。

4. 我方同意所递交的投标文件在"投标须知"规定的投标有效期内有效，在此期间内我方的投标有可能中标，我方将受约束。

5. 除非另外达成协议并生效，你方的中标通知书和本投标书将构成我们双方的合同。

6. 我方金额为人民币_____元的投标保证金与投标书同时递交。

投标单位：（盖章）

单位地址：

法定代表人：（签字、盖章）

邮政编码：

电话：

传真：

开户银行名称：

银行账号：

开户行地址：

电话：

日期：___年___月___日

投 标 书 附 录

序 号	项 目 内 容	合同条款号	
1	履约保证金： 银行保函金额 履约担保书金额	8.1 8.1	合同价格___%（5%） 合同价格的___%（10%）
2	发出通知的时间	10.1	签订合同协议书_____天内
3	延期赔偿费金额	12.5	元/天
4	误期赔偿费限额	12.5	合同价格的___%
5	提前工期奖	13.1	元/天
6	工期质量达到优良标准补偿金	15.1	元
7	工程质量未达到要求优良标准时的赔偿费	15.2	元
8	预付款金额	20.1	合同价格的___%
9	保留金金额	22.2.5	每次付款额的___%（10%）
10	保留金限额	22.2.5	合同价格的___%（3%）
11	竣工时间	27.5	___天 （日历日）
12	保修期	29.1	___天 （日历日）

投标单位：（盖章）

法定代表人：（签字、盖章）

日期：___年___月___日

投标保证金银行保函

鉴于_____（下称"投标单位"）于___年___月___日参加_____
（下称"招标单位"）_____工程的投标。

本银行_____（下称"本银行"）在此承担向招标单位支付总金额人民币_____元的责任。

本责任的条件是：

一、如果投标单位在招标文件规定的投标有效期内撤回其投标；或

二、如果投标单位在投标有效期内收到招标单位的中标通知书后：

1. 不能或拒绝按投标须知的要求签署合同协议书；或

2. 不能或拒绝按投标须知规定提交履约保证金。

只要招标单位指明投标单位出现上述情况的条件，则本银行在接到招标单位通知就支付上述金额之内的任何金额，并不需要招标单位申述和证实其他的要求。

本保函在投标有效期后或招标单位这段时间内延长的投标有效期28天后保持有效，本银行不要求得到延长有效期的通知，但任何索款要求应在有效期内送到本银行。

银行名称：（盖章）

法定代表人：（签字、盖章）

银行地址：

邮政编码：

电话：

日期：＿＿年＿＿月＿＿日

投标保证金担保书

根据本担保书（投标人名称）做为委托人（以下称"委托人"）和在中国注册的（担保公司、证券公司或保险公司）做为担保人（以下称担保人）共同向债权人（建设单位名称）（以下称建设单位）承担支付人民币＿＿＿＿＿元的责任。

鉴于委托人已于＿＿＿年＿＿＿月＿＿＿日就（合同名称）的建设向建设单位递交了投标书（以下称"投标"）。

本担保书的条件是：

1. 如果委托人在投标书规定的投标有效期撤回其投标；或

2. 如果委托人在收到建设单位的中标通知书后；

（1）不能或拒绝按投标须知的要求签署合同协议书；或

（2）不能或拒绝按投标须知的规定提交履约保证金，则本担保有效，否则无效。

但本担保不承担支付下列金额的责任：

1. 大于本担保书规定的金额；或

2. 大于投标报价与建设单位接受报价之间的差额的金额。

担保人在此之间确认本担保书责任在投标有效期后或招标单位延期投标有效期这段时间后的28天内保持有效。延长投标有效期应通知担保人。

委托人代表（签字　盖公章）　　　　担保人代表（签字　盖公章）

姓名：＿＿＿＿＿＿　　　　　　　　　姓名：＿＿＿＿＿＿

地址：＿＿＿＿＿＿　　　　　　　　　地址：＿＿＿＿＿＿

日期：＿＿＿年＿＿＿月＿＿＿日

法定代表人资格证明书

单位名称：

地址：

姓名：　　　　　性别：　　　　　年龄：　　　　　职务：

系_____的法定代表人。为施工、竣工和保修_____的工程，签署上述工程的投标文件、进行合同谈判、签署合同和处理与之有关的一切事务。

特此证明。

投标单位：（盖章）　　　　　　　　　　　上级主管部门：（盖章）

日期：___年___月___日　　　　　　　　日期：___年___月___日

授权委托书

本授权委托书声明：我_____（姓名）系_____（投标单位名称）的法定代表人，现授权委托_____（单位名称）的_____（姓名）为我公司代理人，以本公司的名义参加_____（招标单位）的_____工程的投标活动。代理人在开标、评标、合同谈判过程中所签署的一切文件和处理与之有关的一切事务，我均予以承认。代理人无转委权。特此委托。

代理人：　　　　　性别：　　　　　年龄：

单位：　　　　　部门：　　　　　职务：

投标单位：（盖章）

法定代表人：（签字、盖章）

日期：___年___月___日

六、工程量清单与报价表

（一）工程量清单与报价表的用途

工程量清单与报价表有三个主要用途：一是为投标单位按统一的规格报价，填报表中各栏目价格，按价格的组成逐项汇总，按逐项的价格汇总成整个工程的投标报价；二是方便工程进度款的支付，每月结算时可按工程量清单和报价表的序号，已实施的项目单价或价格来计算应给承包商的款项；三是在工程变更或增加新的项目时，可选用或参照工程量清单与报价表单价来确定工程变更或新增项目的单价和合价。

（二）工程量清单与报价表的分类

在工程量清单与报价表中，可分为两类，一类是按"单价"计价的项目，另一类是按"项"包干的项目。在编制工程量清单时要按工程的施工要求进行工作分解来立项，在立项时，注意将不同等级的工程区分开，将同性质但不属同一部位的工作分开，将情况不同可进行不同报价的工作分开。尽力做到使工程量清单中各项既满足工序进度控制要求，又能满足成本控制的要求，既便于报价，又便于工程进度款的结算和支付。

（三）工程量清单与报价表的前言说明

在招标文件中，对工程量清单与报价表的前言应做以下说明：

1. 工程量清单应与投标须知、合同条件、技术规范和图纸一起使用。

2. 工程量清单所列工程量系招标单位估算和临时作为投标单位共同报价的基础而用的，付款以实际完成的工程量为依据，由承包单位计量，监理工程师核准的实际完成工程量。

3. 工程量清单中所填入的单价和合价，对于综合单价应说明包括人工费、材料费、机械费、其它直接费、间接费、有关文件规定的调价、利润、税金以及现行取费中的有关费用、材料差价以及采用固定价格的工程所测算的风险等全部费用。对于工料单价应说明按照现行预算定额的工料机消耗及预算价格确定，作为直接费的基础，其他直接费、间接费、有关文件规定的调价、利润、税金、材料差价、设备价、现场因素费用、施工技术措施费用以及采用固定价格的工程所测算的风险金等按现行计算方法计取，计入其他相应的报价表中。

4. 工程量清单不再重复或概括工程及材料的一般说明，在编制和填写工程量清单的每一项单价和合价时应考虑投标须知和合同文件的有关条款。

5. 应根据建设单位选定的工程测量标准和计量方法进行测量和计算，所有工程量应为完工后测量的净值。

6. 所有报价应用人民币表示。

（四）报价表格

在招标文件中一般列出投标报价的工程量清单和报价表有：

1. 报价汇总表。

2. 工程量清单报价表。

3. 设备清单及报价表。

4. 现场因素、施工技术措施及赶工措施费用报价表。

5. 材料清单及材料差价。

七、辅助资料表

辅助资料表是进一步了解投标单位对工程施工人员，机械和各项工作的安排情况，便于评标时进行比较，同时便于业主在工程实施过程中安排资金计划。在招标文件中统一拟定各类表格或提出具体要求让投标单位填写或说明。一般列出辅助资料表有：

（一）项目经理简历表

（二）主要施工管理人员表

（三）主要施工机械设备表

（四）拟分包项目情况表

（五）劳动力计划表

（六）施工方案或施工组织设计

1. 工程完整施工方案，保证质量的措施；

2. 施工机械进场计划；

3. 工程材料进场计划；

4. 施工现场平面布置及施工道路平面图；

5. 冬、雨季施工措施；

6. 地下管线及其他地上设施的加固措施；

7. 保证安全生产，文明施工、降低环境污染和噪声的措施。

（七）计划开工、竣工日期和施工进度表

投标单位应提供初步的施工进度表，说明按招标文件要求的工期进行施工的各个关键日期，可采用横道图或网络图表示，说明计划开工日期和各分项工程完工日期。施工进度计划与施工方案或组织设计相适应。

（八）临时设施布置及临时用地表

八、资格审查表

对于未经过资格预审的，在招标文件中应编制资格审查表，以便进行资格后审，在评标前，必须首先按资格审查表的要求进行资格审查，只有资格审查通过者，才有资格进入评标。

资格审查表的内容如下：

（一）投标单位企业概况

（二）近三年来所承建工程情况一览表

（三）在建施工情况一览表

（四）目前剩余劳动力和机械设备情况表

（五）财务状况

（六）其它资料（各种奖罚）

（七）联营体协议和授权书

包括固定资产、流动资产、长期负债、流动负债、近三年完成的投资，经审计的财务报表等。

九、图纸

图纸是招标文件的重要组成部分，是投标单位在拟定施工方案，确定施工方法，提出替代方案，确定工程量清单和计算投标报价不可缺少的资料。

图纸的详细程度取决于设计的深度与合同的类型。实际上，在工程实施中陆续补充和修改图纸，这些补充和修改的图纸必须经监理工程师签字后正式下达，才能作为施工和结算的依据。

对于地质钻孔柱状图，水文地质和气象等资料也属图纸的一部分，建设单位和监理工程师应对这些资料的正确性负责，而投标单位据此做出自己的分析判断，拟定的施工方案和施工方法，建设单位和监理工程师不负责任。

第四节　工程项目施工招标其他若干问题

以上三节的论述，对工程施工招标的基本理论原则、基本概念、招标程序和招标文件内容有了一个比较全面的了解。在本节就招标中的一些其他实际问题作进一步补充说明，这些包括：资格预审通告与招标公告、资格预审文件、勘察现场、工程标底的编制、开标、评标、定标等，现分述如下：

一、资格预审通告与招标公告

对于要求资格预审的公开招标应发布资格预审通告，对于进行资格后审的公开招标应发布招标公告。资格预审通告和招标公告都应在有关的报刊、杂志、信息网络公开发布，其格式如下：

资格预审通告

1._____（建设单位名称）的_____工程，建设地点在_____，结构类型为_____，建设规模为：_____。招标申请已得到招标管理机构批准，现通过资格预审确定出合格的施工单位参加投标。

2. 参加资格预审的施工单位其资质等级须是_____级以上施工企业，施工单位应具备以往类似经验，并证明在机械设备、人员和资金、技术等方面有能力执行上述工程，以便通过资格预审。

3. 工程质量要求达到国家施工验收规范（优良、合格）标准。计划开工日期为____年____月____日，计划竣工日期为____年____月____日，工期____天（日历日）。

4. _____受建设单位的委托作为招标单位，现邀请合格的施工单位就下述工程内容的施工、竣工、保修进行密封投标，以得到必要的劳动力、材料、设备和服务。该工程的发包方式为（包工包料或包工不包料），工程招标范围：_____。

5. 有意的施工单位可按下述地点向招标单位领取资格预审文件。资格预审文件的发放日期为____年____月____日至____年____月____日，每天____时至____时（公休日、节假日除外）。

6. 施工单位所填写的资格预审文件须在____年____月____日时前，按下述地点送达招标单位。

招标单位：（盖章）

法定代表人：（签字、盖章）

地址：

邮政编码：

联系人：

电话：

日期：____年____月____日

招标公告

1. _____（建设单位名称）的_____工程，建设地点在_____，结构类型为_____，建设规模为：_____。招标报建和申请已得到建设管理部门批准，现通过公开招标选定承包单位。

2. 工程质量要求达到国家施工验收规范（优良、合格）标准。计划开工日期为____年____月____日，计划竣工日期为____年____月____日，工期____天（日历日）。

3. _____受建设单位的委托作为招标单位，现邀请合格的投标单位进行密封投标，以得到必要的劳动力、材料、设备和服务，建设和完成_____工程。

4. 投标单位的施工资质等级须是_____级以上的施工企业，愿意参加投标的施工单位，可携带营业执照、施工资质等级证书向招标单位领取招标文件。同时交纳押金_____元。

5. 该工程的发包方式（包工包料或包工不包料），招标范围为_____。

6. 招标工作安排：

（1）发放招标文件单位：

（2）发放招标文件时间：____年____月____日起至____年____月____日，每天上午：_____下午：_____（公休日、节假日除外）。

（3）投标地点及时间：

（4）现场勘察时间：

（5）投标预备会时间：

（6）投标截止时间：_____年_____月_____日_____时；

（7）开标时间：_____年_____月_____日_____时；

（8）开标地点：

招标单位：（盖章）

法定代表人：（签字、盖章）

　地址：

邮政编码：

　联系人：

　　电话：

　　日期：_____年_____月_____日

二、资格预审文件

对于要求资格预审的应编制预审文件，资格预审文件包括的内容，除上述的资格预审通告外，还包括如下的资格预审须知、资格预审表和资料、资格预审合格通知书等。

（一）资格预审须知，其内容包括：

1. 工程概况、说明工程名称、建设地点、结构类型、建设规模、发包方式、工程质量要求、计划开工日期和竣工日期，发包范围等。

2. 资金来源，说明筹资方式。

3. 资格和合格条件要求。

为了证明投标单位符合规定要求投标合格条件和履约合同的能力，参加资格预审的投标单位应提供如下资料：

（1）有关确定法律地位原始文件的副本（包括营业执照、资质等级证书及非本国注册的施工企业经建设单位行政主管部门核准的资质文件）。

（2）在过去三年内完成的与本合同相似的工程的情况和现在履行的合同的工程情况。

（3）提供管理和执行本合同拟在施工现场和不在施工现场的管理人员和主要施工人员情况。

（4）提供完成本合同拟采用的主要施工机械设备情况。

（5）提供完成本合同拟分包的项目及其分包单位的情况。

（6）提供财务状况情况，包括近二年经过审计的财务报表，下一年级财务预测报告。

（7）有关目前和过去二年参与或涉及诉讼案的资料。

4. 如果参加资格预审施工单位是一个由几个独立分支机构或专业单位组成的，其预审申请应具体说明各单位承担工程的哪个主要部分。所提供的资格预审资料仅涉及实际参加施工的分支机构或单位，评审时也仅考虑分支机构或单位的资质条件，经验、规模、设备和财务能力，以确定是否能通过资格预审。

5. 对联营体资格预审的要求

（1）联营体的每一个成员提交同单独参加资格预审单位一样要求的全套文件。

（2）提交预审文件时应附上联营体协议，包括：

1）指出联营体的主办人，该主办人应被授权代表所有联营体成员接受指令，并由主办人负责整个合同的全面实施。

2）联营体递交的投标文件连同中标后签署的合同对联营体整体及每个成员均具有法律约束力。

（3）资格预审后，如果联营体组成和合格性发生变化，该在投标截止日期之前征得招标单位的书面同意。若联营体的变化，导至下列情况则不允许：

1）联营体成员中有事先未通过资格预审的单位（无论是单独还是作为联营体的成员）。

2）使联营体的资格降到了资格预审文件中规定的标准以下。

（4）作为联营体的成员通过资格预审合格的，不能认为作为单独成员或其他联营体的成员是资格预审的合格者。

6. 在资格预审合格通过后改变分包人所承担的分包责任或改变承担分包责任的分包人之前，必须征得招标单位的书面同意，否则，资格预审合格无效。

7. 将资格预审文件按规定的正本和副本份数和指定时间，地点送达招标单位。

8. 招标单位将资格预审结果以书面形式通知所有参加预审的施工单位，对资格预审合格的单位应以书面形式通知投标单位准备投标。

（二）资格预审表和资料

在资格预审文件中应规定统一表格让参加资格预审的单位填报和提交有关资料。（如属联营体，主办人和各成员分别填报）

1. 资格预审单位概况

（1）企业简历

（2）人员和机械设备情况

2. 财务状况

（1）基本资料，包括固定和流动的资产总额和负债总额，近五年平均完成投资额。

（2）近三年每年完成投资额和本年预计完成的投资额。

（3）近二年经审计的财务报表（附财务报表）

（4）下一年度财务预测报告（附财务预测报告）

（5）可查到财务信息的开户银行的名称、地址，及申请单位的开户银行出具的招标单位可查证的授权书。

3. 拟投入的主要管理人员情况

4. 拟投入劳动力和施工机械设备情况

（1）劳力情况表，包括有职称的管理人员和无职称的其他管理人员和有职称的技术工人和无职称的普通工人。

（2）机械设备情况表，包括名称、型号、数量、功率、制造国别和制造年份等。

5. 近三年来所承建的工程和在建工程情况一览表。

包括建设单位，项目名称与建设地点，结构类型，建设规模，开竣工日期，合同价格，质量要求和达到的标准。

6. 目前和过去二年涉及的诉讼和仲裁情况

7. 其他情况（各种奖励和处罚等）

8. 联营体协议书和授权书（附联营体协议副本和各成员是法定代表签署的授权书）

（三）资格预审合格通知书

在资格预审完成后除向所有参加资格预审单位发通知书外，对资格预审合格的单位还应发资格预审合格通知书，其格式如下：

资格预审合格通知书

_____（建设单位名称）座落在_____的_____工程，结构类型为_____，建设规模_____。经招标单位申请，招标管理机构批准同意，通过对参加资格预审单位以往经验和施工机械设备、人员、财务状况，以及技术能力等方面审查，确定以下名单中的施工单位为资格预审合格，现就上述工程的施工、竣工和保修所需的劳动力、材料和服务的供应，按照《工程建设施工招标投标管理办法》的规定进行招标，择优选定承包单位，望收到通知书后于____年____月____日前，到____领取招标文件、图纸和有关技术资料。同时交纳押金_____元。

资审合格单位名单：

招标单位：（盖章）　　　　　　　招标管理机构审核意见：（盖章）

法定代表人：（签字、盖章）

日期：____年____月____日　　　日期：____年____月____日

三、勘察现场

招标单位组织投标单位进行勘察现场的目的在于了解工程场地和周围环境情况，招标单位应尽力向投标单提供现场的信息资料和满足进行现场勘察的条件，为便于解答投标单位提出的问题，勘察现场一般安排在投标预备会之前。投标单位的问题应在预备会之前以书面形式向招标单位提出。

招标单位应向投标单位介绍有关施工现场如下的情况：

1. 是否达到招标文件规定的条件；
2. 地形、地貌；
3. 水文地质、土质、地下水位等情况；
4. 气候条件，包括气温、湿度、风力、降雨、降雪情况；
5. 现场的通讯、饮水、污水排放、生活用电、通讯等；
6. 工程在施工现场中的位置；
7. 可提供的施工用地和临时设施等。

四、工程标底的编制

在评标过程中，为了对投标报价进行评价，特别是采用在标底上下浮动一定范围内的投标报价为有效报价时，招标单位应编制工程标底。

标底是由招标单位或委托建设行政主管部门批准的具有编制标底资格和能力的中介代理机构，根据国家（或地方）公布的统一工程项目划分、统一的计量单位、统一的计算规则以及施工图纸、招标文件，并参照国家规定的技术标准、经济定额所编制的工程价格。

（一）标底编制的原则

1. 统一工程项目划分，统一计量单位，统一计算规则；
2. 以施工图纸、招标文件和国家规定的技术标准和工程造价定额为依据；

3. 力求与市场的实际变化吻合，有利于竞争和保证工程质量；

4. 标底价格一般应控制在批准的总概算（或修正概算）及投资包干的限额内；

5. 根据我国现行的工程造价计算方法，并考虑到向国际惯例靠拢，提倡优质优价；

6. 一个工程只能编制一个标底；

7. 标底必须经招标管理机构审定；

8. 标底审定后必须及时妥善封存、严格保密，不得泄漏。

（二）计价方法

标底价格由成本、利润、税金等组成，应考虑人工、材料、机械台班等价格变化因素，还应包括不可预见费、预算包干费、措施费（赶工措施费、施工技术措施费）、现场因素费用、保险以及采用固定价格的工程风险金等。计价方法可选用我国现行规定的工料单价和综合单价两种方法计算。

（三）标底编制的基本依据

1. 招标商务条款；

2. 工程施工图纸、编制工程量清单的基础资料、编制标底所依据的施工方案、工程建设地点的现场地质、水文及地上情况的有关资料；

3. 编制标底前的施工图纸设计交底及施工方案交底。

（四）标底编、审程序

1. 确定标底计价内容及计算方法、编制总说明、施工方案或施工组织设计、编制（或审查确定）工程量清单、临时设施布置临时用地表、材料设备清单、补充定额单价、钢筋铁件调整、预算包干、按工程类别的取费标准等；

2. 确定材料设备的市场价格；

3. 采用固定价格的工程，应测算施工周期内的人工、材料、设备、机械台班价格波动风险系数；

4. 确定施工方案或施工组织设计中计费内容；

5. 计算标底价格；

6. 标底送审。标底应在投标截止日期后，开标之前报招标管理机构审查，结构不太复杂的中小型工程在投标截止日期后7天内上报，结构复杂的大型工程在14天内上报。未经审查的标底一律无效；

7. 标底价格审定交底

当采用工料单价计价方法时，其主要审定内容包括：

（1）标底计价内容；

（2）预算内容；

（3）预算外费用；

当采用综合单价计价方法，其主要审定内容包括：

（1）标底计价内容；

（2）工程单价组成分析；

（3）设备市场供应价格、措施费（赶工措施费、施工技术措施费）、现场因素费用等。

五、开标

1. 开标应当在投标截止时间后，按照招标文件规定的时间和地点公开进行。已建立建设工程交易中心的地方，开标应当在建设工程交易中心举行。

2. 开标由招标单位主持，并邀请所有投标单位的法定代表人或者其代理人和评标委员会全体成员参加。

建设行政主管部门及其工程招标投标监督管理机构依法实施监督。

3. 开标一般应按照下列程序进行

(1) 主持人宣布开标会议开始，介绍参加开标会议的单位、人员名单及工程项目的有关情况；

(2) 请投标单位代表确认投标文件的密封性；

(3) 宣布公正、唱标、记录人员名单和招标文件规定的评标原则、定标办法；

(4) 宣读投标单位的名称、投标报价、工期、质量目标、主要材料用量、投标担保或保函以及投标文件的修改、撤回等情况，并作当场记录；

(5) 与会的投标单位法定代表人或者其代理人在记录上签字，确认开标结果；

(6) 宣布开标会议结束，进入评标阶段。

4. 投标文件有下列情形之一的，应当在开标时当场宣布无效

(1) 未加密封或者逾期送达的；

(2) 无投标单位及其法定代表人或者其代理人印鉴的；

(3) 关键内容不全、字迹辨认不清或者明显不符合招标文件要求的。

无效投标文件，不得进入评标阶段。

5. 招标单位可以编制标底，也可以不编制标底。需要编制标底的工程，由招标单位或者由其委托具有相应能力的单位编制；不编制标底的，实行合理低价中标。

对于编制标底的工程，招标单位可以规定在标底上下浮动一定范围内的投标报价为有效，并在招标文件中写明。在开标时，如果仅有少于三家的投标报价符合规定的浮动范围，招标单位可以采用加权平均的方法修订规定，或者宣布实行合理低价中标，或者重新组织招标。

六、评标

1. 评标由评标委员会负责。评标委员会的负责人由招标单位的法定代表人或者其代理人担任。

评标委员会的成员由招标单位、上级主管部门和受聘的专家组成（如果委托招标代理或者工程监理的，应当有招标代理、工程监理单位的代表参加）为 5 人以上的单数，其中技术，经济等方面的专家不得少于三分之二。

2. 省、自治区、直辖市和地级以上城市（包括地、州、盟）建设行政主管部门，应当在建设工程交易中心建立评标专家库。评标专家须由从事相关领域工作满八年，并具有高级职称或者具有同等专业水平的工程技术、经济管理人员担任，并实行动态管理。

评标专家库应当拥有相当数量符合条件的评标专家，并可以根据需要，按照不同的专业和工程分类设置专业评标专家库。

3. 招标单位根据工程性质、规模和评标的需要，可在开标前若干小时之内从评标专家库中随机抽取专家聘为评委。工程招标投标监督管理机构依法实施监督。专家评委与该工程的投标单位不得有隶属或者其他利害关系。

专家评委在评标活动中有徇私舞弊、显失公正行为的，应当取消其评委资格。

4. 评标可以采用合理低标价法和综合评议法。具体评标方法由招标单位决定，并在招标文件中载明。对于大型或者技术复杂的工程，可以采用技术标、商务标两阶段评标法。

评标委员会可以要求投标单位对其投标文件中含义不清的内容作必要的澄清或者说明，但其澄清或者说明不得更改投标文件的实质性内容。

任何单位和个人不得非法干预或者影响评标的过程和结果。

5. 评标结束后，评标委员会应当编制评标报告。评标报告应包括下列主要内容：

（1）招标情况，包括工程概况、招标范围和招标的主要过程；

（2）开标情况，包括开标的时间、地点、参加开标会议的单位和人员，以及唱标等情况；

（3）评标情况，包括评标委员会的组成人员名单，评标的方法、内容和依据，对各投标文件的分析论证及评审意见；

（4）对投标单位的评标结果排序，并提出中标候选人的推荐名单。

评标报告须经评标委员会全体成员签字确认。

七、定标

1. 招标单位应当依据评标委员会的评标报告，并从其推荐的中标候选人名单中确定中标单位，也可以授权评标委员会直接定标。

实行合理低标价法评标的，在满足招标文件各项要求的前提下，投标报价最低的投标单位应当为中标单位，但评标委员会可以要求其对保证工程质量、降低工程成本拟采用的技术措施作出说明，并据此提出评价意见，供招标单位定标时参考；实行综合评议法，得票最多或者得分最高的投标单位应当为中标单位。

招标单位未按照推荐的中标候选人排序确定中标单位的，应当在其招标投标情况的书面报告中说明理由。

2. 在评标委员会提交评标报告后，招标单位应当在招标文件规定的时间内完成定标。定标后，招标单位须向中标单位发出《中标通知书》。《中标通知书》的实质内容应当与中标单位投标文件的内容相一致。

《中标通知书》的格式如下：

中标通知书

_____（建设单位名称）的_____（建设地点）_____工程，结构类型为_____，建设规模为_____，经___年___月___日公开开标后，经评标小组评定并报招标管理机构核准，确定_____为中标单位，中标标价人民币_____元，中标工期自___年___月___日开工，___年___月___日竣工，工期___天（日历日），工程质量达到国家施工验收规范（优良、合格）标准。

中标单位收到中标通知书后，在___年___月___日___时前到_____（地点）与建设单位签订合同。

建设单位：（盖章）

法定代表人：（签字、盖章）

日期：___年___月___日

招标单位：（盖章）

法定代表人：（签字、盖章）

日期：＿＿年＿＿月＿＿日

招标管理机构：（盖章）

审核人：（签字、盖章）

审核日期：＿＿年＿＿月＿＿日

3. 自《中标通知书》发出之日 30 日内，招标单位应当与中标单位签订合同，合同价应当与中标价相一致；合同的其他主要条款，应当与招标文件、《中标通知书》相一致。

4. 中标后，除不可抗力外，中标单位拒绝与招标单位签订合同的，招标单位可以不退还其投标保证金，并可以要求赔偿相应的损失；招标单位拒绝与中标单位签订合同的，应当双倍返还其投标保证金，并赔偿相应的损失。

5. 中标单位与招标单位签订合同时，应当按照招标文件的要求，向招标单位提供履约保证。履约保证可以采用银行履约保函（一般为合同价的 5％～10％），或者其他担保方式（一般为合同价的 10％～20％）。招标单位应当向中标单位提供工程款支付担保。

八、招标代理

1. 招标单位可以委托具有相应资质条件的招标代理单位代理其招标业务。

招标代理单位受招标单位的委托，按照委托代理合同，依法组织招标活动，并按照合同约定取得酬金。

2. 招标代理单位在开展招标代理业务时，应当维护招标单位的合法权益，对于提供的招标文件、评标报告等的科学性、准确性负责，并不得向外泄露可能影响公正、公平竞争的有关情况。

3. 招标代理单位不得接受同一招标工程的投标代理和投标咨询业务，也不得转让招标代理业务。招标代理单位与行政机关和其他国家机关以及被代理工程的投标单位不得有隶属关系或者其他利害关系。

第五节 国际工程项目施工招标

一、国际工程招标方式

国际工程招标方式有四种类型：国际竞争性招标，亦称国际公开招标；国际有限招标；两阶段招标；议标，亦称邀请协商。

（一）国际竞争性招标

国际竞争性招标系指在国际范围内，采用公平竞争方式，定标时按事先规定的原则，对所有具备要求资格的投标商一视同仁，根据其投标报价及评标的所有依据，如工期要求，可兑换外汇比例（指按可兑换和不可兑换两种货币付款的工程项目），投标商的人力、财力和物力及其拟用于工程的设备等因素，进行评标、定标。采用这种方式可以最大限度地挑起竞争，形成买方市场，使招标人有最充分的挑选余地，取得最有利的成交条件。

国际竞争性招标是目前世界上最普遍采用的成交方式。采用这种方式，业主可以在国际市场上找到最有利于自己的承包商，无论在价格和质量方面，还是在工期及施工技术方面都可以满足自己的要求。按照国际竞争性招标方式，招标的条件由业主（或招标人）决定，因此，订立最有利于业主，有时甚至对承包商很苛刻的合同是理所当然的。国际竞争性招标较之其他方式更能使投标商折服。尽管在评标、选标工作中不能排除种种不光明正大行为，但比起其他方式，国际竞争性招标毕竟因为影响大，涉及面广，当事人不得不有所收敛等等原因而显得比较公平合理。

国际竞争性招标的适用范围如下：

1. 按资金来源划分

根据工程项目的全部或部分资金来源，实行国际竞争性招标主要以下情况：

（1）由世界银行及其附属组织国际开发协会和国际金融公司提供优惠贷款的工程项目；

（2）由联合国多边援助机构和国际开发组织地区性金融机构如亚洲开发银行提供援助性贷款的工程项目；

（3）由某些国家的基金会如科威特基金会和一些政府如日本提供资助的工程项目；

（4）由国际财团或多家金融机构投资的工程项目；

（5）两国或两国以上合资的工程项目；

（6）需要承包商提供资金即带资承包或延期付款的工程项目；

（7）以实物偿付（如石油、矿产或其他实物）的工程项目；

（8）发包国拥有足够的自有资金自己无力实施的工程项目。

2. 按工程性质划分

按照工程的性质，国际竞争性招标主要适用于以下情况：

（1）大型土木工程，如水坝、电站、高速公路等；

（2）施工难度大，发包国在技术或人力方面均无实施能力的工程，如工业综合设施、海底工程等；

（3）跨越国境的国际工程，如非洲公路，连接欧亚两大洲的陆上贸易通道。

（二）国际有限招标

国际有限招标是一种有限竞争招标。较之国际竞争性招标，它有其局限性，即投标人选有一定的限制，不是任何对发包项目有兴趣的承包商都有资格投标。国际有限招标包括两种方式：

1. 一般限制性招标

这种招标虽然也是在世界范围内，但对投标人选有一定的限制。其具体做法与国际竞争性招标颇为近似，只是在更强调投标人的资信，采用一般限制性招标方式也应该在国内外主要报刊上刊登广告，只是必须注明是有限招标和对投标人选的限制范围。

2. 特邀招标

特邀招标即特别邀请性招标。采用这种方式时，一般不在报刊上刊登广告，而是根据招标人自己积累的经验和资料或由资询公司提供的承包商名单，由招标人在征得世界银行或其他项目资助机构的同意后对某些承包商发出邀请，经过对应邀人进行资格预审后，再行通知其提出报价，递交投标书。这种招标方式的优点是经过选择的投标商在经验、技术和信誉方面比较可靠，基本上能保证招标的质量和进度。但这种方式也有其缺点，即由于发包人所了解的承包商的数目有限，在邀请时很可能漏掉一些在技术上和报价上有竞争力的承包商。

国际有限招标是国际竞争性招标的一种修改方式。这种方式通常适用以下情况：

（1）工程量不大，投标商数目有限或其他不宜国际竞争性招标的正当理由，如对工程有特殊要求等；

（2）某些大而复杂的且专业性很强的工程项目，如石油化工项目。可能的投标者很少，准备招标的成本很高。为了节省时间，又能节省费用，还能取得较好的报价，招标可以限制在少数几家合格企业的范围内。以使每家企业都有争取合同的较好机会；

（3）由于工程性质特殊，要求有专门经验的技术队伍和熟练的技工以及专门技术设备，只有少数承包商能够胜任；

（4）工程规模太大，中小型公司不能胜任，只好邀请若干家大公司投标；

（5）工程项目招标通知发出后无人投标，或投标商数目不足法定人数（至少三家），招标人可再邀请少数公司投标。

（三）两阶段招标

两阶段招标方式往往用于以下三种情况：

（1）招标工程内容属高新技术，需在第一阶段招标中博采众议，进行评价，选出最新最优设计方案，然后在第二阶段中邀请选中方案的投标人进行详细的报价；

（2）在某些新型的大型项目承包之前，招标人对此项目的建造方案尚未最后确定，这时可以在第一阶段招标中向投标人提出要求，就其最擅长的建造方案进行报价，或者按其建造方案报价。经过评价，选出其中最佳方案的投标人再进行第二阶段的按其具体方案的详细报价；

（3）一次招标不成功，即所有投标报价超出标底20％以上，只好在现有基础上邀请若干家较低报价者再次报价。

（四）议标

议标亦称邀请协商。就其本意而言，议标乃是一种非竞争性招标。严格说来，这不算一种招标方式，只是一种“谈判合同”。最初，议标的习惯做法是由发包人物色一家承包商直接进行合同谈判，只是在某些工程项目的造价过低，不值得组织招标，或由于其专业为某一家或几家垄断，或因工期紧迫不宜采用竞争性招标，或者招标内容是关于专业咨询、设计和指导性服务或属保密工程，或属于政府协议工程等情况下，才采用议标方式。

随着承包商活动的广泛开展，议标的含义和做法也不断发展和改变。目前，在国际承包实践中，发包单位已不再仅仅是同一家承包商议标，而是同时与多家承包商进行谈判，最后无任何约束地将合同授予其中的一家，无须优先授予报价最优惠者。

议标给承包商带来较多好处，首先，承包商不用出具投标保函。议标承包商无须在一定的期限内对其报价负责；其次，议标毕竟竞争性少，竞争对手不多，因而缔约的可能性较大。议标对于发包单位也不无好处：发包单位不受任何约束，可以按其要求选择合作对象，尤其是发包单位同时与多家议标时，可以充分利用议标的承包商的弱点，以此压彼；利用其担心其他对手抢标、成交心切的心理迫使其降低或降低其他要求条件，从而达到理想的成交目的。

当然，议标毕竟不是招标，竞争对手少，有些工程由于专业性过强，议标的承包商往往是“只此一家，别无分号”，自然无法获得有竞争力的报价。

然而，我们不能不充分注意到议标常常是获取巨额合同的主要手段。综观近十年来国际承包市场的成交情况，国际上225家大承包商公司中的承包公司每年的成交额约占世界总发包额的40％，而他们的合同竟有90％是通过议标取得的，由此可见议标在国际承发包工程中所占的重要地位。

采用议标形式，发包单位同样应采取各种可能的措施，运用各种特殊手段，挑起多家可能实施合同项目的承包商之间的竞争。当然，这种竞争并不象其他招标方式那样必不可少或完全依照竞争法规。

议标通常是在以下情况下采用：

（1）以特殊名义（如执行政府协议）签订承包合同；

（2）按临时签约且在业主监督下执行的合同；

（3）由于技术的需要或重大投资原因只能委托给特定的承包商或制造商实施的合同，这类项目在谈判之前，一般都事先征求技术或经济援助合同双方的意见，近年来，凡是提供经济援助的国家资助的建设项目大多采取议标形式，由受援国有关部门委托给供援国的承包公司实施。这种情况下的议标一般是单向议标，且以政府协议为基础；

（4）属于研究、试验或实验及有待完善的项目承包合同；

（5）项目已付诸招标，但没有中标者或没有理想的承包商。这种情况下，业主通过议标，另行委托承包商实施工程；

（6）出于紧急情况或急迫需求的项目；

（7）秘密工程；

（8）属于国防需要的工程；

（9）已为业主实施过项目且已取得业主满意的承包商重新承担基本技术相同的工程项目。

适用于按议标方式的合同基本如上所列，但这并不意味着上述项目不适用于其他招标方式。

二、世界各地区的习惯做法

从总体上讲，世界各地委托的主要方式可以归纳以下四种，即：世界银行推行的做法；英联邦地区的做法；法语地区的做法；独联体成员国的做法。

（一）世界银行推行的做法

世界银行作为一个权威性的国际多边援助机构，具有雄厚的资本和丰富的组织工程承发包的经验，世界银行以其处理事务公平合理和组织实施项目强调经济实效而享有良好的信誉和绝对的权威。世界银行已积累了四十多年的投资与工程招投标经验，制订了一套完整而系统的有关工程承发包的规定，且被众多边援助机构尤其是国际工业发展组织和许多金融机构以及一些国家政府援助机构视为模式，世界银行规定的招标方式适用于所有由世界银行参与投资或贷款的项目。

世界银行推行的招标方式主要突出三个基本观点：

第一，项目实施必须强调经济效益；

第二，对所有会员国以及端士和中国台湾地区的所有合格企业给予同等的竞争机会；

第三，通过在招标和签署合同时采取优惠措施鼓励借款国发展本国制造商和承包商（评标时，借款国的承包商享受有7.5％的优惠）。

凡有世界银行参与投资或提供优惠贷款的项目，通常采用以下方式发包：

国际竞争性招标（亦称国际公开招标）；

国际有限招标（包括特邀招标）；

国内竞争性招标；

国际或国内选购；

直接购买；

政府承包或自营方式。

世界银行推行的国际竞争性招标要求业主方面公正表述拟建工程的技术要求，以保证不同国家的合格企业能够广泛参与投标。如引用的设备、材料必须符合业主的国家标准，在技术说明书中必要陈述也可以接受其他相等的标准。这样可以消除一些国家的保护主义给招标的工程笼罩的阴影。此外，技术说明书必须以实施的要求为依据。世界银行作为招标的工程的资助者，从项目的选择直至整个实施过程都有权参与意见，在许多关键问题上如受招标条件、采用的招标方式、遵循的工程管理条款等都享受有决定性发言权。

凡按世界银行规定的方式进行国际竞争性招标的工程，必须以国际咨询工程师联合会（FIDIC）制定的条款为管理项目的指导原则，而且承发包双方还要执行由世界银行颁发的三个文件，即：世界银行采购指南；国际土木工程建筑合同条款；世界银行监理指南。世界银行推行的做法已被世界大多数国家奉为模式。无论是世界银行贷款的项目，还是非世界银行贷款的项目，也越来越广泛地效法之。

除了推行国际竞争性招标方式外，在有充足理由或特殊原因情况下，世界银行也同意甚至主张受援国政府采用国际有限招标方式委托实施工程。这种招标方式主要适用于工程额度不大，投标商数目有限或其他不采用国际竞争性招标理由的情况，但要求招标人必须向足够多的承包商索取报价保证竞争的价格。另外，对于某些大而复杂的工业项目如石油化工项目，可能的投标者很少，准备投标的成本很高，为了节省时间，又能取得较好的报价，同样可以采取国际有限招标。

除了上述两种国际性招标外，有些不宜或毋须进行国际招标的工程，世界银行也同意采用国内招标，国际或国内选购、直接购买、政府承包或自营等方式。

（二）英联邦地区的做法

英联邦地区在许多涉外工程项目的承发包方法，基本照搬英国做法。

从经济发展角度看，大部分英联邦成员国属于发展中国家，这些国家的大型工程通常求援于世界银行或国际多边援助机构的要求，也就是说要按世界银行的做法发包工程，但是他们始终保留英联邦地区的传统特色，即以改良的方式实行国际竞争性招标，他们在发行招标文件时，通常将已发给文件的承包商数目通知投标人，使其心里有数，避免盲目投标。英国土木工程师协会（ICE）合同条件常设委员会认为：国际竞争性招标浪费时间和资金，效率低下，常常以无结果而告终，导致很多承包商白白浪费钱财和人力。他们不欣赏这种公开的招标，相比之下，选择性招标即国际有限招标则在各方面都能产生最高效益和经济效益。因此英联邦地区所实行的主要招标方式是国际有限招标。

实行国际有限招标通常按以下步骤：

（1）对承包商进行资格预审，以编制一份有资格接受邀请书的公司名单。被邀请参加预审的公司提交其适用该类工程所在地区周围环境的有关经验的详情，尤其是承包商的财务状况，技术和组织能力及一般经验和履行合同的记录。

（2）招标部门保留一份常备的经批准的承包商名单。这份常备名单并非一成不变，根据实践中对新老承包商的了解加深，不断更新，这样可使业主在拟定委托项目时心中有数。

（3）规定预选投标者的数目，一般情况下，被邀请的投标者数目为4～8家，项目规模越大，邀请的投标者越少，在投标竞争中强调完全公平的原则。

（4）初步调查。在发出标书之前，先对其保留的名单上的拟邀请的承包商进行调查。一旦发现某家承包商无意投标，立即换上名单中的另一家代替之，以保证所要求投标者的数目。英国土木工程师协会认为承包商谢绝邀请是负责任的表现。这一举动并不会影响其将来的投标机会，在初步调查过程中，招标单位应对工程进行详细介绍，使可能的投标人能够估量工程的规模和造价概算，所提供的信息应包括场地位置、工程性质、预期开工日、指出主要工程量，并提供所有的具体特征的细节。

（三）法语地区的招标方式

与世界大部分地区的招标做法有所不同，法语地区的招标有两大方式：拍卖式和询价式。

1. 拍卖式招标

拍卖式招标的最大特点是以报价作为判断的唯一标准，其基本原则是自动判标；即在投标人的报价低于招标人规定的标底价的条件下，报价最低者得标。当然招标人必须具备前提条件，就是在开标前业主已取得招标资格，这种做法与商品销售中减价拍卖颇为相似，即招标人以最低价向投标人买得工程。只是工程拍卖比商品拍卖要复杂得多。

拍卖式招标一般适用于简单工程或者工程内容已完全确定，不会发生变化，并且技术的高低不会影响对于承包商的选择等情况下的项目。如果工程性质复杂，选择承包商除根据价格标准外，还必须参照其他标准如技术、投资、工期、外汇支付比例等条件，否则，则工程不宜用这种方法。

拍卖式招标必须公开宣布各家投标商的报价。如果至少有一家报价低于标底，必须宣布受标；若报价全部超过受标极限，即超过标底的20％，招标单位有权宣布废标，在废标情况下，招标单位可对原招标条件作某些修改，再重新招标。

鉴于工程承包合同分总价合同和单价合同，因而投标商报价同样也有报总价和报单价两种情况。这就决定了标底也必须是两种形式，即总价标底和单价标底。总价标底系指招标单位根据工程性质、条件及工程量等各种因素计算出的工程总价，即可接受的最高总价（即使在特殊情况下，也不得超过这个标底的20％），单价标底有两种情况：

第一　招标单位规定投标承包商必须以某一特定的同业价目表或单价表为基础，投标商报出其降低数或降低百分比；这种情况下，标底为业主要求的最少降价数或最少降低的百分比。

第二　招标单位不规定任何基础价，但确定工程量，由投标人报出工程的各项单价。这种情况下，标底类似于总价标底，即业主可接受的最高单价。不过，由于承包工程的内容极为繁杂，逐项确定标底非常麻烦。因此这种情况比较少见。故单价合同的招标项目都采用减价判断办法，即前一种办法。

拍卖式招标其范围可分为公开拍卖招标和有限拍卖招标；按判断依据则分为总价拍卖招标和单价拍卖招标。

（1）公开拍卖招标

公开拍卖招标即所有承包商均可投标，但参加者不一定都取得投标资格。招标办公室开标前有权决定并排除其认为不具备得标资格或能力的若干家投标者。采取这一措施可大大减缓竞争的激烈程度，有利于自动判标，增加了竞争力弱或投资条件差但报价低的承包公司的得标机会。

公开拍卖招标包括三个必不可少的阶段：

①通过广告渠道或官方报纸的告示栏或其他广告手段发布招标广告或招标通知；

②由标书审查委员会当众开标；

③向最低报价者宣布临时受标。

临时中标人并不一定是最终获取合同者，因为临时中标后，评标委员会尚须对投标报价进行详细复审，而这一复审工作不可能当场做完。因此招标细则中通常明文规定标书复审期（一般为 10 天）。如果经过复审发现错评得标人，评标委员会应在复审期满之前通知临时得标人和新判得标人。

如果当众开标时没有临时中标人，即没有一家报价低于可接受极限，则在招标细则中已有规定的前提条件下，评标委员会主席可以要求有投标资格的投标人当场重新报价，如果最低报价仍然高于可接受极限，不得进行第二次当场报价，评标工作只好到此结束，由招标单位负责人宣布本次招标作废，而后再进行重新招标或议标。

（2）有限拍卖招标

同国际上通行的有限招标一样，法语地区的不少项目也由于资金来源或因技术上的特别需要而采取有限拍卖招标。有限拍卖招标的选择范围和对投标商的资格要求与世界各地一样，只是在具体做法上稍有区别。

一般情况下，招标人在发出招标广告或通知之前，先成立一个投标人接纳委员会。绝大多数情况下，这个委员会即是后来的评标委员会。该委员会根据项目投资背景及技术要求，对要求参加投标的公司进行资格审查，这项工作亦称为资格预审。只有经过投标人接纳委员会认可的候选人方可参加投标。这种方式也称为邀标。

有限拍卖招标也分为一般有限性和特殊邀请性拍卖招标即特邀招标。

有限拍卖招标的通知发行办法同世界通行的有限招标一样。

有限拍卖招标要求遵循特定的条件和步骤：

项目负责人在招标细则和招标通知中规定投标候选人需在投标之前提交的材料。要求参加投标的承包商必须向招标通知中指定的项目负责人递交投标申请，并附上要求的材料（即资格预审材料）。

投标人接纳委员会在招标通知规定的资格审查期间进行审查工作，并通知被认可和被淘汰的公司（无须向被淘汰的公司讲述淘汰原因），发给认可的投标公司的通知中要写明招标文件的购取地点，有时还要标明招标文件的价格，投标的截止日期，评标地点、日期及时间等。

被认可的投标公司在寄送投标信函时须附上投标接纳委员会发予的投标资格认可通知书。

有限拍卖招标的其他步骤及评标直至签约程序和要求与公开拍卖招标完全一样。

有限拍卖招标的整个过程分为两个阶段：

第一阶段：业主单位发出有限拍卖招标通知，要求愿意投标的公司提出申请，投标人接纳委员会进行资格预审并确立被认可的投标公司名单，向被认可的和被淘汰的申请投标公司发出通知；

第二阶段：被认可的投标公司进行投标报价；评标委员会进行公开评标，并临时受标，有限拍卖招标的评标程序同公开拍卖招标一样。

2. 询价式招标

询价式招标是法语地区国家工程发包单位招揽承包商参加竞争以委托实施工程的另一种方式，也是法语地区的工程承发包的主要方式。

询价式招标比拍卖式招标要灵活得多。按照询价式招标，投标人可以根据通知要求提出方案，从而使招标人有充分的选择余地。

询价式招标的工程项目一般比较复杂，规模较大，涉及面广，不仅要求承包商报价优惠，而且在其他诸如技术、工期及外汇支付比例等方面也有较严格的要求。

法语地区的询价式招标与世界银行所推行的竞争性要求做法大体相似。

询价式招标可以是公开询价式招标，也可以在有限范围内进行，即有限询价式招标；可以采取竞赛形式即带设计竞赛形式，也可以采取非竞赛形式。

公开询价式招标系指公开邀请承包商参加竞标报价，而有限询价式招标则仅仅是招标单位选定的承包公司参加竞标。

招标人有权决定采取公开询价式还是有限询价式招标，可以要求投标人报单价或报总价。

不管是公开询价式还是有限询价式招标，其开标方式都是秘密的。这也是法语地区招标与众不同之处。

（1）公开询价式招标

按照公开询价式招标方式，世界各地的对招标项目感兴趣的承包商均有资格参加投标报价。

（2）有限询价式招标

同国际通行的有限招标做法一样，法语地区的工程询价式招标有时也采取有限形式，即招标人只有在一个特定的范围内邀请投标人报价或者采取特邀办法询价。其具体做法同国际有限招标大体相似，通常要求承包商先提出投标资格认可申请并报送资格预审材料。

发起有限询价式招标的招标人，有权根据待发包项目的规模、工程性质、技术要求等因素决定邀请报价人选。被邀请报价的投标人可以是业主已经了解的承包商（或者已同业主签订过合同，或者已参加过业主招标项目的投标），也可以是申请参加本次投标的新承包公司。

有限询价式招标是一种特殊的工程发包形式，只适用于以下情况：

①由于工程的性质复杂、施工难度大、需要大量施工机械等因素而决定该工程只能由少数有能力的承包公司实施；

②业主完全了解其特邀的承包公司的施工能力、质量水平及信誉等。

除以上情况下，工程发包一般都采取拍卖方式招标（公开或有限）或公开询价式招标。

（3）包括设计竞赛的询价式招标

有些项目鉴于技术、外型及投资条件等方面的特殊要求，招标单位往往采取竞赛性询价式招标授予合同。

竞赛性询价式招标也是一种常见的合同成交方式。它与工程询价式招标所不同的是增加了竞赛内容，其具体做法是：招标单位首先制定设计任务书，指出待实施项目应满足的需求，有时还规定该项目投资的最大额度和项目的特征，以及有关方面的要求和项目的内容等。然后，业主通过广告渠道或官方报纸的公共工程广告栏发出竞赛性询价式招标通知。

招标人制定的竞赛性询价招标书中没有工程量及价格清单，也没有详细概算书和特别说明书或专用条件，只有设计任务书。该设计任务书中一般写有特别说明书中行政管理条款，此外还有两项条款：

第一，规定提供参赛者的设计任务书的寄送条件及有关辅助文件（图纸、地质尤其是钻探资料，项目所在地区的正常工资清单），以及设计方案及投标书寄送要求等；

第二，规定参赛报价承包公司应对招标人承担报价责任的期限。

有关竞赛性询价式招标的具体要求条件一般都在其通知中规定。这种形式的询价可以是公开的，也可以在有限范围内进行。

采用竞赛性询价方式招标有不少好处；首先承包商负责项目设计，从而为业主承担了精神责任；其次，通过竞赛广开思路，集中智慧，从而，有利于大胆独创。

这种形式的合同常见于可采用多种办法实施且需要使用大量机械和高超的施工手段的公共工程和有特殊要求的工程。

（四）独联体地区的做法

随着经济体制的改革，近年来东欧各国开始委托国际承包商实施工程。但由于这些国家长期实行高度集中的计划管理体制，加之其建设资金的严重匮乏，其招标做法与其他地区差别甚大。除了极少国家重点工程或个别有外来资金援助的工程采取国际公开招标或有限招标外，绝大多数工程都是采取议标做法。所委托工程很少采用交钥匙办法，大多数是采取劳务承包，少数工程采取包工包料，个别工程采取包设计包施工。独联体各国发包工程通常是由各种对外经济联合公司出面与外国承包商签约。不过外国承包公司仅仅作为承包商的合作者参与实施工程。外国承包商可以完成单项工程，包括提供必要的设备、商品和劳务，一般不能承揽整个工程。通常情况下，当地总承包组织根据承包合同，按规定的数量、期限和条件向外国公司提供物资、技术、机器、设备和临时设施，及时完成合同规定的生产性和非生产性项目建设，并对竣工的工程质量负责。

独联体各国对外招标工程通常是由拥有对外经营权的企业或公司根据其需要和支付手段决定选择国际合作伙伴。通过谈判，达成委托实施工程的意向书，进而签订承包合同。

1989年8月，前苏联对外经济联络部和前苏联工商会批准并公布了《苏联组织和实施合作项目国际招标的试行办法》，该办法明确了在其国家境内实施国际招标的原则，强调在竞争基础上选择承包，规定选择在标价及其他商业和技术条件方面最为有利的投标者签订合同；要求在由发包者同对外经济联合组织签订的经济协议的基础上进行招标。其招标文件的内容与国际上通过的招标规定一样，要求外国公司用外汇购取招标文件，投标者必须缴纳抵押金，中标后押金计入合同金额；投标人在报价时应考虑到供货条件固定不变，签约前后均无须复议。

该办法还规定当地组织优先参与完成项目工程。

虽然前苏联已制定国际招标办法，但在承发包实践中却很少按照该办法办，尤其是前苏联已经解体，各共和国独立后纷纷制订各自的法律，而且各种各样的发包办法和组织很多，各自按照自己的习惯方法发包，招标方式五花八门。由于前苏联长期不参与国际承包，也几乎不向国外发包，各级负责人都没有国际惯例意识，也不愿意参照国际上的通行做法，办事随意性大，即使是对工程造价，也无统一标准。在授予合同及对合同的管理方面，常带有随意性。

由于独联体国家对发包工程的支付多采用实物偿付办法。因此在签订承包合同时，还应附签一份供货合同附件。

除独联体成员国以外的其他东欧国家由于体制改革较早，目前经济秩序已趋向正常，对外工程承发包也逐渐参照国际通行做法。但多数还是采用议标。

第五章　工程项目投标

第一节　概　述

一、投标人及其条件

投标人是响应招标、参加投标竞争的法人或者其他组织。投标人应具备下列条件。

（1）投标人应具备承担招标项目的能力；国家有关规定或者招标文件对投标人资格条件有规定的，投标人应当具备规定的资格条件。

（2）投标人应当按照招标文件的要求编制投标文件，投标文件应当对招标文件提出的要求和条件作出实质性响应。

投标文件的内容应当包括拟派出的项目负责人与主要技术人员的简历、业绩和拟用于完成招标项目的机械设备等。

（3）投标人应当在招标文件所要求提交投标文件的截止时间前，将投标文件送达投标地点。招收人收到投标文件后，应当签收保存，不得开启。

招标人对招标文件要求提交投标文件的截止时间后收到的投标文件，应当原样退还，不得开启。

（4）投标人在招标文件要求提交投标文件的截止时间前，可以补充、修改或者撤回已提交的投标文件，并书面通知招标人。补充、修改的内容为投标文件的组成部分。

（5）投标人根据招标文件载明的项目实际情况，拟在中标后将中标项目的部分非主体、非关键性工作交由他人完成的，应当在投标文件中载明。

（6）两个以上法人或者其他组织可以组成一个联合体，以一个投标人的身份共同投标。

联合体各方均应当具备承担招标项目的相应能力；国家有关规定或者招标文件对投标人资格条件有规定的，联合体各方均应当具备规定的相应资格条件。由同一专业的单位组成的联合体，按照资质等级较低的单位确定资质等级。联合体各方应当签订共同投标协议，明确约定各方拟承担的工作和相应的责任，并将共同投标协议连同投标文件一并提交招标人。联合体中标的联合体各方应当共同与招标人签订合同，就中标项目向招标人承担连带责任，但是共同投标协议另有约定的除外。

招标人不得强制投标人组成联合体共同投标，不得限制投标人之间的竞争。

（7）投标人不得相互串通投标报价，不得排挤其他投标人的公平竞争，损害招标人或者他人的合法权益。

（8）投标人不得以低于合理预算成本的报价竞标，也不得以他人名义投标或者以其他方式弄虚作假，骗取中标。

所谓合理预算成本，即按照国家有关成本核算的规定计算的成本。

二、投标的组织

进行工程投标，需要有专门的机构和人员对投标的全部活动过程加以组织和管理，实践证明，建立一个强有力的、内行的投标班子是投标获得成功的根本保证。

在工程承包招标投标竞争中，对于业主来说，招标就是择优。由于工程的性质和业主的评价标准的不同，择优可能有不同的侧重面，但一般包含如下 4 个主要方面：

（1）较低的价格；

（2）先进的技术；

（3）优良的质量；

（4）较短的工期。

业主通过招标，从众多的投标者中进行评选，既要从其突出的侧重面进行衡量，又要综合考虑上述 4 个方面的因素，最后确定中标者。

对于投标人来说，参加投标就面临一场竞争。不仅比报价的高低，而且比技术、经验、实力和信誉。特别是在当前国际承包市场上，越来越多的是技术密集型工程项目，势必要给投标人带来两方面的挑战。一方面是技术上的挑战，要求投标人具有先进的科学技术，能够完成高、新、尖、难工程；另一方面是管理上的挑战，要求投标人具有现代先进的组织管理水平。

为迎接技术和管理方面的挑战，在竞争中取胜，投标人的投标班子应该由如下三种类型的人才组成：一是经营管理类人才；二是技术专业类人才；三是商务金融类人才。

所谓经营管理类人才，是指专门从事工程承包经营管理、制定和贯彻经营方针与规划、负责工作的全面筹划和安排具有决策水平的人才。为此，这类人才应具备以下基本条件：

（1）知识渊博、视野广阔。经营管理类人员必须在经营管理领域有造诣，对其他相关学科也应有相当知识水平。只有这样，才能全面地、系统地观察和分析问题。

（2）具备一定的法律知识和实际工作经验。该类人员应了解我国，乃至国际上有关的法律和国际惯例，并对开展投标业务所应遵循的各项规章制度有充分的了解。同时，丰富的阅历和实际工作经验，可以使投标人员具有较强的预测能力和应变能力，对可能出现的各种问题进行预测并采取相应的措施。

（3）必须勇于开拓，具有较强的思维能力和社会活动能力。渊博的知识和丰富的经验，只有和较强的思维能力结合，才能保证经营管理人员对各种问题进行综合、概括、分析，并作出正确的判断和决策。此外，该类人员还应具备较强的社会活动能力，积极参加有关的社会活动，扩大信息交流，不断地吸收投标业务工作所必需的新知识和情报。

（4）掌握一套科学的研究方法和手段，诸如科学的调查、统计、分析、预测的方法。

所谓专业技术人才，主要是指工程及施工中的各类技术人员，诸如建筑师、土木工程师、电气工程师、机械工程师等各类专业技术人员。他们应拥有本学科最新的专业知识，具备熟练的实际操作能力，以便在投标时能从本公司的实际技术水平出发，考虑各项专业实施方案。

所谓商务金融类人才，是指具有金融、贸易、税法、保险、采购、保函、索赔等专业知识的人才。财务人员要懂税收、保险、涉外财会、外汇管理和结算等方面的知识。

以上是对投标班子三类人员个体素质的基本要求。一个投标班子仅仅做到个体素质良好，往往是不够的，还需要各方的共同参与，协同作战，充分发挥群体的力量。

除上述关于投标班子的组成和要求外，一个公司还需注意：保持投标班子成员的相对稳定，不断提高其素质和水平，对于提高投标的竞争力至关紧要；同时，逐步采用或开发有关投标报价的软件，使投标报价工作更加快速、准确。如果是国际工程（包含境内涉外工程）投标，则应配备懂得专业和合同管理的外语翻译人员。

三、工程联合承包的方式

联合承包，对于那些工程规模巨大或技术复杂，以及承包市场竞争激烈，而由一家公司总承包有困难的项目，可以由几家工程公司联合起来承包，以发挥各公司的特长和优势，降低报价，提高工程质量，缩短工期，赢得竞争能力。联合承包，可以是同一国家或地区的公司的国内联合，也可以是国际性的联合，即几个不同国家或地区的公司的联合；或是外国公司与工程项目所在国的公司进行联合。

国内联合，符合我国对外承包和劳务合作的"统一计划、统一政策、联合对外"的基本方针。

统一计划、统一政策、联合对外，是我国对外开展承包和劳务合作的一项重要方针。其目的之一就是要避免几家公司相互竞争，相互压价，损害国家和民族利益。

国际联合，是我国公司参与国际工程联包的主要手段之一。发生国际联合承包的契机是：

（1）必须与当地公司联合承包。有的国家规定，外国公司在本国经营工程承包必须与本国公司联合承包，以保护本国承包商利益，也促进本国公司技术及管理水平的提高。

（2）一家公司难以独立经营。由于工程量巨大，项目繁多；技术复杂；投资多等原因，一家公司难以独立经营。

（3）发挥联营各方优势，增强竞争力。如外国公司与当地公司联营，前者发挥自己的技术或管理专长，利用自己的声誉；后者利用自己对本国各项法律、法规熟悉，及在当地的社会关系和渠道，共同追求高经济效益。

国际联合承包的主要方式有：

（1）工程项目合营公司。这种公司仅限于某一项特定工程项目，由国家国际工程承包公司进行联合承包。该项工程承包任务结束，清理完合营期间的财务帐目，或者该项工程承包联合投标失败，这项合营也就终结。因此，它是一种松散型的联合。由于这种方式仅限于一项工程，风险相对较小；关于积累、管理、期限等问题也较易协商达成一致，易于处理。因而，它是比较常见的一种联合承包方式。单项工程合营可以按投资比例联合，也可以就该项承包中的义务和职责进行分工，并据此分享权利、利润和分担风险。项目总管理由双方共同组成管理机构负责。在投标方面，属于联合投标，需注意的是：对于中标后按单项工程分别承包的合作关系，双方往往对自己负责的标价部分提出高价，要求对方报价压低。为此，事先应商定双方报价方法，以减少矛盾。

（2）合资公司。合资公司是由两个或几个公司共同出资成立具有法人资格的承包公司，属于紧密型的联合。这种合资公司具有长远的目标，不是为承包某一项具体工程而组织的。因此，组织这种公司的各方都应当十分谨慎。在合资前应当对政治形势、经济状况、各方的资信情况、注册国的政策法律对投资的保障，各类风险和经济效益等进行切实的调查分析，并研究其发展前景。另外，还要研究和拟订完善的合资公司章程，办理各种合法的手续。

合资公司的组成方式有：

1）由一家外国公司与当地公司联合组建合资公司，在当地注册取得法人资格；

2）由一家外国公司与当地公司联合组建合资公司，到第三国注册取得第三国的法人资格，但可利用原当地公司的便利条件开展活动；

3）由两个以上不同国家的公司组合为合资公司，在第三国承包工程项目；

4）由一家外国公司购买当地公司股权，使其成为国际公司的控股公司，在当地承包工程。

不论以什么方式组建，上述这些合资公司已是独立于原公司的一个新的具有法人地位的公司，可以该公司名义统一对外投标和承包工程，与业主签订合同。

（3）联合集团。是由两家或多家联合在一起投标和承包一项乃至多项工程。

有些国家并不严格要求以联合集团名义注册成为独立的法人，只要求参加联合的各公司分别具有法人资格即可。

联合集团是一种松散型的联合。各个参加的公司在其分工负责的范围内具有相对的独立性。可以各成员公司的特长和自愿进行分工，并实施工程。各成员公司的义务、权利和责任都订在联合集团的章程中。正是这种松散的特点，在国际工程承包中这种形式的联合更为多见，其成功的范例也很多。

国际联合承包工程带来了劳务、资本和科学技术的国际协作。从宏观来看，它有助于促进有关各国的经济往来和密切关系；从微观来看，有助于各公司取长补短，争取中标和盈利。

第二节　投　标　程　序

一、投标程序

已经具备投标资格并愿意投标的投标人，可以按照图 5-1 投标工作程序图所列步骤进行投标。其中主要内容将在本章以下各节中重点说明。

二、投标过程

投标过程是指从填写资格预审表开始，到将正式投标文件送交业主为止所进行的全部工作。这一阶段工作量很大，时间紧迫，一般需要完成下列各项工作：

（1）填写资格预审调查表，申报资格预审。

（2）购买招标文件（当资格预审通过后）。

（3）组织投标班子。

（4）进行投标前调查与现场考察。

（5）选择咨询单位。

（6）分析招标文件，校核工程量，编制施工规划。

（7）工程估价，确定利润方针，计算和确定报价。

（8）编制投标文件。

（9）办理投标担保。

（10）递送投标文件。

下面分别介绍投标过程中的各个步骤。

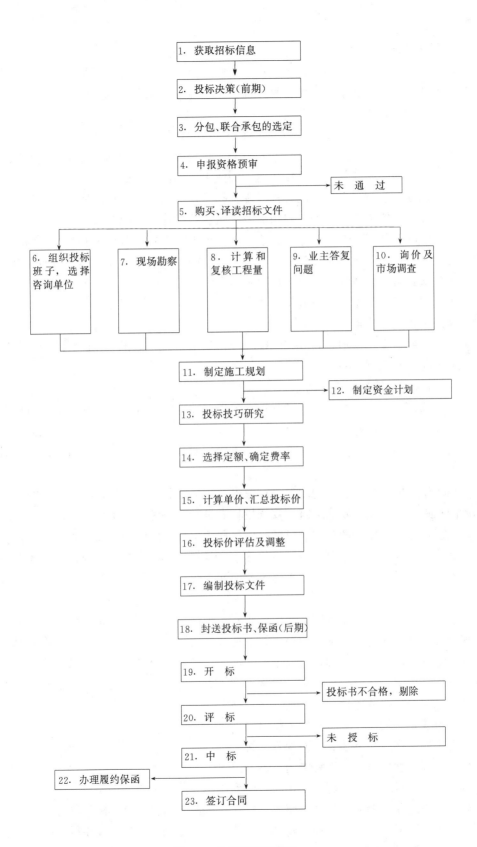

图 5-1 投标工作程序图

（一）资格预审

资格预审能否通过是承包商投标过程中的第一关。有关资格预审文件的要求、内容以及资格预审评定的内容在第四章中已有详细介绍。这里仅就投标人申报资格预审时注意的事项作一介绍。

首先，应注意平时对一般资格预审的有关资料的积累工作，并储存在计算机内，到针对某个项目填写资格预审调查表时，再将有关资料调出来，并加以补充完善。如果平时不积累资料，完全靠临时填写，则往往会达不到业主要求而失去机会。

其次，加强填表时的分析，既要针对工程特点，下功夫填好重点部位，又要反映出本公司的施工经验、施工水平和施工组织能力。这往往是业主考虑的重点。

第三，在投标决策阶段，研究并确定今后本公司发展的地区和项目时，注意收集信息，如果有合适的项目，及早动手作资格预审的申请准备。可以参照第四章介绍的亚洲开发银行的评分办法给自己公司评分。这样可以及早发现问题。如果发现某个方面的缺陷（如资金、技术水平、经验年限等）不是本公司自知可以解决者，则应考虑寻找适宜的伙伴，组成联营体来参加资格预审。

第四，作好递交资格预审表后的跟踪工作，如果是国外工程可通过当地分公司或代理人，以便及时发现问题，补充资料。

（二）投标前的调查与现场考察

这是投标前极其重要的一步准备工作。如果在前述的投标决策的前期阶段对拟去的地区进行了较为深入的调查研究，则拿到招标文件后就只需进行有针对性的补充调查了。否则，应进行全面的调查研究。如果是去国外投标，拿到招标文件后再进行调研，则时间是很紧迫的。

现场考察主要指的是去工地现场进行考察，招标单位一般在招标文件中要注明现场考察的时间和地点，在文件发出后就应安排投标者进行现场考察的准备工作。

施工现场考察是投标者必须经过的投标程序。按照国际惯例，投标者提出的报价单一般被认为是在现场考察的基础上编制报价的。一旦报价单提出之后，投标者就无权因为现场考察不周，情况了解不细或因素考虑不全面而提出修改投标、调整报价或提出补偿等要求。

现场考察既是投标者的权利又是他的职责。因此，投标者在报价以前必须认真地进行施工现场考察，全面地、仔细地调查了解工地及其周围的政治、经济、地理等情况。

现场考察之前，应先仔细地研究招标文件，特别是文件中的工作范围、专用条款，以及设计图纸和说明，然后拟定出调研提纲，确定重点要解决的问题，做到事先有准备，因有时业主只组织投标者进行一次工地现场考察。

现场考察费用均由投标者自费进行。

进行现场考察应从下述五方面调查了解：

（1）工程的性质以其他工程之间关系。

（2）投标人投标的那一部分工程与其他承包商或分包商之间的关系。

（3）工地地貌、地质、气候、交通、电力、水源等情况，有无障碍物等。

（4）工地附近有无住宿条件，料场开采条件，其他加工条件，设备维修条件等。

（5）工地附近治安情况。

（三）分析招标文件、校核工程量、编制施工规划

（1）分析招标文件。招标文件是投标的主要依据，因此应该仔细地分析研究。研究招标文件，重点应放在投标者须知、合同条件、设计图纸、工程范围以及工程量表上，最好有专人或小组研究技术规范和设计图纸，弄清其特殊要求。

（2）校核工程量。对于招标文件中的工程量清单，投标者一定要进行校核，因为它直接影响投标报价及中标机会，例如当投标人大体上确定了工程总报价之后，对某些项目工程量可能增加的，可以提高单价；而对某些项目工程量估计会减少的，可以降低单价。

如发现工程量有重大出入的，特别是漏项的，必要时可找招标人核对，要求招标人认可，并给予书面证明，这对于总价固定合同，尤为重要。

（3）编制施工规划。该工作对于投标报价影响很大。

在投标过程中，必须编制全面的施工规划，但其深度和广度都比不上施工组织设计。如果中标，再编制施工组织设计。

施工规划的内容，一般包括施工方案和施工方法、施工进度计划、施工机械、材料、设备和劳动力计划，以及临时生产、生活设施。制定施工规划的依据是设计图纸，执行的规范，经复核的工程量，招标文件要求的开工、竣工日期以及对市场材料、机械设备、劳力价格的调查。编制的原则是在保证工期和工程质量的前提下，如何使成本最低，利润最大。

①选择和确定施工方法。根据工程类型，研究可以采用的施工方法。对于一般的土方工程、混凝土工程、房建工程、灌溉工程等比较简单的工程，可结合已有施工机械及工人技术水平来选定实施方法，努力做到节省开支，加快进度。

对于大型复杂工程则要考虑几种施工方案，进行综合比较。如水利工程中的施工导流方式，对工程造价及工期均有很大影响，投标人应结合施工进度计划及能力进行研究确定。又如地下工程（开挖隧洞或洞室），则要进行地质资料分析，确定开挖方法（用掘进机，还是钻孔爆破法……）确定支洞、斜井、竖井数量和位置，以及出渣方法、通风方式等。

②选择施工设备和施工设施，一般与研究施工方法同时进行。在工程估价过程中还要不断进行施工设备和施工设施的比较，利用旧设备还是采购新设备，在国内采购还是在国外采购，须对设备的型号、配套、数量（包括使用数量和备用数量）进行比较，还应研究哪些类型的机械可以采用租赁办法，对于特殊的、专用的设备折旧率须进行单独考虑，订货设备清单中还应考虑辅助和修配机械以及备用零件，尤其是订购外国机械时应特别注意这一点。

③编制施工进度计划。编制施工进度计划应紧密结合施工方法和施工设备。施工进度计划中应提出各时段应完成的工程量及限定日期。施工进度计划是采用网络进度计划还是线条进度计划，根据招标文件要求而定。在投标阶段，一般用线条进度即可满足要求。

（四）投标报价的计算

投标报价计算包括定额分析、单价分析、计算工程成本、确定利润方针，最后确定标价。这部分内容将在第六章详细分析。

（五）编制投标文件

编制投标文件也称填写投标书，或称编制报价书。

投标文件应完全按照招标文件的各项要求编制。一般不能带任何附加条件，否则将导致投标作废。

（六）准备备忘录提要

招标文件中一般都有明确规定,不允许投标者对招标文件的各项要求进行随意取舍、修改或提出保留。但是在投标过程中,投标人对招标文件反复深入地进行研究后,往往会发现很多问题,这些问题大体可分为三类:

第一类是对投标人有利的,可以在投标时加以利用或在以后提出索赔要求的,这类问题投标者一般在投标时是不提的。

第二类是发现的错误明显对投标人不利的,如总价包干合同工程项目漏项或是工程量偏少的,这类问题投标人应及时向业主提出质疑,要求业主更正。

第三类问题是投标者企图通过修改某些招标文件和条款或是希望补充某些规定,以使自己在合同实施时能处于主动地位的问题。

上述问题在准备投标文件时应单独写成一份备忘录提要。但这份备忘录提要不能附在投标文件中提交,只能自己保存。第三类问题留待合同谈判时使用,也就是说,当该投标使招标人感兴趣,邀请投标人谈判时,再把这些问题根据当时情况,一个一个地拿出来谈判,并将谈判结果写入合同协议书的备忘录中。

（七）递送投标文件

递送投标文件也称递标。是指投标人在规定的截止日期之前,将准备妥的所有投标文件密封递送到招标单位的行为。

对于招标单位,在收到投标人的投标文件后,应签收或通知投标人已收到其投标文件,并记录收到日期和时间;同时,在收到投标文件到开标之前,所有投标文件均不得启封,并应采取措施确保投标文件的安全。

关于投标文件的内容详见本章第五节。

除了上述规定的投标书外,投标者还可以写一封更为,使之详细的致函,对自己的投标报价作必要的说明,以吸引招标人、咨询工程师和评标委员会对递送这份投标书的投标人感兴趣和有信心。例如,关于降价的决定,说明编完报价单后考虑到同业主友好的长远合作的诚意,决定按报价单的汇总价格无条件地降低某一个百分比,即总价降到多少金额,并愿意以这一降低后的价格签订合同。又如若招标文件允许替代方案,并且投标人又制定了替代方案,可以说明替代方案的优点,明确如果采用替代方案,可能降低或增加的标价。还应说明愿意在评标时,同业主或咨询公司进行进一步讨论,使报价更为合理,等等。

第三节　投标决策

一、投标决策的含义

投标人通过投标取得项目,是市场经济条件下的必然。但是,作为投标人来,并不是每标必投,因为投标人要想在投标中获胜,即中标得到承包工程,然后又要从承包工程中赢利,就需要研究投标决策的问题。所谓投标决策,包括三方面内容:其一,针对项目招标是投标,或是不投标;其二,倘若去投标,是投什么性质的标;其三,投标中如何采用以长制短,以优胜劣的策略和技巧。投标决策的正确与否,关系到能否中标和中标后的效益;关系到施工企业的发展前景和职工的经济利益。因此,企业的决策班子必须充分认识到投标决策的重要意义,把这一工作摆在企业的重要议事日程上。

二、投标决策阶段的划分

投标决策可以分为两阶段进行。这两阶段就是投标决策的前期阶段和投标决策的后期阶段。

投标决策的前期阶段必须在购买投标人资格预审资料前后完成。决策的主要依据是招标广告，以及公司对招标工程、业主情况的调研和了解的程度，如果是国际工程，还包括对工程所在国和工程所在地的调研和了解程度。前期阶段必须对投标与否做出论证。通常情况下，下列招标项目应放弃投标：

(1) 本施工企业主管和兼营能力之外的项目；

(2) 工程规模、技术要求超过本施工企业技术等级的项目；

(3) 本施工企业生产任务饱满，则招标工程的盈利水平较低或风险较大的项目；

(4) 本施工企业技术等级、信誉、施工水平明显不如竞争对手的项目。

如果决定投标，即进入投标决策的后期，它是指从申报资格预审至投标报价（封送投标书）前完成的决策研究阶段。主要研究倘若去投标，是投什么性质的标，以及在投标中采取的策略问题。

按性质分，投标有风险标和保险标；按效益分，投标有盈利标和保本标。

风险标：明知工程承包难度大、风险大，且技术、设备、资金上都有未解决的问题，但由于队伍窝工，或因为工程盈利丰厚，或为了开拓新技术领域而决定参加投标，同时设法解决存在的问题，即是风险标。投标后，如问题解决得好，可取得较好的经济效益，可锻炼出一支好的施工队伍，使企业更上一层楼；解决得不好，企业的信誉就会受到损害，严重者可能导致企业亏损以至破产。因此，投风险标必须审慎从事。

保险标：对可以预见的情况从技术、设备、资金等重大问题都有了解决的对策之后再投标，谓之保险标。企业经济实力较弱，经不起失误的打击，则往往投保险标。当前，我国施工企业多数都愿意投保险标，特别是在国际工程承包市场上投保险标。

盈利标：如果招标工程既是本企业的强项，又是竞争对手的弱项；或建设单位意向明确；或本企业任务饱满，利润丰厚，才考虑让企业超负荷运转时，此种情况下的投标，称投盈利标。

保本标：当企业无后继工程，或已经出现部分窝工，必须争取中标。但招标的工程项目本企业又无优势可言，竞争对手又多，此时，就是投保本标，至多投薄利标。

需要强调的是在考虑和作出决策的同时，必须牢记招标投标活动应当遵循公开、公平、公正和诚实信用的原则，按照《招标投标法》规定；投标人相互串通投标报价，排挤其他投标人的公平竞争，损害招标人，其他投标人的合法权益的；或者投标人与招标人串通投标，损害国家利益、社会公共利益或者他人合法权益的，中标无效，处中标项目金额 5‰ 以上 10‰ 以下的罚款，对单位直接负责的主管人员和其他直接责任人员处单位罚款数额 5% 以上 10% 以下的罚款；有违法所得的，并处没收违法所得；情况严重的，取消其一年至二年内参加依法必须进行招标的项目的投标资格并予以公告，直至由工商行政管理机关吊销营业执照；构成犯罪的，依法追究刑事责任。给他人造成损失的，依法承担赔偿责任。投标人以低于合理预算成本的报价竞标的责令改正；有违法得所的，处以没收违法所得；已中标的，中标无效。投标人以他人名义投标或者以其他方式弄虚作假，骗取中标的，中标无效，处中标项目金额 5‰ 以上 10‰ 以下的罚款，对单位直接负责的主要人员和其他直接责任人员处单位罚款数额 5％以上 10％以下的罚款；有违法所得的，并处没收违法所得；情况严重的，取消其一年至三年内参加依法必须进行招标的项目的投标资格并予以公告，直至由工商行政管理机关吊销营业执照；构成犯罪的，依法追究刑事责任。

三、影响投标决策的主观因素

"知彼知己，百战不殆。"工程投标决策研究就是知彼知己的研究。这个"彼"就是影响投标决策的客观因素，"己"就是影响投标决策的主观因素。

投标或是弃标，首先取决于投标单位的实力，实力表现在如下几方面：

（一）技术方面的实力

（1）有精通本行业的估算师、建筑师、工程师、会计师和管理专家组成的组织机构。

（2）有工程项目设计、施工专业特长，能解决技术难度大和各类工程施工中的技术难题的能力。

（3）有国内外与招标项目同类型工程的施工经验。

（4）有一定技术实力的合作伙伴，如实力强的分包商、合营伙伴和代理人。

（二）经济方面的实力

（1）具有垫付资金的能力。如预付款是多少？在什么条件下拿到预付款？应注意国际上，有的业主要求"带资承包工程"、"实物支付工程"，根本没有预付款。所谓"带资承包工程"，是指工程由承包商筹资兴建，从建设中期或建成后某一时期开始，业主分批偿还承包商的投资及利息，但有时这种利率低于银行贷款利息。承包这种工程时，承包商需投入大部分工程项目建设投资，而不止是一般承包所需的少量流动资金。所谓"实物支付工程"，是指有的发包方用该国滞销的农产品、矿产品折价支付工程款，而承包商推销上述物资而谋求利润将存在一定难度。因此，遇上这种项目须要慎重对待。

（2）具有一定的固定的资产和机具设备及其投入所需的资金。大型施工机械的投入，不可能一次摊销。因此，新增施工机械将会占用一定资金。另外，为完成项目必须要有一批周转材料，如模板、脚手架等，这也是占用资金的组成部分。

（3）具有一定的资金周转用来支付施工用款。因为，对已完成的工程量需要监理工程师确认后并经过一定手续、一定的时间后才能将工程款拨入。

（4）承担国际工程尚须筹集承包工程所需外汇。

（5）具有支付各种担保的能力。承包国内工程需要担保。承包国际工程更需要担保，不仅担保的形式多种多样，而且费用也较高，诸如投标保函（或担保）、履约保函（或担保）、预付款保函（或担保）、缺陷责任期保函（或担保）等等。

（6）具有支付各种纳税和保险的能力。尤其在国际工程中，税种繁多，税率也高，诸如关税、进口调节税、营业税、印花税、所得税、建筑税、排污税以及临时进入机械押金等等。

（7）由于不可抗力带来的风险。即使是属于业主的风险，承包商也会有损失；如果不属于业主的风险，则承包商损失更大，要有财力承担不可抗力带来的风险。

（8）承担国际工程往往需要重金聘请有丰富经验或有较高地位的代理人，以及其他"佣金"，也需要承包商具有这方面的支付能力。

（三）管理方面的实力

建筑承包市场属于买方市场，承包工程的合同价格由作为买方的发包方起支配作用。承包商为打开承包工程的局面，应以低报价甚至低利润取胜。为此，承包商必须在成本控制上下功夫，向管理要效益。如缩短工期，进行定额管理，辅以奖罚办法，减少管理人员，工人一专多能，节约材料，采用先进的施工方法不断提高技术水平，特别是要有"重质量"、"重合同"的意识，并有相应的切实可行的措施。

（四）信誉方面的实力

承包商一定要有良好的信誉，这是投标中标的一条重要标准。要建立良好的信誉，就必须遵守法律和行政法规，或按国际惯例办事，同时，认真履约，保证工程的施工安全、工期和质量，而且，各方面的实力雄厚。

四、决定投标或弃标的客观因素及情况

（一）业主和监理工程师的情况

业主的合法地位、支付能力、履约能力；监理工程师处理问题的公正性、合理性等，也是投标决策的影响因素。

（二）竞争对手和竞争形势的分析

是否投标，应注意竞争对手的实力、优势及投标环境的优劣情况。另外，竞争对手的在建工程情况也十分重要。如果对手的在建工程即将完工，可能急于获得新承包项目心切，投标报价不会很高；如果对手在建工程规模大、时间长，如仍参加投标，则标价可能很高。从总的竞争形势来看，大型工程的承包公司技术水平高，善于管理大型复杂工程，其适应性强，可以承包大型工程；中小型工程由中小型工程公司或当地的工程公司承包可能性大。因为，当地中小型公司在当地有自己熟悉的材料、劳力供应渠道；管理人员相对比较少；有自己惯用的特殊施工方法等优势。

（三）法律、法规的情况

对于国内工程承包，自然适用本国的法律和法规。而且，其法制环境基本相同。因为，我国的法律、法规具有统一或基本统一的特点。如果是国际工程承包，则有一个法律适用问题。法律适用的原则有 5 条：

（1）强制适用工程所在地法的原则；

（2）意思自治原则；

（3）最密切联系原则；

（4）适用国际惯例原则；

（5）国际法效力优于国内法效力的原则。

其中，所谓"最密切联系原则"是指与投标或合同有最密切联系的因素作为客观标志，并以此作为确定准据地的依据。至于最密切联系因素，在国际上主要有投标或合同签订地法、合同履行地法、法人国籍所属国的法律、债务人住所地法律、标的物所在地法律、管理合同争议的法院或仲裁机构所在地的法律等。事实上，多数国家是以上述诸因素中的一种因素为主，结合其他因素进行综合判断的。

如很多国家规定，外国承包商或公司在本国承包工程，必须同当地的公司成立联营体才能承包该国的工程。因此，我们对合作伙伴需作必要的分析，具体来说是对合作者的信誉、资历、技术水平、资金、债权与债务等方面进行全面的分析，然后再决定投标还是弃标。

又如外汇管制情况。外汇管制关系到承包公司能否将在当地所获外汇收益转移回国的问题。目前，各国管制法规不一，有的规定：可以自由兑换、汇出，基本上无任何管制；有的规定，则有一定限制，必须履行一定的审批手续；有的规定，外国公司不能将全部利润汇出，而是在缴纳所得税后其剩余部分的 50%可兑换成自由外汇汇出，其余 50%只能在当地用作扩大再生产或再投资。这是在该类国家承包工程必须注意的"亏汇"问题。

（四）风险问题

在国内承包工程，其风险相对要小一些，对国际承包工程则风险要大得多。

投标与否，要考虑的因素很多，需要投标人广泛、深入地调查研究，系统地积累资料，并作出全面的分析，才能使投标作出正确决策。

决定投标与否，更重要的是它的效益性。投标人应对承包工程的成本、利润进行预测和分析，以供投标决策之用。

第四节　投 标 技 巧

投标技巧研究，其实是在保证工程质量与工期条件下，寻求一个好的报价的技巧问题。投标人为了中标并获得期望的效益，投标程序全过程几乎都要研究投标报价技巧问题。

如果以投标程序中的开标为界，可将投标的技巧研究分为两阶段，即开标前的技巧研究和开标至签订合同的技巧研究。

一、开标前的投标技巧研究

（一）不平衡报价

不平衡报价，指在总价基本确定的前提下，如何调整内部各个子项的报价，以期既不影响总报价，又在中标后投标人可尽早收回垫支于工程中的资金和获取较好的经济效益。但要注意避免畸高畸低现象，避免失去中标机会。通常采用的不平衡报价有下列几种情况：

（1）对能早期结帐收回工程款的项目（如土方、基础等）的单价可报以较高价，以利于资金周转；对后期项目（如装饰、电气设备安装等）单价可适当降低。

（2）估计今后工程量可能增加的项目，其单价可提高，而工程量可能减少的项目，其单价可降低。

但上述两点要统筹考虑。对于工程量数量有错误的早期工程，如不可能完成工程量表中的数量，则不能盲目抬高单价，需要具体分析后再确定。

（3）图纸内容不明确或有错误，估计修改后工程量要增加的，其单价可提高；而工程内容不明确的，其单价可降低。

（4）没有工程量只填报单价的项目（如疏浚工程中的开挖淤泥工作等），其单价宜高。这样，既不影响总的投标报价，又可多获利。

（5）对于暂定项目，其实施的可能性大的项目，价格可定高价；估计该工程不一定实施的可定低价。

（二）零星用工（计日工）一般可稍高于工程单价表中的工资单价

之所以这样做是因为零星用工不属于承包有效合同总价的范围，发生时实报实销，也可多获利。

（三）多方案报价法

多方案报价法是利用工程说明书或合同条款不够明确之处，以争取达到修改工程说明书和合同为目的的一种报价方法。当工程说明书或合同条款有些不够明确之处时，往往使投标人承担较大风险。为了减少风险就必须扩大工程单价,增加"不可预见费"。但这样做又会因报价过高而增加被淘汰的可能性。多方案报价法就是为对付这种两难局面而出现的。其具体做法是在标书上报两价目单价,一是按原工程说明书合同条款报一个价,二是加以注解,"如工程说明书或合同条款可作某些改变时",则可降低多少的费用,使报价成为最低,以吸引业主修改说明书和合同条款。

还有一种方法是对工程中一部分没有把握的工作,注明按成本加若干酬金结算的办法。

但是,如有规定,政府工程合同的方案是不容许改动的,这个方法就不能使用。

二、开标后的投标技巧研究

投标人通过公开开标这一程序可以得知众多投标人的报价。但低价并不一定中标,需要综合各方面的因素,反复阅审,经过议标谈判,方能确定中标人。若投标人利用议标谈判施展竞争手段,就可以变自己的投标书的不利因素为有利因素,大大提高获胜机会。

从招标的原则来看,投标人在标书有效期内,是不能修改其报价的。但是,某些议标谈判可以例外。在议标谈判中的投标技巧主要有:

(一)降低投标价格

投标价格不是中标的唯一因素,但却是中标的关键性因素。在议标中,投标者适时提出降价要求是议标的主要手段。需要注意的是:其一,要摸清招标人的意图,在得到其希望降低标价的暗示后,再提出降低的要求。因为,有些国家的政府关于招标的法规中规定,已投出的投标书不得改动任何文字。若有改动,投标即告无效。其二,降低投标价要适当,不得损害投标人自己的利益。

降低投标价格可从以下三方面入手,即降低投标利润、降低经营管理费和设定降价系数。

投标利润的确定,既要围绕争取最大未来收益这个目标而定立,又要考虑中标率和竞争人数因素的影响。通常,投标人准备两个价格,即准备了应付一般情况的适中价格,又同时准备了应付竞争特殊环境需要的替代价格,它是通过调整报价利润所得出的总报价。两价格中,后者可以低于前者,也可以高于前者。如果需要降低投标报价,即可采用低于适中价格,使利润减少以降低投标报价。

经营管理费,应该作为间接成本进行计算。为了竞争的需要也可以降低这部分费用。

降低系数,是指投标人在投标作价时,预先考虑一个未来可能降价的系数。如果开标后需要降价竞争,就可以参照这个系数进行降价;如果竞争局面对投标人有利,则不必降价。

(二)补充投标优惠条件

除中标的关键因素——价格外,在议标谈判的技巧中,还可以考虑其他许多重要因素,如缩短工期,提高工程质量,降低支付条件要求,提出新技术和新设计方案,以及提供补充物资和设备等,以此优惠条件争取得到招标人的赞许,争取中标。

第五节 投 标 文 件

一、投标文件的编制

投标文件是承包商参与投标竞争的重要凭证;是评标、决标和订立合同的依据;是投标人素质的综合反映和投标人能否取得经济效益的重要因素。可见，投标人应对编制投标文件的工作倍加重视。

（1）编制投标文件的准备工作

1）组织投标班子。确定投标文件编制的人员。

2）仔细阅读诸如投标须知、投标书附件等各个招标文件。

3）投标人应根据图纸审核工程量表的分项、分部工程的内容和数量。如发现"内容"、"数量"有误时在收到招标文件 7 日内以书面形式向招标人提出。

4）收集现行定额标准、取费标准及各类标准图集，并掌握政策性调价文件。

（2）投标文件编制

根据招标文件及工程技术规范要求，结合项目施工现场条件编制施工组织设计和投标报价书。

投标文件编制完成后应仔细核对和整理成册，并按招标文件要求进行密封和标志。

其他应注意事项可参考本章第六节的要求。

二、投标文件组成

·投标书：详见第四章。

·投标书附件：详见第四章。

·投标保证金：详见第四章。

·法定代表人资格证明书。

·授权委托书。

·具有标价的工程量清单与报价表：随合同类型而异。单价合同中，一般将各项单价开列在工程量表上，有时业主要求报单价分析表，则需按招标文件规定在主要的或全部单价中附上单价分析表。

·施工规划：列出各种施工方案（包括建议的新方案）及其施工进度计划表，有时还要求列出人力安排计划的直方图。

·辅助资料表：详见第四章。

·资格审查表：（经资格预审时，此表从略）。

·对招标文件中的合同协议条款内容的确认和响应。

·按招标文件规定提交的其他资料。

第六节　国际工程投标

一、国际工程投标工作程序

国际工程投标（主要指施工投标）的工作程序大体上可分为四个主要过程，即工程项目的投标决策；投标前的准备工作；计算工程报价和投标文件的编制和发送。

（一）工程项目的投标决策

世界上几乎每日都在进行工程招投标活动。为了提高中标率，获得较好的经济效益，合理地决定对哪些工程投标，投什么样的标是一项非常重要的工作。影响投标决策的因素较多，但综合起来主要有以下三方面：

（1）业主方面的因素。主要考虑工程项目的背景条件。如业主的信誉和工程项目的资金来源；招标条件的公平合理性。还有业主所在国的政治、经济形势，对外商的限制条件等。

（2）工程方面的因素。主要有工程性质和规模；施工的复杂性；工程现场的条件；工程准备期和工期；材料和设备的供应条件等。

（3）承包商方面的因素。根据本身的经历和施工能力，在技术上能否承担该工程；能否满足业主提出的付款条件和其他条件；本身垫付资金的能力；对投标对手的情况的了解和分析等。

（二）投标准备

当承包商分析研究做出决策对某工程进行投标后，应进行大量的准备工作，包括：组建投标班子，参加资格预审，购买招标文件，施工现场及市场调查，办理投标保函，选择咨询单位和雇佣代理人等。

（三）选择咨询单位及雇佣代理人

在投标时，可以考虑选择一个咨询机构。在激烈竞争的公开招标形势下，一些专门的咨询公司应运而生，他们拥有经济、技术、法律和管理等各方面的专家，经常搜集、积累各种资料、信息，因而能比较全面而又比较快地为投标者提供进行决策所需要的资料。特别是投标人到一个新的地区去投标时，如能选择到一个理想的咨询机构，为你提供情报，出谋划策以至协助编制投标书等，将会大大提高中标机会。这种咨询机构不一定是招标工程所在国的公司。

雇佣代理人，即是在工程所在地区找一个能代表雇主（投标人）的利益开展某些工作的人。一个好的代理人应该在当地，特别是在工商界有一定的社会活动能力，有较好的声誉，熟悉代理业务。一般代理人均由当地人充当。

某些国家（如科威特、沙特阿拉伯等国）规定，外国承包企业必须有代理人才能在本国开展业务。承包商，特别是到一个新的地区和国家，也需要雇佣代理人作为自己的帮手和耳目。承包人雇佣代理人的最终目的是拿到工程，因此双方必须签订代理合同，规定双方权利和义务。有时还需按当地惯例去法院办理委托手续。代理人协助投标人拿到工程，并获得该项工程的承包权，经与业主签约后，代理人才能得到较高的代理费（约为合同总价的 $1\%\sim3\%$ ）。

代理人的一般职责是：

（1）向雇主（即投标人）传递招标信息，协助投标人通过资格预审。

（2）传递投标人与业主间的信息往来。

（3）提供当地法律咨询服务（包括代请律师）、当地物资、劳力、市场行情及商业活动经验。

（4）如果中标，协助承包商办理入境签证、居留证、劳工证、物资进出口许可证等多种手续，以及协助承包商租用土地、房屋、建立电话、电传、邮政信箱等。

在某些国家（如科威特、沙特阿拉伯、阿联酋等国），还要求外国公司找一个本国的担保人（可以是个人、公司或集团），签订担保合同，商定担保金额和支付方式。外国公司如能请到有威望、有影响的担保人，将有助于承包业务的开展。

有的国家要求外国公司必须与本国公司合营，共同承包工程项目，共同享受盈利和承担风险。事际上，有些合伙人并不入股，只帮助外国公司招揽工程、雇佣当地劳务及办理各种行政事务，承包公司付给佣金。但有的国家，如阿联酋，则明文规定凡在阿联酋境内开办商业性公司的，必须有一个以上阿联酋人股东，并且他们要占50％股份，在这种国家开展承包，必须采取合伙经营的方式。

（四）报价计算

工程报价是投标文件的核心内容。承包商在严格按照招标文件的要求编制投标文件时，应根据招标工程项目的具体内容、范围，并根据自身的投标能力和工程承包市场的竞争状况，详细地计算招标工程的各项单价和汇总价，其中包括考虑一定的利润、税金和风险系数，然后正式提出报价。具体报价的计算见第六章第五节有关内容。

（五）投标文件的编制和发送

投标文件应完全按照招标文件的要求编制。目前，国际工程投标中多数采用规定的表格形式填写，这些表格形式在招标文件中已给定，投标单位只需将规定的内容、计算结果按要求填入即可。投标文件中的内容主要有：投标书；投标保证书；工程报价表；施工规划及施工进度；施工组织机构及主要管理人员人选及简历；其他必要的附件及资料等。

投标书的内容、表格等全部完成后，即将其装封，按招标文件指定的时间、地点报送。

（六）国际工程投标应注意的事项

（1）参加国际工程投标应办的手续：

1）经济担保（或保函），如投标保证书，履约保证书以及预付款保证书。

2）保险，一般有如下几种保险：

①工程保险：按全部承包价投保，中国人民保险公司按工程造价2％～4％的保险费率计取保险费。

②第三方责任险：招标文件中规定有投保额，一般与工程险合并投保。

③施工机械损坏险：投重置价值投保，保险年费率一般为15‰～25‰。

④人身意外险：中国人民保险公司对工人规定投保额为2万元，技术人员较高，年费率皆为1％。

⑤货物运输险：分平安险、水渍险、一切险、战争险等，中国人民保险公司规定投保额为110％的利率贷价（C.I.F.），一般以一揽子险（即一切险＋战争险）投保，取费率为5‰。

3）代理费（佣金）

在国际上投标后能否中标，除了靠施工企业自身的实力（技术、财力、设备、管理、信誉等）和标价的优势（前三名左右）外，还得物色好得力的代理人去活动争取，一旦中标就得付标价2％～4％的代理费。这在国际建筑市场中已经成为惯例了。

（2）不得任意修改投标文件中原有的工程量清单和投标书的格式。

（3）计算数字要正确无误。无论单价、合价、分部合计、总标价及其外文大写数字，均应仔细核对。尤其在实行单价合同承包制工程中的单价，更应正确无误。否则中标订立合同后，在整个施工期间均须按错误合同单价结算造价，以至蒙受不应有的损失。

（4）所有投标文件应装帧美观大方，投标人要在每一页上签字，较小工程可装成一册，大、中型工程（或按业主要求）可分下列几部分封装：

①有关投标人资历等文件。如投标委任书，证明投标人资历、能力、财力的文件，投标保函，投标人在项目所有国注册证明，投标附加说明等。

②与报价有关的技术规范文件。如施工规划，施工机械设备表，施工进度表，劳动力计划表等。

③报价表。包括工程量表、单价、总价等。

④建议方案的设计图纸及有关说明。

⑤备忘录。

递标不宜太早，一般在招标文件规定的截止日期前一二天内密封送交指定地点。

总之，要避免因为细节的疏忽和技术上的缺陷而使投标书无效。

第六章 投 标 报 价

第一节 投标报价的组成

国内工程投标报价的组成和国际工程的投标报价基本相同，但每项费用的内容则比国际工程投标报价少而简单。各部门对项目分类也稍有不同，但报价的费用组成与现行概（预）算文件中的费用构成基本一致，主要有直接费、间接费、计划利润、税金以及不可预见费等，但投标报价和工程概（预）算是有区别的。工程概（预）算文件必须按照国家有关规定编制，尤其是各种费用的计算。必须按规定的费率进行，不得任意修改；而投标报价则可根据本企业实际情况进行计算，更能体现企业的实际水平。工程概（预）算文件经设计单位或施工单位编完后，必须经建设单位或其主管部门、建设银行等审查批准后才能作为建设单位与施工单位结算工程价款的依据；而投标报价可以根据施工单位对工程的理解程度，在预算造价上上下浮动，无需预先送建设单位审核。现简介国内工程投标报价费用的组成如下：

一、直接费

指在工程施工中直接用于工程实体上的人工、材料、设备和施工机械使用费等费用的总和。由人工费、材料费、设备费、施工机械费、其他直接费和分包项目费用组成。

二、间接费

间接费是指组织和管理工程施工所需的各项费用，主要由施工管理费和其他间接费组成。其他间接费包括临时设施费、远程工程增加费等。

三、利润和税金

指按照国家有关部门的规定，建筑施工企业在承担施工任务时应计取的利润，以及按规定应计入建筑安装工程造价内的营业税，城市建设维护税及教育经费附加。

四、不可预见费

可由风险因素分析予以确定，一般在投标时可按工程总成本的 3%～5% 考虑。

第二节 投标报价单的编制

为规范我国建筑市场的交易行为，保证建设工程招标的公正性、公开性、公平性，维护建筑市场的正常秩序，本着与国际接轨的需求，建设部制定了《建设工程施工招标文件范本》，其组成包括《建设工程施工公开招标招标文件》、《建设工程施工邀请招标招标文件》等九个文件。不同的招标类型其投标报价单的编制形式不同，下面仅介绍我国常见的两种招标类型：即公开招标和邀请招标的投标报价单的编制并介绍于后。

一、建设工程施工工程量计价方式

建设工程施工工程量计价方式有两种：一种是工料单价方式；另一种是综合单价方式。

所谓综合单价的计价方式是指，综合了直接费、间接费、工程取费、有关文件规定的调价、材料差价、利润、税金、风险等一切费用的工程量清单的单价。而工料单价的计价方式是按照现行预算定额的工、料、机消耗标准及预算价格确定，作为直接费的基础。其他直接费、间接费、利润、有关文件规定的调价、材料差价、设备价、现场因素费用、施工技术措施费以及采用固定价格的工程所测算的风险费、税金等按现行的计算方法计取，计入其他相应报价表中。

在建设工程施工公开招标中，采用综合单价的计价方式，而在建设工程施工邀请招标中，上述两种计价方式均可采用。

二、投标报价单的编制

（一）建设工程施工公开招标的投标报价单的编制

1. 报价汇总表

报 价 汇 总 表　　　　　　　　　　　　　表 6-1

建筑面积：＿＿＿＿＿＿＿ m²　　　　　　　　　　　　　金额单位：人民币元

序　号	表　号	工 程 项 目 名 称	金　额	备　注

投 标 总 价（大写）＿＿＿＿＿＿＿元

投标单位：（盖章）

法定代表人：（签字、盖章）　　　　　　　　　　　日期：＿＿＿年＿＿＿月＿＿＿日

2. 工程量清单报价表

工程清单报价表　　　　　　　　　　　　表 6-2

工程＿＿＿＿＿＿＿　　　　　　　　　　　　　　　金额单位：人民币元

编号	项目名称	单位	工程量	单价	合价	单 价 分 析									
						人工费	材料费	机械费	其他直接费	间接费	利润	税金	材差	风险金	其他

共＿＿＿页，本页小计：＿＿＿＿＿＿元

＿＿＿＿＿＿工程量清单报价　合计：＿＿＿＿＿元（结转至表 6-1 报价汇总表）

投标单位：（盖章）

法定代表人：（签字、盖章）　　　　　　　　　　　日期：＿＿＿＿年＿＿＿＿月＿＿＿＿日

3. 设备清单报价表

设备清单及报价表

表 6-3

金额单位：人民币元

序号	设备名称	型号及规格	单位	数量	出厂价	运杂费	合价	备注

共_____页，本页小计_____元（其中设备出厂价_____元 运杂费_____元）

合　　计	元
税　　金	

设备价格（含运杂费）合计_____元　　　　　　　　　　（结转至表 6-1　报价汇总表）

投标单位：（盖章）

法定代表人：（签字、盖章）　　　　　　　　　　　　日期：____年____月____日

4. 现场因素、施工技术措施及赶工措施费用报价表

现场因素、施工技术措施及赶工措施费用报价表

表 6-4

金额单位：人民币元

序号	计价内容及计算过程	金　额	备　注

共_____页，本页小计_____元

合　　计	元
税　　金	

合计_____元　　（结转至表 6-1 报价汇总表）

投标单位：（盖章）

法定代表人：（签字、盖章）　　　　　　　　　　　　日期：____年____月____日

5. 材料清单及材料差价表

材料清单及材料差价

表 6-5

金额单位：人民币元

序号	材料名称及规格	单位	数量①	预算价格中供应单价②	预算供应价合计③＝①×②	市场供应单价④	市场供应价合计⑤＝①×④	材料差价合计⑥＝⑤－③	备注
	合　　计								

投标单位：（盖章）

法定代表人：（签字、盖章）　　　　　　　　　　　　日期：____年____月____日

（二）建设工程施工公开招标的投标报价单的说明

1. 工程量清单应与投标须知、合同条件、合同协议书、技术规范和图纸一起使用。

2. 工程量清单所列的工程量系招标单位估算的和临时的，作为投标报价的共同基础。付款以实际完成的工程量为依据。由承包单位计量、监理工程师核准的实际完成工程量。

3. 工程量清单中所填入的单价和合价，应包括人工费、材料费、机械费、其他直接费、间接费、有关文件规定的调价、利润、税金以及现行取费中的有关费用、材料的差价以及采用固定价格的工程所测算的风险金等全部费用。

4. 工程量清单中的每一单项均需填写单价和合价,对没有填写单价或合价的项目的费用,应视为已包括在工程量清单的其他单价和合价之中。

(三) 建设工程施工邀请招标的投标报价单的编制

1. 采用综合单价投标报价时

①报价汇总表

报 价 汇 总 表 表6-6

建筑面积:_____ m² 金额单位:人民币元

序 号	表 号	工 程 项 目 名 称	金 额	备 注

投标总价(大写)_____元

投标单位:(盖章)

法定代表人:(签字、盖章) 日期:___年___月___日

②工程量清单报价表

工程量清单报价表 表6-7

工程 金额单位:人民币元

编号	项 目 名 称	单位	工程量	单价	合价	单 价 分 析									
						人工费	材料费	机械费	其他直接费	间接费	利润	税金	材差	风险金	其他

共_____页,本页小计:_____元

_____工程量清单报价 合计:_____元(结转至表6-6 报价汇总表)

投标单位:(盖章)

法定代表人:(签字、盖章) 日期:_____年_____月_____日

③设备清单及报价表

设备清单及报价表 表6-8

金额单位:人民币元

序号	设备名称	型号及规格	单位	数量	出厂价	运杂费	合价	备注

共_____页,本页小计_____元(其中设备出厂价_____元 运杂费_____元)

合 计 _____元

税 金

设备价格(含运杂费)合计_____元 (结转至表6-6 报价汇总表)

投标单位:(盖章)

法定代表人:(签字、盖章) 日期:___年___月___日

④现场因素、施工技术措施及赶工措施费用报价表

现场因素、施工技术措施及赶工措施费用报价表   表6-9

金额单位：人民币元

序号	内　　　　容	金　额	备　注

共_____页，本页小计_____元

合　　计	元
税　　金	

合计_____元   （结转至表6-6报价汇总表）

投标单位：（盖章）

法定代表人：（签字、盖章）　　　　　　　　　　　日期：___年___月___日

⑤材料清单及材料差价表

材料清单及材料差价表   表6-10

金额单位：人民币元

序号	材料名称及规格	单位	数量①	预算价格中供应单价②	预算供应价合计③＝①×②	市场供应单价④	市场供应价合计⑤＝①×④	材料差价合计⑥＝⑤－③	备注
	合　计								

投标单位：（盖章）

法定代表团人：（签字、盖章）　　　　　　　　　　日期：___年___月___日

2. 采用工料单价投标报价时

（1）报价汇总表

报 价 汇 总 表   表6-11

建筑面积_____m²

金额单位：人民币元

项　　　目	报 价 组 成					合　计	备注
	工程直接费合计	间接费合计	利润	其他费	税金		
一．工程量清单报价汇总及取费							
二．材料差价报价							
三．设备报价（含运杂费）							
四．现场因素、施工技术措施、赶工措施费报价							
五．其他							
六．风险金							
七．合计							

报价总价（大写）_____元

投标单位：（盖章）

法定代表人：（签字、盖章）　　　　　　　　　　　日期：___年___月___日

（2）工程量清单报价汇总取费表

工程量清单报价汇总取费表

表 6-12

金额单位：人民币元

项目		单位	费率（%）	工 程 项 目 名 称					合计
				土建工程	给排水工程	采暖工程	电气工程	……	
一、工程直接费合计									
1.工种量清单报价合计									
其中	① 人工费								
	② 材料费								
	③ 机械费								
	2.其他直接费合计								
	① 冬雨季施工增加费								
	② 夜间施工增加费								
	③ 二次搬运费								
	④ ……								
	⑤ ……								
	3.现场经费								
二．间接费合计									
其中	1.企业管理费								
	2.财务费								
	3.……								
三．利润									
四．其他费									
其中	① 预算包干费								
	② 地区差价								
	③								
五．税金									
合 计									
工程量清单报价汇总及取费 合计_____元（结转至表6-11报价汇总表）									

投标单位：（盖章）

法定代表人：（签字、盖章）

日期：___年___月___日

（3）工程量清单报价表

工程量清单报价表

表 6-13

金额单位：人民币元

项目编号	项目名称	单位	工程量	单价	合价	其 中		
						人工费	材料费	机械费

共_____页，本页小计：_____元

_____工程量清单报价合计：_____元（结转至表6-12工程量清单报价汇总及取费表）

投标单位：（盖章）

法定代表人：（签字、盖章）

日期：___年___月___日

（4）材料清单及材料差价报价表

材料清单及材料差价报价表

表 6-14

金额单位：人民币元

序号	材料名称及规格	单位	数量	预算价格中供应价	市场供应价	差价	合价	备注

共_____页，本页小计：_____元

合　计	元
税　金	

材料差价报价合计_____元（结转至表 6-11，报价汇总表）

投标单位：（盖章）

法定代表人：（签字、盖章）　　　　　　　　　　　日期：____年____月____日

（5）设备清单及报价表

设备清单及报价表

表 6-15

金额单位：人民币元

序号	设备名称	型号及规格	单位	数量	出厂价	运杂费	合计	备注

共_____页，本页小计：_____元（其中设备出厂价_____，运杂费_____元。）

合　计	元
税　金	

设备价格（含运杂费）合计_____元（结转至表 6-11，报价汇总表）

投标单位：（盖章）

法定代表人：（签字、盖章）　　　　　　　　　　　日期：____年____月____日

（6）现场因素、施工技术措施及赶工措施费用报价表

现场因素、施工技术措施及赶工措施费用报价表

表 6-16

金额单位：人民币元

序号	计价内容及计算过程	金额	备注

共_____页，本页小计：_____元

合　计	元
税　金	

合计_____元（结转至表 6-11，报价汇总表）

投标单位：（盖章）

法定代表人：（签字、盖章）　　　　　　　　　　　日期：____年____月____日

152

（四）建设工程施工邀请招标的投标报价单的说明

1. 采用综合单价投标报价时

所需说明内容同（二）。

2. 采用工程单价投标报价时

所需说明内容同（二）中的 1、2、4，仅 3 不同其说明如下：

工程量清单中所填入的单价与合价，应按照现行预算定额的工、料、机消耗标准及预算价格确定，作为直接费的基础。其他直接费、间接费、利润、有关文件规定的调价、材料差价、设备价、现场因素费用、施工技术措施费以及采用固定价格的工程所测算的风险金、税金等按现行的计算方法计取，计入其他相应报价表中。

第三节　投标报价的宏观审核

投标承包工程，报价是投标的核心，报价正确与否直接关系到投标的成败。为了增强报价的准确性，提高中标率和经济效益，除重视投标策略，加强报价管理以外，还应善于认真总结经验教训，采取相应对策从宏观角度对承包工程总报价进行控制。可采用下列宏观指标和方法对报价进行审核：

一、单位工程造价

房屋工程按平方米造价；铁路、公路按公里造价；铁路桥梁、隧道按每延米造价；公路桥梁按桥面平方米造价等等。按照各个国家和地区的情况，分别统计、搜集各种类型建筑的单位工程造价，在新项目投标报价时，将之作为参考，控制报价。这样做，即方便又适用，又有益于提高中标率和经济效益。

二、全员劳动生产率

即全体人员每工日的生产价值，这是一项很重要的经济指标，用之对工程报价进行宏观控制是很有效的，尤其当一些综合性大项目难以用单位工程造价分析时，显得更为有用。但非同类工程，机械化水平悬殊的工程，不能绝对相比，要持分析态度。

三、单位工程用工用料正常指标

例如，我国铁路隧道施工部门根据所积累的大量施工经验，统计分析出各类围岩隧道的每延米隧道用工、用料正常指标；房建部门对房建工程每平方米建筑面积所需劳力和各种材料的数量也都有一个合理的指数，可据此进行宏观控制。国外工程也如此，常见的为房屋工程每平方米建筑面积主要用工用料量，见表 6-17，供参考。

房屋建筑工程每平方米建筑面积用工用料数量表　　　　　表 6-17

序号	建筑类型	人工（工日/m²）	水泥（kg）	钢材（kg）	木材（m³）	砂子（m³）	碎石（m³）	砖砌体（m³）	水（t）
1	砖混结构楼房	4.0～4.5	150～200	20～30	0.04～0.05	0.3～0.4	0.2～0.3	0.35～0.45	0.7～0.9
2	多层框架楼房	4.5～5.5	220～240	50～65	0.05～0.06	0.4～0.5	0.4～0.6		1.0～1.3
3	高层框架楼房	5.5～6.5	230～260	60～80	0.06～0.07	0.45～0.55	0.45～0.65		1.2～1.5
4	某高层宿舍楼（内浇外挂结构）	4.51	250	61	0.031	0.45	0.50	—	1.10
5	某高层饭店（筒体结构）	5.80	250	61	0.032	0.51	0.59	—	1.30

注：木材主要是木模板需要量。如果采用钢模板，木材可大大减少。表中第 5 项工程采用钢、木两种模板。

四、各分项工程价值的正常比例

这是控制报价准确度的重要指标之一。例如一栋楼房，是由基础、墙体、楼板、屋面、装饰、水电、各种专用设备等分项工程构成的，它们在工程价值中都有一个合理的大体比例。国外房建工程，主体结构工程（包括基础、框架和砖墙三个分项工程）的价值约占总价的 55%；水电工程约占 10%；其余分项工程的合计价值约占 35%。例如，某国一房建工程，各分项工程价值占总价的百分比如下：基础 9.07%；钢筋混凝土框架 37.09%；砖墙（非承重）9.54%；楼地面 10.32%；装饰 10.40%；屋面 5.46%；门窗 8.48%；上下水道 4.96%；室内照明 4.68%。

五、各类费用的正常比例

任何一个工程的费用都是由人工费、材料设备费、施工机械费、间接费等各类费用组成的，它们之间都有一个合理的比例。国外工程一般是人工费占总价的 15%～20%；材料设备费（包括运费）约占 45%～65%；机构使用费约占 30%～10%；间接费约占 25%。

六、预测成本比较控制法

将一个国家或地区的同类型工程报价项目和中标项目的预测成本资料整理汇总贮存，作为下一轮投标报价的参考，可以此衡量新项目报价的得失情况。

七、个体分析整体综合控制法

如修建一条铁路，这是包含线、桥、隧、站场、房屋、通讯信号等个体工程的综合工程项目；应首先对本工程进行逐个分析，而后进行综合研究和控制。例如，某国铁路工程，每公里造价为 208 万美元，似乎大大超出常规造价；但经分析此造价是线、桥、房屋、通讯信号等个体工程的合计价格，其中线、桥工程造公 112 万美元/km，是个正常价格；房建工程造价 77 万美元/km，占铁路总价的 37%，其比例似乎过高，但该房建工程不仅包括沿线车站等的房屋，还包括一个大货场的房建工程，每平方米的造价并不高。经上述一系列分析综合，认定该工程的价格是合理的。

八、综合定额估算法

本法是采用综合定额和扩大系数估算工程的工料数量及工程造价的一种方法；是在掌握工程实施经验和资料的基础上的一种估价方法。一般说来比较接近实际，尤其是在采用其他宏观指标对工程报价难以核准的情况下，该法更显出它较细致可靠的优点。其程序是：

（1）选控项目。任何工程报价的工程细目都有几十或几百项。为便于采用综合定额进行工程估算，首先将这些项目有选择地归类，合并成几种或几十种综合性项目，称"可控项目"，其价值约占工程总价的 75%～80%。有些工程细目，工程量小、价值不大、又难以合并归类的，可不合并；此类项目称"未控项目"，其价值约占工程总价的 20%～25%。

（2）编制综合定额。对上述选控项目编制相应的定额，能体现出选控项目用工用料的较实际的消耗量，这类定额称综合定额。综合定额应在平时编制完好，以备估价时使用。

（3）根据可控项目的综合定额和工程量，计算出可控项目的用工总数及主要材料数量。

（4）估测"未控项目"的用工总数及主要材料数量。

该用工数量约占"可控项目"用工数量的 20%～30%；用料数量约占"可控项目"用料数量的 5%～20%。为选好这个比率，平时作工程报价详细计算时，应认真统计"未控项目"与"可控项目"价值的比率。

（5）根据上述3、4，将"可控项目"和"未控项目的用工总数及主要材料数量相加，求出工程总用工数和主要材料总数量。"

（6）根据5计算的主要材料数量及实际单价，求出主要材料总价。

（7）根据5计算的总工数及劳务工资单价，求出工程总工费。

（8）工程材料总价＝主要材料总价×扩大系数（约1.5～2.5）

选取扩大系数时，钢筋混凝土及钢结构等含钢量多，装饰贴面少的工程，应取低值；反之，应取高值。

（9）工程总价＝（总工费＋材料总价）×系数。

该系数的取值，承包工程为1.4～1.5，"经援"项目为1.3～1.35。

上述办法及计算程序中所选用的各种系数，仅供参考，不可盲目套用。

综合定额估算法，属宏观审核工程报价的一种手段。不能以此代表详细的报价资料，报价时仍应按招标文件的要求详细计算。

综合应用上述指标和办法，做到既有纵向比较，又有横向比较，还有系统的综合比较，再做些与报价有关的考察、调研，就会改善新项目的投标报价工作，减少和避免报价失误，取得中标承包工程的好成绩。

下面举一个综合定额估算法实例。

估价实例：D国某三层住宅楼，建筑面积788.10m²，钢筋混凝土框架结构，水泥砂浆空心砖填充墙，室内天棚及室内外墙面均抹水泥砂浆刷乳胶漆，釉面砖地面，木门，铝合金窗。

已知单价：18美元/工日，水泥102美元/t，

砂子12美元/m³，碎石23美元/m³，

水0.46美元/t，钢筋568美元/t，

木材330美元/m³。

根据已知条件，估算工程总价。

（1）按照"综合定额估算法"（1）～（5）程序，已求出工程总工日和主要材料数量，见表6-18。

（2）总人工费＝3667×18＝66006美元

（3）主要材料总价：

a．水泥227×102＝23154美元

b．砂子447×12＝5364美元

c．碎石460×23＝10580美元

d．水1032×0.46＝475美元

e．钢筋39×568＝22152美元

f．木材49×330＝16170美元

以上合计：77895美元

（4）工程材料总价＝77895×2.2（扩大系数）＝171369美元

（5）工程总价＝（66005＋171369）×1.45（系数）＝344194美元

该工程1982年对外报价（详细计算）为343340美元，与本估价相近。

顺序	细目名称	单位	数量	直接生产工日(日)		水泥(t)		砂子(m³)		碎石(m³)		水(t)		钢筋(t)		木材(m³)	
				定额	数量	定额	数量	定额	数量	定额	数量	定额	数量	定额	数量	定额	数量
1	夯填基础土方	m³	340	0.20	68	—	—	—	—	—	—	0.10	34	—	—	—	—
2	基础垫层混凝土(C15)	m³	11	0.90	10	0.25	3	0.55	6	0.85	9	1.00	11	—	—	—	—
3	基础钢筋混凝土(C20)	m³	148	1.80	266	0.32	48	0.55	82	0.85	126	1.00	148	0.04	6	0.03	4
4	C20 号钢筋混凝土(梁、柱、板、墙、其他)	m³	302	5.00	1510	0.32	97	0.55	166	0.85	257	2.00	604	0.11	33	0.15	45
5	砌水泥空心砖墙	m³	250	2.00	500	0.05	13	0.18	45	—	—	0.30	75	—	—	—	—
6	一层地坪混凝土(C15)	m³	80	1.20	96	0.25	20	0.55	44	0.85	68	1.00	80	—	—	—	—
7	地面抹灰(包括饰面基层砂浆)	m²	795	0.10	80	0.012	10	0.024	19	—	—	0.05	40	—	—	—	—
8	室内顶棚及墙面抹灰	m²	2665	0.13	346	0.01	27	0.024	64	—	—	0.01	27	—	—	—	—
9	室外墙面抹灰	m²	609	0.17	104	0.01	6	0.024	15	—	—	0.015	9	—	—	—	—
10	屋面水泥防水层	m²	258	0.10	26	0.01	3	0.024	6	—	—	0.015	4	—	—	—	—
	合计(建筑面积)	m²	(788.1)		3006		227		447		460		1032		39		49
11	装饰、门窗、水电及其他用工(取 22%)	m²			661		—		—				—				
	总　计	m²	(788.1)	4.65	3667	0.29	227	0.57	447	0.58	460	1.31	1032	0.05	39	0.06	49

注：1. 装饰、门窗安装、水电及其他用工约为合计用工的 20%～25%；

　　2. 表中不包括水泥砖及门窗制作的用工用料；

　　3. 表中的水包含养护水；

　　4. 表中定额即为综合定额。

第四节　投标报价的策略

一、主观条件和客观因素

投标商要想在投标中获胜，即中标得到承包工程，然后又要从承包工程中赢利，就需要研究投标策略，它包括投标策略和作价技巧。"策略"、"技巧"来自承包商的经验积累，对客观规律的认识和对实际情况的了解，同时也少不了决策的能力和魄力。

首先要从本企业的主观条件，即各项自身的业务能力和能否适应投标工程的要求进行衡量，主要考虑：

（1）工人和技术人员的操作技术水平；

（2）机械设备能力；

（3）设计能力；

（4）对工程的熟悉程度和管理经验；

（5）竞争的激烈程度；

（6）器材设备的交货条件；

（7）得标承包后对今后本企业的影响；

（8）以往对类似工程的经验。

如通过上述各项因素的综合分析，大部分的条件都能胜任者，即可初步作出可以投标的判断。国际上通常先根据经验、统计，规定可以投标的最低总分，再针对具体工程评定各项因素的加权综合总分，与"最低总分"比较，如超过时则可作出可以投标的判断。

其次，还须了解企业自身以外的各种因素，即客观因素，主要有：

（1）工程的全面情况。包括图纸和说明书，现场地上、地下条件，如地形、交通、水源、电源、土壤地质、水文、气象等。这些都是拟订施工方案的依据和条件。

（2）业主及其代理人（工程师）的基本情况。包括资历、业务水平、工作能力、个人的性格和作风等。这些都是有关今后在施工承包结算中能否顺利进行的主要因素。

（3）劳动力的来源情况。如当地能否招募到比较廉价的工人，以及当地工会对承包商在劳务问题上能否合作的态度。

（4）建筑材料、机械设备等的供应来源、价格、供货条件以及市场预测等情况。

（5）专业分包，如卫生、空调、电气、电梯等的专业安装力量情况。

（6）银行贷款利率、担保收费、保险费率等与投标报价有关的因素。

（7）当地各项法规，如企业法、合同法、劳动法、关税、外汇管理法、工程管理条例以及技术规范等。

（8）竞争对手的情况。包括企业的历史、信誉、经营能力、技术水平、设备能力、以往投标报价的价格情况和经常采用的投标策略等。

对以上这些客观情况的了解，除了有些可以从招标文件和业主对招标工程的介绍、勘察现场获得外，必须通过广泛的调查研究、询价、社交活动等多种渠道才能获得。在某些国家甚至通过收买代理人偷窃标底和其它承包商的情报等，也是司空见惯的，但是在我们社会主义国家这些是不可取的。

二、投标策略

当充分分析了以上主客观情况，对某一具体工程认为值得投标后，这就需确定采取一定的投标策略，以达到有中标机会，今后又能赢利的目的。常见的投标策略有以下几种：

1. 靠提高经营管理水平取胜

这主要靠做好施工组织设计，采取合理的施工技术和施工机械，精心采购材料、设备，选择可靠的分包单位，安排紧凑的施工进度，力求节省管理费用等等，从而有效地降低工程成本而获得较大的利润。

2. 靠改进设计和缩短工期取胜

即仔细研究原设计图纸，发现有不够合理之处，提出能降低造价的修改设计建议，以提高对业主的吸引力。另外，靠缩短工期取胜，即比规定的工期有所缩短，达到早投产，早收益，有时甚至标价稍高，对业主也是很有吸引力的。

3. 低利政策

主要适用于承包任务不足时，与其坐吃山空，不如以低利承包到一些工程，还是有利的。此外，承包商初到一个新的地区，为了打入这个地区的承包市场，建立信誉，也往往采用这种策略。

4. 加强索赔管理

有时虽然报价低，却着眼于施工索赔，还能赚到高额利润。

例如在香港某些大的承包企业就常用这种方法，有时报价甚至低于成本。以高薪雇佣

1～2名索赔专家，千方百计地从设计图纸、标书、合同中寻找索赔机会。一般索赔金额可达10%～20%。当然这种策略并不是到处可用的，如在中东地区就较难达到目的。

5. 着眼于发展

为争取将来的优势，而宁愿目前少盈利。

承包商为了掌握某种有发展前途的工程施工技术（如建造核电站的反应堆或海洋工程等），就可能采用这种策略。这是一种较有远见的策略。

以上这些策略不是互相排斥的，根据具体情况，可以综合灵活运用。

三、作价技巧

投标策略一经确定，就要具体反映到作价上，但是作价还有它自己的技巧。两者必须相辅相成。

在作价时，对什么工程定价应高，什么工程定价可低，或在一个工程中，在总价无多大出入的情况下，对哪些单价宜高，哪些单价宜低，都有一定的技巧。技巧运用的好与坏，得法与否，在一定程度上可以决定工程能否中标和盈利。因此，它是不可忽视的一个环节。下面是一些可供参考的作法。

（1）对施工条件差的工程（如场地窄小或地处交通要道等），造价低的小型工程，自己施工上有专长的工程以及由于某些原因自己不想干的工程，报价可高一些，结构比较简单而工程量又较大的工程（如成批住宅区和大量土方工程等），短期能突击完成的工程，企业急需拿到任务以及投标竞争对手较多时，报价可低一些。

（2）海港、码头、特殊构筑物等工程报价可高，一般房屋土建工程则报价宜低。

（3）在同一个工程中可采用不平衡报价法，但以不提高总标价为前提，并避免畸高畸低，以免导致投标作废。具体是：

①对能先拿到钱的项目（如开办费、土方、基础等）的单价可定得高一些，有利于资金周转，存款也有利息；对后期的项目（如粉刷、油漆、电气等）单价可适当降低。

②估计到以后会增加工程量的项目单价可提高；工程量会减少的项目单价可降低。

③图纸不明确或有错误的、估计今后会修改的项目，单价可提高；工程内容说明不清楚的，单价可降低。这样做有利于以后的索赔。

④没有工程量，只填单价的项目（如土方中的挖淤泥、岩石等备用单价）其单价宜高，因为它不在投标总价之内。这样做既不影响投标总价，以后发生时又可获利。

⑤计日工作一般可稍高于工程单价中的工资单价，因它不属于承包总价的范围，发生时实报实销，也可多获利。

⑥暂定金额的估计，分析它发生的可能性大，价格可定高些；估计不一定发生的，价格可定低些，等等。

第五节　国际工程投标报价

国际工程投标报价与国内工程主要概（预）算方法的投标报价相比较，最主要的区别在于：某些间接费和利润等合用一个估算的综合管理费率分摊到分项工程单价中，从而组成分项工程完全单价，然后将分项工程单价乘以工程量即为该分项工程的合价，所有分项工程合价汇总后即为该工程的单项工程的估价。

一、投标报价的确定

在国际上没有统一的概预算定额已如前述，更没有统一的材料、设备预算价格和取费标准，因此，投标报价全由每个承包商除了严格遵守国际通用或所在国的合同条件、施工技术规范（或标准）、当地政府的有关法令、税收，具体工程招标文件和现场情况等外，还应根据市场信息、分包询价、自己的技术力量、施工装备、管理经营水平以及投标策略和作价技巧等以全部动态的方法自由定价，从竞争中争取获胜又能盈利。所有报价均须从人工费、材料费、设备价格、施工机械费、管理费率、利润率等基础价格或费率作具体的调研、分析、测算，然后再按工程内容逐项进行单价分析、开办费的估算和盈亏预测，最后还得作出报价的决策，确定有竞争能力的正式标价。

二、国际工程投标报价组成

如图 6-1 所示，我国在国际工程投标报价费用组成为；

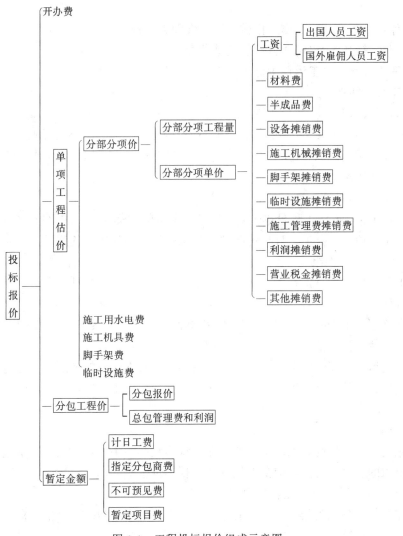

图 6-1　工程投标报价组成示意图

注：国内未带方框者，既可作为分摊项目，也可独立列为报价项目。

（一）开办费

开办费又称为准备工作费。通常开办费均应分摊于分项工程单价中。开办费的内容因不同类型工程和不同国家而有所不同，一般包括：

（1）施工用水、用电；

（2）施工机械费；

（3）脚手架费；

（4）临时设施费；

（5）业主和工程师办公室及生活设施费；

（6）现场材料试验及设备费；

（7）工人现场福利及安全费；

（8）职工交通费；

（9）防火设施；

（10）保护工程、材料和施工机械免于损毁和失窃费；

（11）现场道路及进出场通道修筑及维持费；

（12）恶劣气候下的工程保护措施费；

（13）工程放线费；

（14）告示板费等。

在国际上开办费一般多达40余项。约占造价的10%～20%，小工程则可超过20%，其比重与造价大小成反比例。每项开办费只须估一笔总价，无须细目，但在估算时要有一定的经验，应仔细按实考虑。

（二）分项工程单价

分项工程单价（亦称工程量单价）就是工程量清单上所列项目的单价，例如基槽开挖、钢筋混凝土梁、柱等。分项工程单价的估算是工程估价中最重要的基础工作。

1. 分项工程单价的组成

分项工程单价包括直接费、间接费（现场综合管理费等）和利润等。

（1）直接费

凡是直接用于工程的人工费、材料费、机械使用费以及周转材料费用等均称为直接费。

（2）间接费（分摊费）

主要是指组织和管理施工生产而产生的费用。它与直接费的区别是：这些费用的消耗并不是为直接施工某一分项工程，不能直接计入分部分项工程中，而只能间接地分摊到所施工的建筑产品中。

（3）利润

指承包商的预期税前利润，不同的国家对帐面利润的多少均有规定。承包商应明确在该工程应收取的利润数目。也应分摊到分项工程单价中。

2. 确定分项工程单价应注意的问题

（1）在国外，分项工程单价一定要符合当地市场的实际情况，不能按照国内价格折算成相应外币进行计算；

（2）国际工程估价中对分项工程单价的计算与国内的计算方法有所不同，国外每一分项工程单价除了包括人工工资、材料、机械费及其他直接费外，还包括工程所需的开办费、管理费及利润的摊销费用在内。因此，所用的分项工程估算出单价乘以工程量汇总后就是该单项工程的造价。

（3）对分摊在分项工程单价中的费用称为分摊费（亦称待摊费）。分摊费除了包括国内预算造价中的施工费、独立费和利润之外，还应包括为该工程施工而需支付的其他全部费用，如投标的开支费用、担保费、保险费、税金、贷款利息、临时设施费及其他杂项费用等。

（三）分包工程估价

1. 分包工程估价的组成

（1）发包工程合同价

对分包出去的工程项目，同样也要根据工程量清单分列出分项工程的单价，但这一部分的估价工作可由分包商去进行。通常总包的估价师一般对分包单价不作估算或仅作粗略估计。待收到来自各分包商的报价之后，对这些报价进行分析比较选出合适的分包报价。

（2）总包管理费及利润

对分包的工程应收取总包管理费、其他服务费和利润，再加上分包合同价就构成分包工程的估算价格。

2. 确定分包时应注意的问题

（1）指定分包的情况

在某些国际承包工程中，业主或业主工程师可以指定分包商，或者要求承包商在指定的一些分包商中选择分包商。一般说来，这些分包商和业主都有较好的关系。因此，在确认其分包工程报价时必须慎重，而且在总承包合同中应明确规定对指定分包商的工程付款必须由总承包商支付，以加强对分包商的管理。

（2）总承包合同签订后选择分包的情况

由于总承包合同已签定，总承包商对自己能够得到的工程款已十分明确。因此，总承包商可以将某些单价偏低或可能亏损的分部工程分包出去来降低成本并转移风险，以此弥补在估价时的失误。但是，在总合同业已生效后，开工的时间紧迫，要想在很短时间内找到资信条件好、报价又低的分包商比较困难。相反，某些分包商可能趁机抬高报价，与总承包商讨价还价，迫使总承包商作出重大让步。因此，总承包商原来转移风险的如意算盘就会落空，而且增加了风险。所以，应尽量避免在总合同签订后再选择分包商的做法。

（四）暂定（项目）金额和指定单价

"暂定金额"是包括在合同内的工程量清单内，以此名义标明用于工程施工，或供应货物与材料，或提供服务，或以应付意外情况的暂定数量的一笔金额，亦称特定金额或备用金。这些项目的费用将按业主或工程师的指示与决定，或全部使用，或部分使用，或全部不予动用。暂定金额还应包括不可预见费用。不可预见费用是指预期在施工期间材料价格、数量或人工工资、消耗工时可能增长的影响所引起的诸如计日工费、指定分包商费等全部费用。一般情况下，不可预见费不再计算利润，但对列入暂定金额项目而用于货物或材料者可计取管理费等。

三、我国对外投标报价的具体做法简介

（一）工料、机械台班消耗量的确定

可以国内任一省市或地区的预算定额、劳动定额、材料消耗定额等作为主要参考资料，再结合国外具体情况进行调整，如工效一般应酌情降低10%～30%，混凝土、砂浆配合比应按当地材质调整，机械台班用量也应适当调整，缺项定额应加以实地测算后补充。

（二）工资确定

国外工资包括的因素比国内复杂得多，大体分为出国工人工资和当地雇佣工人工资两种。应力争用前者，少雇后者。出国工人的工资一般应包括：国内包干工资（约为基本工资的三倍）、服装费、国内外差旅费、国外零用费、人身保险费、伙食费、护照及签证费、税金、奖金、加班工资、劳保福利费、卧具费、探亲及出国前后所需时间内的调迁工资等。工资可分技工和普工（目前每工日约为 15～20 美元）。国外当地雇佣工人的工资，一般包括工资（含包工工资）、加班费、津贴以及招聘、解雇等费用。其工资各国水平不一，有的一般只雇普工，主要受当地国家保护主义的规定，不得不雇佣一定的比例。国外当地雇佣工人的工资较国内出国工人工资有的稍高，有的则稍低。但工效均很低。在国际上，我们的工资与西方发达国家比是低的，这对投标是有利因素。

（三）材料费的确定

所有材料须实际调查，综合确定其费用。工期较长的投标工程还应酌情预先考虑每年涨价的百分比。材料来源可有：国内调拨材料、我国外贸材料、当地采购材料和第三国订购材料等几种。应进行方案比较，择优选用，也可采用招标采购，力求保质和低价。对国际上的运杂费、保险费、关税等均应了解掌握，摊进材料预算价格之内。

（四）机械费的确定

国外机械费往往是单独一笔费用列入"开办费"中，也有的包括在工程单价之内。其计量单位通常为"台时"，鉴于国内机械费定得太低，在国外则应大大提高，尤其是折旧费至少可参考"经援"标准，一年为重置价的 40％，二年为 70％，三年为 90％，四年为 100％，经常费另计。工期在 2～3 年以上者，或无后续工程的一般工程，均可以考虑一次摊销，另加经常费用。此外，还应增加机械的保险费。如租用当地机械更为合算者，则即采用租赁费计算。

（五）管理费的确定

在国外的管理费率应按实测算。测算的基数可以按一个企业或一个独立计算单位的年完成产值的能力计算，也可以专门按一个较大规模的投标总承包额计算。有关管理费的项目划分及开支内容，可参考国内现行管理费内容，结合国外当前的一些具体费用情况确定。管理费的内容大致有工作人员费（包括内容与出国工人工资基本同）、业务经营费（包括广告宣传、考察联络、交际、业务资料、各项手续费及保证金、佣金、保险费、税金、贷款利息等）、办公费、差旅交通费、行政工具用具使用费、固定资产使用费、以及其他等。这些管理费包括的内容可以灵活掌握。据初步在中东地区某些国家预测，我们的管理费率约在 15％左右，比西方国家要高。这是投标报价中一项不利因素，应采取措施加以降低。

（六）利润的确定

国外投标工程中自己灵活确定，根据投标策略可高可低，但由于我们的管理费率较高，本着国家对外开展承包工程的"八字方针"（即守约、保质、薄利、重义）的精神，应采取低利政策，一般毛利可定在 5％～10％范围。

第七章　建设工程合同

第一节　概　　述

一、建设工程合同的概念

建设工程合同是承包人进行工程建设，发包人支付价款的合同。我国建设领域习惯上把建设工程合同的当事人双方称为发包方和承包方，这与我国《合同法》将他们称为发包人与承包人没有区别。双方当事人应当在合同中明确各自的权利义务，但主要是承包人进行工程建设，发包人支付工程款。进行工程建设的行为包括勘察、设计、施工。建设工程实行监理的，发包人也应当与监理人采用书面形式订立委托监理合同。建设工程合同是一种诺成合同，合同订立生效后双方应当严格履行。建设工程合同也是一种双务、有偿合同，当事人双方在合同中都有各自的权利和义务，在享有权利的同时必须履行义务。

从合同理论上说，建设工程合同是广义的承揽合同的一种，也是承揽人（承包人）按照定作人（发包人）的要求完成工作（工程建设），交付工作成果（竣工工程），定作人给付报酬的合同。但由于工程建设合同在经济活动、社会生活中的重要作用，以及在国家管理、合同标的等方面均有别于一般的承揽合同，我国一直将建设工程合同列为单独的一类重要合同。但考虑到建设工程合同毕竟是从承揽合同中分离出来的，《合同法》规定：建设工程合同中没有规定的，适用承揽合同的有关规定。

二、建设工程合同的特征

（一）合同主体的严格性

建设工程合同主体一般只能是法人。发包人一般只能是经过批准进行工程项目建设的法人，必须有国家批准建设项目，落实投资计划，并且应当具备相应的协调能力；承包人则必须具备法人资格，而且应当具备相应的从事勘察、设计、施工等资质。无营业执照或无承包资质的单位不能作为建设工程合同的主体，资质等级低的单位不能越级承包建设工程。

（二）合同标的的特殊性

建设工程合同的标的是各类建筑产品，建筑产品是不动产，其基础部分与大地相连，不能移动。这就决定了每个建设工程合同的标的都是特殊的，相互间具有不可替代性。这还决定了承包方工作的流动性。建筑物所在地就是勘察、设计、施工生产场地，施工队伍、施工机械必须围绕建筑产品不断移动。另外，建筑产品的类别庞杂，其外观、结构、使用目的、使用人都各不相同，这就要求每一个建筑产品都需单独设计和施工（即使可重复利用标准设计或重复使用图纸，也应采取必要的修改设计才能施工），即建筑产品是单体性生产，这也决定了建设工程合同标的的特殊性。

（三）合同履行期限的长期性

建设工程由于结构复杂、体积大、建筑材料类型多、工作量大，使得合同履行期限都较长（与一般工业产品的生产相比）。而且，建设工程合同的订立和履行一般都需要较长的准备期，在合同的履行过程中，还可能因为不可抗力、工程变更、材料供应不及时等原因而导致合同期限顺延。所有这些情况，决定了建设工程合同的履行期限具有长期性。

（四）计划和程序的严格性

由于工程建设对国家的经济发展、公民的工作和生活都有重大的影响，因此，国家对建设工程的计划和程序都有严格的管理制度。订立建设工程合同必须以国家批准的投资计划为前提，即使是国家投资以外的、以其他方式筹集的投资也要受到当年的贷款规模和批准限额的限制，纳入当年投资规模的平衡，并经过严格的审批程序。建设工程合同的订立和履行还必须符合国家关于建设程序的规定。

（五）合同形式的特殊要求

我国《合同法》在一般情况下对合同形式采用书面形式还是口头形式没有限制，即对合同形式确立了以不要式为主的原则。但是，考虑到建设工程的重要性和复杂性，在建设过程中经常会发生影响合同履行的纠纷，因此，《合同法》要求，建设工程合同应当采用书面形式。这也反映了国家对建设工程合同的重视。

三、建设工程合同的种类

建设工程合同可以从不同的角度进行分类。

（一）从承发包的工程范围进行划分

从承发包的不同范围和数量进行划分，可以将建设工程合同分为建设工程总承包合同、建设工程承包合同、分包合同。发包人将工程建设的全过程发包给一个承包人的合同即为建设工程总承包合同。发包人如果将建设工程的勘察、设计、施工等的每一项分别发包给一个承包人的合同即为建设工程承包合同。经合同约定和发包人认可，从工程承包人承包的工程中承包部分工程而订立的合同即为建设工程分包合同。

（二）从完成承包的内容进行划分

从完成承包的内容进行划分，建设工程合同可以分为建设工程勘察合同、建设工程设计合同和建设工程施工合同三类。

虽然建筑施工企业在建设工程合同中只是建设工程施工合同的当事人，但作为施工企业的项目经理还是应当对建设工程合同有一个全面的了解，学习一些建设工程中其他合同的知识。因为这些合同对建设工程施工有直接的影响。

（三）从付款方式进行划分

以付款方式不同进行划分，建设工程合同可分为总价合同、单价合同和成本加酬金合同。

1. 总价合同

总价合同是指在合同中确定一个完成建设工程的总价、承包单位据此完成项目全部内容的合同。这种合同类型能够使建设单位在评标时易于确定报价最低的承包商、易于进行支付计算。但这类合同仅适用于工程量不太大且能精确计算、工期较短、技术不太复杂、风险不大的项目。因而采用这种合同类型要求建设单位必须准备详细而全面的设计图纸（一般要求施工详图）和各项说明，使承包单位能准确计算工程量。

2. 单价合同

单价合同是承包单位在投标时，按招标文件就分部分项工程所列出的工程量表确定各分部分项工程费用的合同类型。

这类合同的适用范围比较宽，其风险可以得到合理的分摊，并且能鼓励承包单位通过提高工效等手段从成本节约中提高利润。这类合同能够成立的关键在于双方对单价和工程量计算方法的确认。在合同履行中需要注意的问题则是双方对实际工程量计量的确认。

3. 成本加酬金合同

成本加酬金合同，是由业主向承包单位支付建设工程的实际成本，并按事先约定的某一种方式支付酬金的合同类型。在这类合同中，业主需承担项目实际发生的一切费用，因此也就承担了项目的全部风险。而承包单位由于无风险，其报酬往往也较低。

这类合同的缺点是业主对工程总造价不易控制，承包商也往往不注意降低项目成本。这类合同主要适用于以下项目：（1）需要立即开展工作的项目，如震后的救灾工作；（2）新型的工程项目，或对项目工程内容及技术经济指标未确定；（3）项目风险很大。

第二节　建设工程勘察、设计合同

一、建设工程勘察、设计合同概述

（一）建设工程勘察、设计合同的概念

建设工程勘察、设计合同是委托人与承包人为完成一定的勘察、设计任务，明确双方权利义务关系的协议。承包人应当完成委托人委托的勘察、设计任务，委托人则应接受符合约定要求的勘察、设计成果并支付报酬。

建设工程勘察、设计合同的委托人一般是项目业主（建设单位）或建设项目总承包单位；承包人是持有国家认可的勘察、设计证书，具有经过有关部门核准的资质等级的勘察、设计单位。合同的委托人、承包人均应具有法人地位。委托人必须是有国家批准的建设项目，落实投资计划的企事业单位、社会团体；或者是获得总承包合同的建设项目总承包单位。

（二）建设工程勘察、设计合同示范文本简介

建设部、国家工商行政管理局于 2000 年 3 月 1 日发布了建设工程勘察、设计合同示范文本。《建设工程设计合同示范文本》（一）GF-2000-0209 适用于民用建设工程设计合同，《建设工程设计合同示范文本》（二）GF-2000-0210 适用于专业建设工程设计合同。《建设工程勘察合同示范文本》（一）GF-2000-0203，适用于岩土工程勘察、水文地质勘察（含凿井）工程测量、工程物探。《建设工程勘察合同示范文本》（二）GF2000-0204 适用于岩土工程设计、治理监测。这四个示范文本采用的是填空式文本，即合同示范文本的编制者将勘察、设计中共性的内容抽象出来编写成固定的条款，但对于一些需要在具体勘察、设计任务中明确的内容则是留下空格由合同当事人在订立合同时填写。

《建设工程勘察合同示范文本》共（一）10 条，内容包括：工程概况；发包人应当向勘察人提供的文件资料；勘察人应当提交的勘察成果资料；取费标准及付费方式；双方责任；违约责任；纠纷的解决；其他事宜等。《建设工程设计合同示范文本》（一）共 8 条，内容包括：签订依据；设计项目的名称、阶段、规模、投资、设计内容及标准；发包人应当向设计人提供的文件资料；设计人应当提交的设计资料及文件；设计费及支付进度；双方责

任；违约责任；其他等。

二、建设工程勘察、设计合同的订立

勘察合同，由建设单位、设计单位或有关单位提出委托，经双方同意即可签订。设计合同，须具有上级机关批准的设计任务书方能签订。小型单项工程的设计合同须具有上级机关批准的文件方能签订。如单独委托施工图设计任务，应同时具有经有关部门批准的初步设计文件方能签订。

勘察、设计合同在当事人双方经过协商取得一致意见，由双方负责人或指定代表签字并加盖公章后，方为有效。

三、建设工程勘察、设计合同的主要内容

（一）发包人提交有关基础资料的期限

这是对发包人提交有关基础资料在时间上的要求。勘察或者设计的基础资料是指勘察、设计单位进行勘察、设计工作所依据的基础文件和情况。勘察基础资料包括项目的可行性研究报告，工程需要勘察的地点、内容，勘察技术要求及附图等。设计的基础资料包括工程的选址报告等勘察资料以及原料（或者经过批准的资源报告），燃料、水、电、运输等方面的协议文件，需要经过科研取得的技术资料。

（二）勘察、设计人提交勘察、设计文件（包括概预算）的期限

这是指勘察、设计人完成勘察设计工作，交付勘察或者设计文件的期限。勘察、设计文件主要包括勘察、建设设计图纸及说明，材料设备清单和工程的概预算等。勘察、设计文件是工程建设的依据，工程必须按照勘察设计文件进行施工，因此勘察设计文件的交付期限直接影响工程建设的期限，所以当事人在勘察或者设计合同中应当明确勘察、设计文件的交付期限。

（三）勘察或者设计的质量要求

这主要是发包人对勘察、设计工作提出的标准和要求。勘察、设计人应当按照确定的质量要求进行勘察、设计，按时提交符合质量要求的勘察、设计文件。勘察、设计的质量要求条款明确了勘察、设计成果的质量，也是确定勘察、设计人工作责任的重要依据。

（四）勘察、设计费用

勘察、设计费用是发包人对勘察、设计人完成勘察、设计工作的报酬。支付勘察、设计费是发包人在勘察、设计合同中的主要义务。双方应当明确勘察、设计费用的数额和计算方法，勘察设计费用支付方式、地点、期限等内容。

（五）双方的其他协作条件

其他协作条件是指双方当事人为了保证勘察、设计工作顺利完成所应当履行的相互协作的义务。发包人的主要协作义务是在勘察、设计人员进入现场工作时，为勘察、设计人员提供必要的工作条件和生活条件，以保证其正常开展工作。勘察、设计人的主要协作义务是配合工程建设的施工，进行设计交底，解决施工中的有关设计问题，负责设计变更和修改预算，参加试车考核和工程验收等。

（六）违约责任

合同当事人双方应当根据国家的有关规定约定双方的违约责任。

四、建设工程勘察、设计合同的履行

（一）勘察、设计合同的定金

按规定收取费用的勘察、设计合同生效后，发包人应向勘察设计人付给定金。勘察、设计合同履行后，定金抵作勘察、设计费。设计任务的定金为估算的设计费的20%。发包人不履行合同的，无权请求返还定金。勘察设计人不履行合同的，应当双倍返还定金。

（二）勘察、设计合同双方的权利义务

勘察、设计合同作为双务合同，当事人的权利义务是相互的，一方的义务就是对方的权利。我们在这里只介绍各自的义务。

1. 发包人的义务

（1）向勘察设计人提供开展勘察、设计工作所需的有关基础资料，并对提供的时间、进度与资料的可靠性负责。委托勘察工作的，在勘察工作开展前，应提出勘察技术要求及附图。

委托初步设计的，在初步设计前，应提供经过批准的设计任务书，选址报告，以及原料（或经过批准的资料报告）、燃料、水、电、运输等方面的协议文件和能满足初步设计要求的勘察资料、需要经过科研取得的技术资料。

委托施工图设计的，在施工图设计前，应提供经过批准的初步设计文件和能满足施工图设计要求的勘察资料、施工条件，以及有关设备的技术资料。

（2）在勘察、设计人员进入现场作业或配合施工时，应负责提供必要的工作和生活条件。

（3）委托配合引进项目的设计任务，从询价、对外谈判、国内外技术考察直至建成投产的各阶段，应吸收承担有关设计任务的单位参加。

（4）按照国家有关规定付给勘察、设计费。

（5）维护承包方的勘察成果和设计文件，不得擅自修改，不得转让给第三方重复使用。

2. 勘察、设计人的责任

（1）勘察人应按照现行的标准、规范、规程和技术条例，进行工程测量、工程地质、水文地质等勘察工作，并按合同规定的进度、质量提交勘察成果。

（2）设计人要根据批准的设计任务书或上一阶段设计的批准文件，以及有关设计技术经济协议文件、设计标准、技术规范、规程、定额等提出勘察技术要求和进行设计，并按合同规定的进度和质量提交设计文件（包括概预算文件、材料设备清单）。

（3）初步设计经上级主管部门审查后，在原定任务书范围内的必要修改，由设计人负责。原定任务书有重大变更而重作或修改设计时，须具有设计审批机关或设计任务书批准机关的意见书，经双方协商，另订合同。

（4）设计人对所承担设计任务的建设项目应配合施工，进行设计技术交底，解决施工过程中有关设计的问题，负责设计变更和修改预算，参加试车考核及工程竣工验收。对于大中型工业项目和复杂的民用工程应派现场设计代表，并参加隐蔽工程验收。

五、勘察、设计合同的变更和解除

设计文件批准后，就具有一定的严肃性，不得任意修改和变更。如果必须修改，也需经有关部门批准，其批准权限，根据修改内容所涉及的范围而定。如果修改部分属于初步设计的内容，必须经设计的原批准单位批准；如果修改的部分是属于可行性研究报告的内容，则必须经可行性研究报告的原批准单位批准；施工图设计的修改，必须经设计人批准。

发包人因故要求修改工程设计，经承包方同意后，除设计文件的提交时间另定外，发包人还应按承包方实际返工修改的工作量增付设计费。

原定可行性研究报告或初步设计如有重大变更而需重作或修改设计时，须经原批准机关同意，并经双方当事人协商后另订合同。发包人负责支付已经进行了的设计的费用。

发包人因故要求中途停止设计时，应及时书面通知勘察、设计人，已付的设计费不退，并按该阶段实际所耗工时，增付和结清设计费，同时终止合同关系。

六、勘察、设计合同的违约责任

（一）勘察、设计合同勘察、设计人的违约责任

勘察、设计合同勘察、设计人违反合同规定的，应承担以下违约的责任：

（1）因勘察、设计质量低劣引起返工或未按期提交勘察、设计文件拖延工期造成发包人损失的，由勘察、设计人继续完善勘察、设计任务，并应视造成的损失浪费大小减收或免收勘察、设计费并赔偿损失。

（2）因勘察、设计人的原因致使建设工程在合理使用期限内造成人身和财产损害的，勘察、设计人应当承担损害赔偿责任。

（二）勘察、设计合同发包人的违约责任

勘察、设计合同发包人违反合同规定的，应承担以下违约的责任：

（1）由于变更计划，提供的资料不准确，未按期提供勘察、设计必需的资料或工作条件而造成勘察、设计的返工、停工、窝工或修改设计，发包人应按承包方实际消耗的工作量增付费用。因发包人责任造成重大返工或重新设计，应另行增费。

（2）发包人超过合同的规定的日期付费时，应偿付逾期的违约金。偿付办法与金额，由双方按照国家的有关规定协商，在合同中订明。

第三节　建设工程监理合同

鉴于建设工程监理合同与建设工程施工活动密切相关，项目经理必须了解建设工程监理合同的内容。因此，我们单列一节介绍建设工程监理合同。

一、建设监理合同概述

（一）建设监理合同的概念

建设监理合同是业主与监理单位签订，为了委托监理单位承担监理业务而明确双方权利义务关系的协议。建设监理的内容是依据法律、行政法规及有关技术标准、设计文件和建设工程合同，对承包单位在工程质量、建设工期和建设资金使用等方面，代表建设单位实施监督。建设监理可以是对工程建设的全过程进行监理，也可以分阶段进行设计监理、施工监理等。但目前实践中监理大多是施工监理。

建设监理制是我国建设领域正在推广的一项制度。自1988年以来，我国工程监理制度经过了试点阶段（1988～1993年）、稳步推行阶段（1993～1995年），1996年后进入了全面推行阶段。工程建设监理制度是在工程建设领域实行社会化、专业化管理的结果，是建设领域由计划经济向市场经济转变的需要。

（二）建设监理合同的主体

建设监理合同的主体是合同确定的权利的享有者和义务的承担者，包括建设单位（业主）和监理单位。监理单位与业主是平等的主体关系，这与其他合同主体关系是一致的，也

是合同的特点决定的。双方的关系是委托与被委托的关系。

1. 业主

在我国，业主是指由投资方派代表组成，全面负责项目投资、项目建设、生产经营、归还贷款和债券本息并承担投资风险的管理班子。

2. 监理单位

监理单位，是指取得监理资质证书，具有法人资格的监理公司、监理事务所和兼承监理业务的工程设备、科学研究及工程建设咨询的单位。监理单位的资质分为甲级、乙级和丙级。甲级监理单位可以跨地区、跨部门监理一、二、三等的工程；乙级监理单位只能监理本地区、本部门二、三等的工程；丙级监理单位只能监理本地区、本部门三等的工程。

（三）《工程建设监理合同》示范文本简介

建设部、国家工商行政管理局2000年2月17日颁发的《建设工程委托监理合同（示范文本）》（GF-95-0202）由建设工程委托监理合同、建设工程委托监理合同标准条件（以下简称标准条件）和建设工程委托监理合同专用条件（以下简称专用条件）组成。

工程建设监理合同实际上是协议书，其篇幅并不大。但它却是监理合同的总纲，规定了监理合同的一些原则、合同的组成文件，意味着业主与监理单位对双方商定的监理业务、监理内容的承认和确认。标准条件适用于各个工程项目建设监理委托，各业主和监理单位都应当遵守。标准条件是监理合同的主要部分，它明确而详细地规定了双方的权利义务。标准条件共有49条。专用条件是各个工程项目根据自己的个性和所处的自然和社会环境，由业主和监理单位协商一致后填写的。双方如果认为需要，还可在其中增加约定的补充条款和修正条款。专用条件的条款是与标准条件的条款相对应的。在专用条件中，并非每一条款都必须出现。专用条件不能单独使用，它必须与标准条件结合在一起才能使用。

二、建设监理合同当事人的权利义务

（一）监理人的义务

监理人应承担以下义务：

第一，向委托人报送委派的总监理工程师及其监理机构主要成员名单、监理规划，完成监理合同专用条件中约定的监理工程范围内的监理业务。

第二，监理机构在履行本合同的义务期间，应运用合理的技能，为委托人提供与其监理机构水平相适应的咨询意见，认真、勤奋地工作。帮助业主实现合同预定的目标，公正地维护各方的合法权益。

第三，监理机构使用业主提供的设施和物品属于委托人的财产。在监理工作完成或终止时，应将其设施和剩余的物品库存清单提交给委托人，并按合同约定的时间和方式移交此类设施和物品。

第四，在本合同期内或合同终止后，未征得有关方同意，不得泄露与本工程、本合同业务活动有关的保密资料。

（二）委托人的义务

委托人应承担以下义务：

第一，委托人在监理人开展监理业务之前应向监理人支付预付款。

第二，委托人应当负责工程建设的所有外部关系的协调，为监理工作提供外部条件。

第三，委托人应在双方约定的时间内免费向监理机构提供与工程有关的为监理机构所需要的工程资料。

第四，委托人应当在约定的时间内就监理人书面提交并要求作出决定的一切事宜作出书面决定。

第五，委托人应当授权一名熟悉本工程情况、能迅速作出决定的常驻代表，负责与监理单位联系。更换常驻代表，要提前通知监理单位。

第六，委托人应当将授予监理单位的监理权利，以及该机构主要成员的职能分工，及时书面通知已选定的第三方，并在与第三方签订的合同中予以明确。

第七，委托人应为监理机构提供如下协助：

（1）获得本工程使用的原材料、构配件、机械设备等生产厂家名录。

（2）提供与本工程有关的协作单位、配合单位的名录。

第八，委托人免费向监理机构提供合同专用条件约定的设施，对监理人自备的设施给予合理的经济补偿。

第九，如果双方约定，由委托人免费向监理机构提供职员和服务人员，则应在监理合同专用条件中增加与此相应的条款。

（三）监理人的权利

在委托的工程范围内，监理人享有以下权利：

第一，选择工程总设计人和施工总承包人的建议权。

第二，选择工程分包设计人和施工分包人的确认权与否定权。

第三，工程建设有关事项包括工程规模、设计标准、规划设计、生产工艺设计和使用功能要求，向业主的建议权。

第四，工程结构设计和其他专业设计中的技术问题，按照安全和优化的原则，自主向设计人提出建议，并向委托人提出书面报告；如果由于拟提出的建议会提高工程造价，或延长工期，应当事先取得委托人的同意。

第五，工程施工组织设计和技术方案，按照保质量、保工期和降低成本的原则，自主向承包人提出建议、并向委托人提供书面报告；如果由于拟提出的建议会提高工程造价、延长工期，应当事先取得委托人的同意。

第六，工程建设有关的协作单位的组织协调的主持权，重要协调事项应当事先向业主报告。

第七，征得委托人同意，监理人有权发布开工令，停工令、复工令，应事先向委托人报告。如在紧急情况下未能事先报告时，则应在24小时内向委托人作出书面报告。

第八，工程上使用的材料和施工质量的检验权。对于不符合设计要求及国家质量标准的材料设备，有权通知承建商停止使用；不符合规范和质量标准的工序、分项分部工程和不完全的施工作业，有权通知承建商停工整改、返工。

第九，承建商取得监理机构复工令后才能复工。发布停、复工令应当事先向业主报告，如在紧急情况下未能事先报告时，则应在24小时内向业主作出书面报告。

第十，工程施工进度的检查、监督权，以及工程实际竣工日期提前或超过工程承包合同规定的竣工期限的签认权。

第十一，在工程承包合同约定的工程价格范围内，工程款支付的审核和签认权，以及工程结算的复核确认权与否定权。未经监理机构签字确认，业主不支付工程款。

第十二，监理机构在业主授权下，可对任何第三方合同规定的义务提出变更。如果由此严重影响了工程费用，或质量、进度，则这种变更须经业主事先批准。在紧急情况下未能事先报业主批准时，监理机构所作的变更也应尽快通知业主。在监理过程中如发现承建商工作不力，监理机构可提出调换有关人员的建议。

第十三，在委托的工程范围内，业主或第三方对对方的任何意见和要求（包括索赔要求）均须首先向监理机构提出，由监理机构研究处置意见，再同双方协商确定。当业主和第三方发生争议时，监理机构应根据自己的职能，以独立的身份判断，公正地进行调解。当其双方的争议由政府建设行政主管部门或仲裁机关进行调解和仲裁时，应当提供作证的事实材料。

（四）委托人的权利

委托人享有以下权利：

第一，委托人有选定工程总设计单位和总承包单位，以及与其订立合同的签定权；

第二，委托人有对工程规模、设计标准、规划设计、生产工艺设计和设计使用功能要求的认定权，以及对工程设计变更的审批权；

第三，监理人调换总监理工程师须经委托人同意；

第四，委托人有权要求监理机构提交监理工作月度报告及监理业务范围内的专项报告；

第五，委托人有权要求监理人更换不称职的监理人员，直到终止合同。

三、建设监理合同的履行

建设监理合同的当事人应当严格按照合同的约定履行各自的义务。当然，最主要的是，监理单位应当完成监理工作，业主应当按照约定支付监理酬金。

（一）监理单位完成监理工作

工程建设监理工作包括正常的监理工作，附加的工作和额外的工作。

正常的监理工作是合同约定的投资、质量、工期的三大控制，以及合同、信息两项管理。附加的服务，是指合同内规定的附加服务或通过双方书面协议附加于正常服务的那类工作。额外服务，是指那些既不是正常的，也不是附加的，但根据合同规定监理单位必须履行的工作。

（二）监理酬金的支付

合同双方当事人可以在专用条件中约定以下内容：①监理酬金的计取方法；②支付监理酬金的时间和数额；③支付监理酬金所采用的货币币种、汇率。

如果业主在规定的支付期限内未支付监理酬金，自规定支付之日起，应当向监理单位补偿应付的酬金利息。利息额按规定支付期限最后一日银行贷款利息率乘以拖欠酬金时间计算。

如果业主对监理单位提交的支付通知书中酬金或部分酬金项目提出异议，应当在收到支付通知书24小时内向监理单位发出异议的通知，但业主不得拖延其他无异议酬金项目的支付。

（三）违约责任

任何一方对另一方负有责任时的赔偿原则是：

（1）赔偿应限于由于违约所造成的，可以合理预见到的损失和损害的数额。

（2）在任何情况下，赔偿的累计数额不应超过专用条款中规定的最大赔偿限额；在监理单位一方，其赔偿总额不应超出监理酬金总额（除去税金）。

（3）如果任何一方与第三方共同对另一方负有责任时，则负有责任一方所应付的赔偿比例应限于由其违约所应负责的那部分比例。

监理工作的责任期即监理合同有效期。监理单位在责任期内，如果因过失而造成了经济损失，要负监理失职的责任。在监理过程中，如果完成全部议定监理任务因工程进展的推迟或延误而超过议定的日期，双方应进一步商定相应延长的责任期，监理单位不对责任期以外发生的任何事件所引起的损失或损害负责，也不对第三方违反合同规定的质量要求和交工时限承担责任。

第四节　建设的其他合同

建筑施工企业的项目经理对项目要进行全面的管理。在项目的进行过程中，必然会涉及多种合同关系，如建设物资的采购涉及买卖合同及运输合同、工程投保涉及保险合同，有时还会涉及租赁合同、承揽合同等。建筑施工企业的项目经理不但要做好对施工合同的管理，也要做好对建设工程涉及的其他合同的管理，这是项目施工能够顺利进行的基础和前提。

一、买卖合同

买卖合同是经济活动中最常见的一种合同，也是建设工程中需经常订立的一种合同。在建设工程中，建设材料、设备的采购是买卖合同，施工过程中的一些工具、生活用品的采购也是买卖合同。在建设工程合同的履行过程中，承包方和发包方都需要经常订立买卖合同。当然，建设工程合同当事人在买卖合同中总是处于买受人的位置。

（一）买卖合同概述

1. 买卖合同的概念

买卖合同是出卖人转移标的物的所有权于买受人，买受人支付价款的合同。买卖合同是经济活动中最常见的一种合同，它以转移财产所有权为目的，合同履行后，标的物的所有权转移归买受人。

买卖合同的出卖人除了应当向买受人交付标的物并转移标的物的所有权外，还应对标的物的瑕疵承担担保义务。即出卖人应保证他所交付的标的物不存在可能使其价值或使用价值降低的缺陷或其他不符合合同约定的品质问题，也应保证他所出卖的标的物不侵犯任何第三方的合法权益。买受人除了应按合同约定支付价款外，还应承担按约定接受标的物的义务。

2. 买卖合同的特点

买卖合同具有以下特点：

（1）买卖合同是双务、有偿合同。即买卖双方互负一定义务，出卖人必须向买受人转移财产所有权，买受人必须支付价款，双方权利的取得都是有偿的。

（2）买卖合同是诺成合同。买卖合同以当事人意思表示一致为其成立条件，不以实物的交付为成立条件。

（3）买卖合同是不要式合同。在一般情况下，买卖合同的成立和生效并不需要具备特别的形式或履行审批手续。但是，这并不排除一些特殊的买卖合同，如标的额较大的材料设备买卖合同，国家或有关部门在合同形式或订立过程中有一定的要求。

3. 买卖合同的内容

买卖合同除了应当具备合同一般应当具备的内容外，还可以包括包装方式、检验标准和方法、结算方式、合同使用的文字及其效力等条款。

（二）买卖合同的履行

1. 标的物的交付

标的物的交付是买卖合同履行中最重要的环节，标的物的所有权自标的物交付时转移。

（1）标的物的交付期限。合同双方应当约定交付标的物的期限，出卖人应当按照约定的期限交付标的物。如果双方约定交付期间的，出卖人可以在该交付期间内的任何时间交付。

当事人没有约定标的物的交付期间或者约定不明确的，可以协议补充，不能达成补充协议的，按照合同有关条款或者交易习惯确定。如果仍不能确定，则出卖人可以随时履行，买受人也可以随时要求履行，但应当给对方必要的准备时间。

标的物在订立合同之前已为买受人占有的，合同生效的时间为交付的时间。

（2）标的物的交付地点。合同双方应当约定交付标的物的地点，出卖人应当按照约定的地点交付标的物。如果当事人没有约定交付地点或者约定不明确，事后没有达成补充协议，也无法按照合同有关条款或者交易习惯确定，则适用下列规定：

①标的物需要运输的，出卖人应当将标的物交付给第一承运人以运交给买受人。

②标的物不需要运输，出卖人和买受人订立合同时知道标的物在某一地点的，出卖人应当在该地点交付标的物，不知道标的物在某一地点的，应当在出卖人订立合同时的营业地交付标的物。

2. 标的物的风险承担

所谓风险，是指标的物因不可归责于任何一方当事人的事由而遭受的意外损失。一般情况下，标的物毁损、灭失的风险，在标的物交付之前由出卖人承担，交付之后由买受人承担。

因买受人的原因致使标的物不能按照约定的期限交付的，买受人应当自违反约定之日起承担标的物毁损、灭失的风险。

出卖人出卖交由承运人运输的在途标的物，除当事人另有约定的以外，毁损、灭失的风险自合同成立时起由买受人承担。

出卖人按照约定未交付有关标的物的单证和资料的，不影响标的物毁损、灭失风险的转移。

3. 买受人对标的物的检验

检验即检查与验收，对买受人来说既是一项权利也是一项义务。买受人收到标的物时应当在约定的检验期间内检验。没有约定检验期间的，应当及时检验。

当事人约定检验期间的，买受人应当在检验期间内将标的物的数量或者质量不符合约定的情形通知出卖人。买受人怠于通知的，视为标的物的数量或者质量符合约定。

当事人没有约定检验期间的，买受人应当在发现或者应当发现标的物的数量或者质量不符合约定的合理期间内通知出卖人。买受人在合理期间内未通知或者自标的物收到之日起两年内未通知出卖人的，视为标的物的数量或者质量符合约定，但对标的物有质量保证期的，适用质量保证期，不适用该两年的规定。

出卖人知道或者应当知道提供的标的物不符合约定的，买受人不受前两款规定的通知时间的限制。

4. 买受人支付价款

买受人应当按照约定的数额支付价款。对价款没有约定或者约定不明确的，由当事人协议补充，或按合同其他条款或交易习惯确定。

买受人应当按照约定的地点支付价款。对支付地点没有约定或者约定不明确，买受人应当在出卖人的营业地支付，但约定支付价款以交付标的物或者交付提取标的物单证为条件的，在交付标的物或者交付提取标的物单证的所在地支付。

买受人应当按照约定的时间支付价款。对支付时间没有约定或者约定不明确，买受人应当在收到标的物或者提取标的物单证的同时支付。

（三）买卖合同不当履行的处理

出卖人多交标的物的，买受人可以接收或者拒绝接收多交的部分。买受人接收多交部分的，按照合同的价格支付价款；买受人拒绝接收多交部分的，应当及时通知出卖人。

标的物在交付之前产生的孳息，归出卖人所有，交付之后产生的孳息，归买受人所有。

因标的物的主物不符合约定而解除合同的，解除合同的效力及于从物。因标的物的从物不符合约定被解除的，解除的效力不及于主物。

标的物为数物，其中一物不符合约定的，买受人可以就该物解除，但该物与他物分离使标的物的价值显受损害的，当事人可以就数物解除合同。

二、货物运输合同

在工程建设过程中，存在着大量的建筑材料、设备、仪器等的运输问题。做好货物运输合同的管理对确保工程建设的顺利进行有重要的作用。

（一）货物运输合同的概念

货物运输合同，是由承运人将承运的货物从起运地点运送到指定地点，托运人或者收货人向承运人交付运费的协议。

货物运输合同中至少有承运人和托运人两方当事人，如果运输合同的收货人与托运人并非同一人，则货物运输合同有承运人、托运人和收货人三方当事人。在我国，可以作为承运人的有以下民事主体：（1）国有运输企业，如铁路局、汽车运输公司等；（2）集体运输组织，如运输合作社等；（3）城镇个体运输户和农村运输专业户。可以作为托运人的范围则是非常广泛的，国家机关、企事业法人、其他社会组织、公民等可以成为货物托运人。

（二）货物运输合同的种类

货物运输合同根据不同的标准可以进行不同的分类。

1. 以运输的货物进行分类

以运输的货物进行分类，可以将货物运输合同分为普通货物运输合同、特种货物（如鲜活货物等）运输合同和危险货物运输合同。

2. 以运输工具进行分类

以运输工具进行分类，可以将货物运输合同分为铁路货物运输合同、公路货物运输合同、水路货物运输合同、航空货物运输合同等。由于我国对运输业的管理是根据运输工具的不同而分别进行的，因此这种分类方式是最重要的。另外，由于科学技术的发展，运输工具的种类也越来越多，以此种方法分类，仍将不断出现新的运输合同，如管道货物运输合同等。

（三）货物运输合同的管理

在工程建设中，如果需要运输的货物是大批量的，则应做好物资供应计划，并根据自己的物资供应计划向运输部门申报运输计划。在合同的履行中还应特别注意以下问题：

1. 做好货物的包装

需要包装的货物，应当按照国家包装标准或者行业包装标准进行包装。没有规定统一包装标准的，要根据货物性质，在保证货物运输安全的原则下进行包装，并按国家规定标明包装储运指示标志。

2. 应及时交付和领取托运的货物

运输行业具有较强的时间性，一定要按照约定的时间交货。同时，应及时将领取货物凭证交付给收货人，并通知其到指定地点领取。如领取货物需准备人力、设备、工具的，则应提前安排。

3. 对特种货物和危险货物的运输应做好准备工作

特种货物和危险货物的运输，必须单独填写运单，如实写明运输物品的名称、性质等，并按有关部门的要求包装和附加明显标志。如果特种货物和危险货物中须有关部门证明文件才能运输的货物，托运人应将证明文件与货物运单同时交给承运人。

4. 出现应由承运人承担的责任应及时索赔

我国的运输法规对货物运输合同的索赔时效作了特别规定，其时效大大短于我国《民法通则》规定的诉讼时效，一般都是货物运抵到达地点或货运记录交给托运人、发货人的次日起算不超过180天。这就要求托运人或收货人应对运抵目的地货物及时进行检查验收，发现应由承运人承担的责任则应及时提出索赔。

三、保险合同

（一）保险合同的概念

保险合同是指投保人与保险人约定保险权利义务关系的协议。

投保人是指与保险人订立保险合同，并按照保险合同负有支付保险费义务的人。保险人是指与投保人订立保险合同，并承担赔偿或者给付保险金责任的保险公司。

保险公司在履行中还会涉及到被保险人和受益人的概念。被保险人是指其财产或者人身受保险合同保障，享有保险金请求权的人，投保人可以为被保险人。受益人是指人身保险合同中由被保险人或者投保人指定的享有保险金请求权的人，投保人，被保险人可以为受益人。

（二）保险合同的基本条款

保险合同应包括下列事项：

（1）保险人名称和住所；

（2）投保人、被保险人名称和住所，以及人身保险的受益人的名称和住所；

（3）保险标的；

（4）保险责任和责任免除；

（5）保险期间和保险责任开始时间；

（6）保险价值；

（7）保险金额（指保险人承担赔偿或给付保险金责任的最高限额）；

（8）保险费以及支付办法；

（9）保险金赔偿或者给付办法；

（10）违约责任和争议处理；

（11）订立合同的年、月、日。

保险人与投保人也可就与保险有关的其他事项作出约定。

（三）保险合同的分类

1. 财产保险合同

财产保险合同是以财产及其有关利益为保险标的的保险合同。在财产保险合同中，保险合同的转让应当通知保险人，经保险人同意继续承保后，依法转让合同。在合同的有效期内，保险标的的危险程度增加的，被保险人按照合同约定应当及时通知保险人，保险人有权要求增加保险费或者合同。

建筑工程一切险和安装工程一切险即为财产保险合同。

2. 人身保险合同

人身保险合同是以人的寿命和身体为保险标的的保险合同。投保人应向保险人如实申报被保险人的年龄、身体状况。投保人于合同成立后，可以向保险人一次支付全部保险费，也可以按照合同规定分期支付保险费。人身保险的受益人由被保险人或者投保人指定。保险人对人身保险的保险费，不得用诉讼方式要求投保人支付。

（四）保险合同的履行

保险合同订立后，当事人双方必须严格地、全面地按保险合同订明的条款履行各自的义务。在订立保险合同前，当事人双方均应履行告知义务。即保险人应将办理保险的有关事项告知投保人；投保人应当按照保险人的要求，将主要危险情况告知保险人。在保险合同订立后，投保人应按照约定期限，交纳保险费，应遵守有关消防、安全、生产操作和劳动保护方面的法规及规定。保险人可以对被保险财产的安全情况进行检查，如发现不安全因素，应及时向投保人提出清除不安全因素的建议。在保险事故发生后，投保人有责任采取一切措施，避免扩大损失，并将保险事故发生的情况及时通知保险人。保险人对保险事故所造成的保险标的的损失或者引起的责任，应当按照保险合同的规定履行赔偿或给付责任。

保险事故发生后，保险人已支付了全部保险金额，并且保险金额相等于保险价值的，受损保险标的的全部权利归于保险人；保险金额低于保险价值的，保险人按照保险金额与保险时此保险标的的价值取得保险标的的部分权利。

四、租赁合同

（一）租赁合同概述

租赁合同是出租人将租赁物交付承租人使用、收益，承租人支付租金的合同。租赁合同是转让财产使用权的合同，合同的履行不会导致财产所有权的转移，在合理有效期满后，承租人应当将租赁物交还出租人。

租赁合同的形式没有限制，但租赁期限在 6 个月以上的，应当采用书面形式。

随着市场经济的发展，在工程建设过程中出现了越来越多的租赁合同。特别是建筑施工企业的施工工具、设备，如果自备过多，则购买费用、保管费用都很高，如果自备过少，又不能满足施工高峰的使用需要。

（二）租赁合同的内容

租赁合同的内容包括以下条款：

1. 租赁物的名称

租赁物的名称，是指租赁合同的标的，必须是有形、特定的非消费物，即能够反复使用的各种耐耗物品。租赁物还必须是法律允许流通的物。

2. 租赁物的数量

租赁物的数量，是指以数字和计量单位表示的租赁物的尺度。

3. 用途

合同中约定的用途对双方都有约束力。出租人应当在租赁期间保持租赁物符合约定的用途，承租人应当按照约定的用途使用租赁物。

4. 租赁期限

当事人应当约定租赁期限，租赁期限不得超过20年，但无最短租赁期限的限制。租赁期限超过20年的，超过部分无效。当事人对租赁期限没有约定或者约定不明确的，可以协议补充；不能达成补充协议的，按照合同有关条款或者交易习惯确定。如果仍不能确定的，视为不定期租赁。当事人未采用书面形式的租赁合同也视为不定期租赁。对于不定期租赁，当事人可以随时解除合同，但出租人解除合同应当在合理期限之前通知承租人。

5. 租金及其支付期限和方式

租金是指承租人为了取得财产使用权而支付给出租人的报酬。当事人在合同中应当约定租金的数额、支付期限和方式。对于支付期限没有约定或者约定不明确的，可以协议补充；不能达成补充协议的，按照合同有关条款或者交易习惯确定。如果仍不能确定的，租赁期间不满1年的，应当在租赁期间届满时支付；租赁期间1年以上的，应当在每届满1年时支付，剩余期间不满1年的，应当在租赁期间届满时支付。

6. 租赁物的维修

合同当事人应当约定，租赁期间应当由哪一方承担维修责任及维修对租金和租赁期限的影响。在正常情况下，出租人应当履行租赁物的维修义务，但当事人也可约定由承租人承担维修义务。

（三）租赁合同的履行

1. 关于租赁物的使用

出租人应当按照约定将租赁物交付承租人。承租人应当按照约定的方法使用租赁物，对租赁物的使用方法没有约定或者约定不明确，可以协议补充；不能达成补充协议的，按照合同有关条款或者交易习惯确定。如果仍不能确定的，应当按照租赁物的性质使用。

承租人按照约定的方法或者租赁物的性质使用租赁物，致使租赁物受到损耗的，不承担损害赔偿责任。承租人未按照约定的方法或者租赁物的性质使用租赁物，致使租赁物受到损失的，出租人可以解除合同并要求赔偿损失。

2. 关于租赁物的维修

如果没有特殊的约定，承租人可以在租赁物需要维修时要求出租人在合理期限内维修。

出租人未履行维修义务的，承租人可以自行维修，维修费用由出租人承担。因维修租赁物影响承租人使用的，应当相应减少租金或者延长租期。

3. 关于租赁物的保管和改善

承租人应当妥善保管租赁物，因保管不善造成租赁物毁损的、灭失的，应当承担损害赔偿责任。承租人经出租人同意，可以对租赁物进行改善或者增设他物。承租人未经出租人同意，对租赁物进行改善或者增设他物的，出租人可以要求承租人恢复原状或者赔偿损失。

4. 关于转租和续租

承租人经出租人同意，可以将租赁物转租给第三人。承租人转租的，承租人与出租人之间的租赁合同继续有效，第三人对租赁物造成损失的，承租人应当赔偿损失。承租人未经出租人同意转租的，出租人可以解除合同。

租赁期间届满，承租人应当返还租赁物。返还的租赁物应当符合按照约定或者租赁物的性质使用后的状态。当事人也可以续订租赁合同，但约定的租赁期限自续订之日起不得超过 20 年。租赁期届满，承租人继续使用租赁物，出租人没有提出异议的，原租赁合同继续有效，但租赁期限为不定期。

五、承揽合同

由于我国合同法规定，建设工程合同一章中没有规定的，适用承揽合同的有关规定。因此，作为建筑施工企业的项目经理，应当了解承揽合同的主要内容。

（一）承揽合同概述

承揽合同是承揽人按照定作人的要求完成工作，交付工作成果，定做人给付报酬的合同。承揽包括加工、定作、修理、复制、测试、检验等工作。

承揽合同的标的即当事人权利义务指向的对象是工作成果，而不是工作过程和劳务、智力的支出过程。承揽合同的标的一般是有形的，或至少要以有形的载体表现，不是单纯的智力技能。

承揽合同的内容包括承揽的标的、数量、质量、报酬、承揽方式、材料的提供、履行期限、验收标准和方法等条款。

（二）承揽合同的履行

1. 承揽人的履行

承揽人应当以自己的设备、技术和劳力，完成主要工作，但当事人另有约定的除外。承揽人可以将承揽的辅助工作交由第三人完成。承揽人将其承揽的辅助工作交由第三人完成的，应当就该第三人完成的工作成果向定做人负责。

如果合同约定由承揽人提供材料的，承揽人应当按照约定选用材料，并接受定作人检验。如果是定作人提供材料的，承揽人应当及时检验，发现不符合约定的，应当及时通知定作人更换、补齐或者采取其他补救措施。承揽人发现定作人提供的图纸或者技术要求不合理，应当及时通知定作人。

承揽人在工作期间，应当接受定作人必要的监督检验。定作人不得因监督检验妨碍承揽人的正常工作。承揽人完成工作，应当向定作人交付工作成果，并提交必要的技术资料和有关质量证明。

2. 定作人的履行

定作人应当按照约定的期限支付报酬。定作人未向承揽人支付报酬或者材料费等价款，承揽人对完成的工作成果享有留置权。

承揽工作需要定作人协助的，定作人有协助的义务。定作人不履行协助义务致使承揽工作不能完成的，承揽人可以催告定作人在合理期限内履行义务，并可以顺延履行期限；定作人逾期不履行的，承揽人可以解除合同。

如果合同约定由定作人提供材料，定做人应当按照约定提供材料。承揽人通知定作人提供的图纸或者技术要求不合理后，因定作人怠于答复等原因造成承揽人损失的，应当赔偿损失。

定作人中途变更承揽工作的要求，造成承揽人损失的，应当赔偿损失。定作人可以随时解除承揽合同，造成承揽人损失的，应当赔偿损失。定作人可以变更和解除承揽合同，这是对定作人的特别保护。因为定作物往往是为了满足定作人的特殊需要的，如果定作人需要的定作物发生变化或者根本不再需要定作物，再按照合同约定制作定作物将没有任何意义。

第八章 建设工程施工合同与管理

第一节 概 述

一、施工合同的概念

施工合同即建筑安装工程承包合同,是发包人和承包人为完成商定的建筑安装工程,明确相互权利、义务关系的合同。依照施工合同,承包方应完成一定的建筑、安装工程任务,发包方应提供必要的施工条件并支付工程价款。施工合同是建设工程合同的一种,它与其他建设工程合同一样是一种双务合同,在订立时也应遵守自愿、公平、诚实信用等原则。

施工合同是工程建设的主要合同,是施工单位进行工程建设质量管理、进度管理、费用管理的主要依据之一。在市场经济条件下,建设市场主体之间相互的权利义务关系主要是通过合同确立的,因此,在建设领域加强对施工合同的管理具有十分重要的意 义。国家立法机关、国务院、国家建设行政管理部门都十分重视施工合同的规范工作,1999 年 3 月 15 日九届全国人大第二次会议通过、1999 年 10 月 1 日生效实施的《中华人民共和国合同法》对建设工程施工合同做了专章规定。《中华人民共和国建筑法》也有许多涉及建设工程施工合同的规定。建设部 1993 年 1 月 29 日发布了《建设工程施工合同管理办法》。这些法律、法规、部门规章是我国工程建设施工合同管理的依据。

施工合同的当事人是发包人和承包人,双方是平等的民事主体。承发包双方签订施工合同,必须具备相应资质条件和履行施工合同的能力。对合同范围内的工程实施建设时,发包人必须具备组织协调能力;承包人必须具备有关部门核定的资质等级并持有营业执照等证明文件。

发包人:可以是具备法人资格的国家机关、事业单位、国有企业、集体企业、私营企业、经济联合体和社会团体,也可以是依法登记的个人合伙、个体经营户或个人,即一切以协议、法院判决或其他合法完备手续取得发包人的资格,承认全部合同文件,能够而且愿意履行合同规定义务(主要是支付工程价款能力)的合同当事人。与发包人合并的单位、兼并发包人的单位,购买发包人合同和接受发包人出让的单位和人员(即发包人的合法继承人),均可成为发包人,履行合同规定的义务,享有合同规定的权利。发包人既可以是建设单位,也可以是取得建设项目总承包资格的项目总承包单位。

承包人:应是具备与工程相应资质和法人资格的、并被发包人接受的合同当事人及其合法继承人。但承包人不能将工程转包或出让,如进行分包,应在合同签订前提出并征得发包人同意。承包人是施工单位。

在施工合同中,实行的是以工程师为核心的管理体系(虽然工程师不是施工合同当事人)。施工合同中的工程师是指监理单位委派的总监理工程师或发包人指定的履行合同的负责人,其具体身份和职责由双方在合同中约定。

对于建筑施工企业项目经理而言，施工合同具有特别重要的意义。因为进行施工管理是建筑施工企业项目经理的主要职责，而在市场经济中施工行为的主要依据是当事人之间订立的施工合同。建筑施工企业的项目经理必须建立较强的合同意识，掌握施工合同的内容，依据施工合同管理施工行为。

二、施工合同的订立

（一）订立施工合同应具备的条件

（1）初步设计已经批准；

（2）工程项目已经列入年度建设计划；

（3）有能够满足施工需要的设计文件和有关技术资料；

（4）建设资金和主要建筑材料设备来源已经落实；

（5）招投标工程，中标通知书已经下达。

（二）订立施工合同应当遵守的原则

1. 遵守国家法律、法规和国家计划原则

订立施工合同，必须遵守国家法律、法规，也应遵守国家的建设计划和其他计划（如贷款计划等）。建设工程施工对经济发展、社会生活有多方面的影响，国家有许多强制性的管理规定，施工合同当事人都必须遵守。

2. 平等、自愿、公平的原则

签订施工合同当事人双方，都具有平等的法律地位，任何一方都不得强迫对方接受不平等的合同条件，合同内容应当是双方当事人真实意思的体现。合同的内容应当是公平的，不能单纯损害一方的利益，对于显失公平的施工合同，当事人一方有权申请人民法院或者仲裁机构予以变更或者撤销。

3. 诚实信用原则

诚实信用原则要求在订立施工合同时要诚实，不得有欺诈行为，合同当事人应当如实将自身和工程的情况介绍给对方。在履行合同时，施工合同当事人要守信用，严格履行合同。

（三）订立施工合同的程序

施工合同作为合同的一种，其订立也应经过要约和承诺两个阶段。其订立方式有两种：直接发包和招标发包。如果没有特殊情况，工程建设的施工都应通过招标投标确定施工企业。

中标通知书发出后，中标的施工企业应当与建设单位及时签订合同。依据《招标投标法》和《工程建设施工招标投标管理办法》的规定，中标通知书发出30天内，中标单位应与建设单位依据招标文件、投标书等签订工程承发包合同（施工合同）。签订合同的必须是中标的施工企业，投标书中已确定的合同条款在签订时不得更改，合同价应与中标价相一致。如果中标施工企业拒绝与建设单位签订合同，则建设单位将不再返还其投标保证金（如果是由银行等金融机构出具投标保函的，则投标保函出具者应当承担相应的保证责任），建设行政主管部门或其授权机构还可给予一定的行政处罚。

三、《建设工程施工合同（示范文本）》简介

根据有关工程建设施工的法律、法规，结合我国工程建设施工的实际情况，并借鉴了国际上广泛使用的土木工程施工合同（特别是FIDIC土木工程施工合同条件），国家建设

部、国家工商行政管理局 1999 年 12 月 24 日发布了《建设工程施工合同（示范文本）》（以下简称《施工合同文本》）。《施工合同文本》是对国家建设部、国家工商行政管理局 1991 年 3 月 31 日发布的《建设工程施工合同示范文本》的改进，是各类公用建筑、民用住宅、工业厂房、交通设施及线路管道的施工和设备安装的样本。

（一）《施工合同文本》的组成

《施工合同文本》由《协议书》、《通用条款》、《专用条款》三部分组成，并附有三个附件：附件一是《承包人承揽工程项目一览表》、附件二是《发包人供应材料设备一览表》、附件三是《工程质量保修书》。

《协议书》是《施工合同文本》中总纲性的文件。虽然其文字量并不大，但它规定了合同当事人双方最主要的权利义务，规定了组成合同的文件及合同当事人对履行合同义务的承诺，并且合同当事人在这份文件上签字盖章，因此具有很高的法律效力。《协议书》的内容包括工程概况、工程承包范围、合同工期、质量标准、合同价款、组成合同的文件等。

《通用条款》是根据《合同法》、《建筑法》、《建设工程施工合同管理办法》等法律、法规对承发包双方的权利义务作出的规定，除双方协商一致对其中的某些条款作了修改、补充或取消，双方都必须履行。它是将建设工程施工合同中共性的一些内容抽象出来编写的一份完整的合同文件。《通用条款》具有很强的通用性，基本适用于各类建设工程。《通用条款》共有十一部分 47 条组成。这十部分内容是：

（1）词语定义及合同文件；

（2）双方一般权利和义务；

（3）施工组织设计和工期；

（4）质量与检验；

（5）安全施工；

（6）合同价款与支付；

（7）材料设备供应；

（8）工程变更；

（9）竣工验收与结算；

（10）违约、索赔和争议；

（11）其他。

考虑到建设工程的内容各不相同，工期、造价也随之变动，承包、发包人各自的能力、施工现场的环境和条件也各不相同，《通用条款》不能完全适用于各个具体工程，因此配之以《专用条款》对其作必要的修改和补充，使《通用条款》和《专用条款》成为双方统一意愿的体现。《专用条款》的条款号与《通用条款》相一致，但主要是空格，由当事人根据工程的具体情况予以明确或者对《通用条款》进行修改。

《施工合同文本》的附件则是对施工合同当事人的权利义务的进一步明确，并且使得施工合同当事人的有关工作一目了然，便于执行和管理。

（二）施工合同文件的组成及解释顺序

《施工合同文本》第 2 条规定了施工合同文件的组成及解释顺序。组成建设工程施工合同的文件包括：

（1）施工合同协议书；

（2）中标通知书；

（3）投标书及其附件；

（4）施工合同专用条款；

（5）施工合同通用条款；

（6）标准、规范及有关技术文件；

（7）图纸；

（8）工程量清单；

（9）工程报价单或预算书。

双方有关工程的洽商、变更等书面协议或文件视为施工合同的组成部分。

上述合同文件应能够互相解释、互相说明。当合同文件中出现不一致时，上面的顺序就是合同的优先解释顺序。当合同文件出现含糊不清或者当事人有不同理解时，按照合同争议的解决方式处理。

第二节　施工合同双方的一般权利和义务

了解施工合同中承发包双方的一般权利和义务，是建筑施工企业项目经理最基本的要求。在市场经济条件下，施工任务的最终确认是以施工合同为依据的，项目经理必须代表施工企业（承包人）完成应当由施工企业完成的工作；了解发包人的工作则是项目经理在施工中要求发包人合作的基础，也是维护己方权益的基础。《施工合同文本》第5条至第9条规定了施工合同双方的一般权利和义务。

一、发包方工作

根据专用条款约定的内容和时间，发包人应分阶段或一次完成以下的工作：

（1）办理土地征用、拆迁补偿、平整施工场地等工作，使施工场地具备施工条件，并在开工后继续负责解决以上事项的遗留问题。

（2）将施工所需水、电、电讯线路从施工场地外部接至专用条款约定地点，并保证施工期间需要。

（3）开通施工场地与城乡公共道路的通道，以及专用条款约定的施工场地内的主要交通干道，满足施工运输的需要，保证施工期间的畅通。

（4）向承包人提供施工场地的工程地质和地下管网线路资料，对资料的真实准确性负责。

（5）办理施工许可证及其他施工所需证件、批件和临时用地、停水、停电、中断道路交通、爆破作业等的申请批准手续（证明承包人自身资质的证件除外）。

（6）确定水准点与坐标控制点，以书面形式交给承包人，并进行现场交验。

（7）组织承包人和设计单位进行图纸会审和设计交底。

（8）协调处理施工现场周围地下管线和邻近建筑物、构筑物（包括文物保护建筑）、古树名木的保护工作，并承担有关费用。

（9）发包人应做的其他工作，双方在专用条款内约定。

发包人可以将上述部分工作委托承包人办理，具体内容由双方在专用条款内约定，其费用由发包人承担。

发包人不按合同约定完成以上义务，应赔偿承包人的有关损失，延误的工期相应顺延。

二、承包人工作

承包人按专用条款约定的内容和时间完成以下工作：

（1）根据发包人的委托，在其设计资质允许的范围内，完成施工图设计或与工程配套的设计，经工程师确认后使用，发生的费用由发包人承担。

（2）向工程师提供年、季、月工程进度计划及相应进度统计报表。

（3）根据工程需要提供和维修非夜间施工使用的照明、围栏设施，并负责安全保卫。

（4）按专用条款约定的数量和要求，向发包人提供在施工现场办公和生活的房屋及设施，发生费用由发包人承担。

（5）遵守有关部门对施工场地交通、施工噪声以及环境保护和安全生产等的管理规定，按规定办理有关手续，并以书面形式通知发包人。发包人承担由此发生的费用，因承包人责任造成的罚款除外。

（6）已竣工工程未交付发包人之前，承包人按专用条款约定负责已完工程的成品保护工作，保护期间发生损坏，承包人自费予以修复。要求承包人采取特殊措施保护的工程部位和相应的追加合同价款，专用条款内约定。

（7）按专用条款的约定做好施工现场地下管线和邻近建筑物、构筑物（包括文物保护建筑）、古树名木的保护工作。

（8）保证施工场地清洁符合环境卫生管理的有关规定，交工前清理现场达到专用条款约定的要求，承担因自身原因违反有关规定造成的损失和罚款。

（9）承包人应做的其他工作，双方在专用条款内约定。

承包人不履行上述各项义务，应对发包人的损失给予赔偿。

三、工程师的产生和职权

（一）工程师的产生和易人

工程师包括监理单位委派的总监理工程师或者发包人指定的履行合同的负责人两种情况。

1. 发包人委托监理

发包人可以委托监理单位，全部或者部分负责合同的履行。工程施工监理应当依照法律、行政法规及有关的技术标准、设计文件和建设工程施工合同，对承包人在施工质量、建设工期和建设资金使用等方面，代表发包人实施监督。发包人应当将委托的监理单位名称、监理内容及监理权限以书面形式通知承包人。

监理单位委派的总监理工程师在施工合同中称为工程师。总监理工程师是经监理单位法定代表人授权，派驻施工现场监理组织的总负责人，行使监理合同赋予监理单位的权利和义务，全面负责受委托工程的建设监理工作。监理单位委派的总监理工程师姓名、职务、职责应当向发包人报送，在施工合同的专用条款中应当写明总监理工程师的姓名、职务、职责。

2. 发包人派驻代表

发包人派驻施工场地履行合同的代表在施工合同中也称工程师。发包人代表是经发包人单位法定代表人授权，派驻施工现场的负责人，其姓名、职务、职责在专用条款内约定，但职责不得与监理单位委派的总监理工程师职责相互交叉。发生交叉或不明确时，由发包人法定代表人明确双方职责，并以书面形式通知承包人。

3. 工程师易人

工程师易人，发包人应至少于易人前 7 天以书面形式通知承包方，后任继续行使合同文件约定的前任的职权，履行前任的义务。

（二）工程师的职责

1. 工程师委派工程师代表

在施工过程中，不可能所有的监督和管理工作都由工程师自己完成。工程师可委派工程师代表，行使自己的部分权利和职责，并可在认为必要时撤回委派。委派和撤回均应提前 7 天以书面形式通知承包人，委派书和撤回通知作为合同附件。工程师代表在工程师授权范围内向承包人发出的任何书面形式的函件具有同等效力。工程师代表发出的指令有失误时，工程师应进行纠正。

2. 工程师发布指令、通知

工程师的指令、通知由其本人签字后，以书面形式交给项目经理，项目经理在回执上签署姓名和收到时间后生效。确有必要时，工程师可发出口头指令，并在 48 小时内给予书面确认，承包人对工程师的指令应予执行。工程师不能及时给予书面确认，承包人应于工程师发出口头指令后 7 天内提出书面确认要求。工程师在承包人提出确认要求后 48 小时内不予答复，应视为承包人要求已被确认。承包人认为工程师指令不合理，应在收到指令后 24 小时内提出书面申告，工程师在收到承包人申告后 24 小时内作出修改指令或继续执行原指令的决定，并以书面形式通知承包人。紧急情况下，工程师要求承包人立即执行的指令或承包人虽有异议，但工程师决定仍继续执行的指令，承包人应予执行。因指令错误发生的费用和给承包人造成的损失由发包人承担，延误的工期相应顺延。

上述规定同样适用于工程师代表发出的指令、通知。

3. 工程师应当及时完成自己的职责

工程师应按合同约定，及时向承包人提供所需指令、批准、图纸并履行其他约定的义务，否则承包人在约定时间后 24 小时内将具体要求、需要的理由和延误的后果通知工程师，工程师收到通知后 48 小时内不予答复，应承担延误造成的追加合同价款，并赔偿承包人有关损失，顺延延误的工期。

4. 工程师做出处理决定

在合同履行中，发生影响承发包双方权利或义务的事件时，负责监理的工程师应做出公正的处理。为保证施工正常进行，承发包双方应尊重工程师的决定。承包人对工程师的处理有异议时，按照合同约定争议处理办法解决。

四、项目经理的产生和职责

（一）项目经理产生

项目经理是由承包人单位法定代表人授权的，派驻施工场地的承包人的总负责人，他代表承包人负责工程施工的组织、实施。承包人施工质量、进度的好坏与承包人代表的水平、能力、工作热情有很大的关系，一般都应当在投标书中明确，并作为评标的一项内容。最后，项目经理的姓名、职务在专用条款内约定。项目经理一旦确定后，承包人不能随意易人。

项目经理易人，承包人应至少于易人前 7 天以书面形式通知发包人，后任继续履行合同文件约定的前任的权利和义务，不得更改前任作出的书面承诺。

发包人可以与承包人协商，建议调换其认为不称职的项目经理。

（二）项目经理的职责

项目经理应当积极履行合同规定的职责，完成承包人应当完成的各项工作。项目经理应当对施工现场的施工质量、成本、进度、安全等负全面的责任。对于在施工现场出现的超过自己权限范围的事件，应当及时向上级有关部门和人员汇报，请示处理方案或者取得自己处理的授权。其日常性的工作有：

1. 代表承包人向发包人提出要求和通知

项目经理有权代表承包人向发包人提出要求和通知。承包人的要求和通知，以书面形式由项目经理签字后送交工程师，工程师在回执上签署姓名和收到时间后生效。

2. 组织施工

项目经理按发包人认可的施工组织设计（或施工方案）和依据合同发出的指令、要求组织施工。在情况紧急且无法与工程师联系时，应当采取保证人员生命和工程财产安全的紧急措施，并在采取措施后48小时内向工程师送交报告。责任在发包人和第三方，由发包人承担由此发生的追加合同价款，相应顺延工期；责任在承包人，由承包人承担费用，不顺延工期。

第三节 建设工程施工合同的质量条款

一、施工企业的质量管理概述

工程施工中的质量管理是施工合同履行中的重要环节。施工合同的质量管理涉及许多方面的因素，任何一个方面的缺陷和疏漏，都会使工程质量无法达到预期的标准。《施工合同文本》中的大量条款都与工程质量有关。项目经理必须严格按照合同的约定抓好施工质量，施工质量好坏是衡量项目经理管理水平的重要标准。

建筑施工企业的经理，要对本企业的工程质量负责，并建立有效的质量保证体系。施工企业的总工程师和技术负责人要协助经理管好质量工作。施工企业应当逐级建立质量责任制。项目经理（现场负责人）要对本施工现场内所有单位工程的质量负责；栋号工程要对单位工程质量负责；生产班组要对分项工程质量负责。现场施工员、工长、质量检验员和关键工种工人必须经过考核取得岗位证书后，方可上岗。企业内各级职能部门必须按企业规定对各自的工作质量负责。

施工企业必须设立质量检查、测试机构，并由经理直接领导，企业专职质量检查员应抽调有实践经验和独立工作能力的人员充任。任何人不得设置障碍，干预质量检测人员依章行使职权。

用于工程的建筑材料，必须送试验室检验，并经试验室主任签字认可后，方可使用。

实行总分包的工程，分包单位要对分包工程的质量负责，总包单位对承包的全部工程质量负责。

建筑施工企业的项目经理抓好己方的质量管理，其目的是为了使施工项目的质量能够达到施工合同的要求，能够通过质量验收。因此，项目经理的质量管理工作，特别是在与发包方进行合作时（如有关质量验收），必须严格按照施工合同的要求和程序进行。

二、标准、规范和图纸

《施工合同文本》第3条和第4条规定了标准、规范和图纸的内容。

（一）合同适用标准、规范

按照《标准化法》的规定，为保障人体健康、人身财产安全的标准属于强制性标准。建设工程施工的技术要求和方法即为强制性标准，施工合同当事人必须执行。因此，施工中必须使用国家标准、规范；没有国家标准、规范但有行业标准、规范的，使用行业标准、规范；没有国家和行业标准、规范的，使用工程所在地的地方标准、规范。发包人应当按照专用条款约定的时间向承包人提供一式两份约定的标准、规范。

国内没有相应的标准、规范时，可以由合同当事人约定工程适用的标准。首先，应由发包人按照约定的时间向承包人提出施工技术要求，承包人按照约定的时间和要求提出施工工艺，经发包人认可后执行；若工程使用国外标准、规范时，发包人应当负责提供中文译本。

因为购买、翻译标准、规范或制定施工工艺的费用，由发包人承担。

（二）图纸

建设工程施工应当按照图纸进行。在施工合同管理中的图纸是指由发包人提供或者由承包人提供经工程师批准、满足承包人施工需要的所有图纸（包括配套说明和有关资料）。按时、按质、按量提供施工所需图纸，也是保证工程施工质量的重要方面。

1. 发包人提供图纸

在我国目前的建设工程管理体制中，施工中所需图纸主要由发包人提供（发包人通过设计合同委托设计单位设计）。在对图纸的管理中，发包人应当完成以下工作：

（1）发包人应当按照专用条款约定的日期和套数，向承包人提供图纸。

（2）承包人如果需要增加图纸套数，发包人应当代为复制。发包人代为复制意味着发包人应当为图纸的正确性负责。

（3）如果对图纸有保密要求的，应当承担保密措施费用。

对于发包人提供的图纸，承包人应当完成以下工作：

（1）在施工现场保留一套完整图纸，供工程师及其有关人员进行工程检查时使用。

（2）如果专用条款对图纸提出保密要求的，承包人应当在约定的保密期限内承担保密义务。

（3）承包人如果需要增加图纸套数，复制费用由承包人承担。

使用国外或者境外图纸，不能满足施工需要时，双方在专用条款内约定复制、重新绘制、翻译、购买标准图纸等责任及费用承担。

工程师在对图纸进行管理时，重点是按照合同约定按时向承包人提供图纸，同时，根据图纸检查承包人的工程施工。

2. 承包人提供图纸

有些工程，施工图的设计或者与工程配套的设计有可能由承包人完成。如果合同中有这样的约定，则承包人应当在其设计资质允许的范围内，按工程师的要求完成这些设计，经工程师确认后使用，发生的费用由发包人承担。在这种情况下，工程师对图纸的管理重点是审查承包人的设计。

三、材料设备供应的质量控制

工程建设的材料设备供应的质量控制，是整个工程质量控制的基础。建筑材料、构配件生产及设备供应单位对其生产或者供应的产品质量负责。而材料设备的需方则应根据买卖合同的规定进行质量验收。《施工合同文本》第27条和第28条对材料设备供应作了规定。

（一）材料设备的质量及其他要求

1．材料生产和设备供应单位应具备法定条件

建筑材料、构配件生产及设备供应单位必须具备相应的生产条件、技术装备和质量保证体系，具备必要的检测人员和设备，把好产品看样、定货、储存、运输和核验的质量关。

2．材料设备质量应符合要求

（1）符合国家或者行业现行有关技术标准规定的合格标准和设计要求；

（2）符合在建筑材料、构配件及设备或其包装上注明采用的标准，符合以建筑材料、构配件及设备说明、实物样品等方式表明的质量状况。

3．材料设备或者其包装上的标识应符合的要求

（1）有产品质量检验合格证明；

（2）有中文标明的产品名称、生产厂家厂名和厂址；

（3）产品包装和商标样式符合国家有关规定和标准要求；

（4）设备应有产品详细的使用说明书，电气设备还应附有线路图；

（5）实施生产许可证或使用产品质量认证标志的产品，应有许可证或质量认证的编号、批准日期和有效期限。

（二）发包人供应材料设备时的质量控制

1．双方约定发包人供应材料设备的一览表

对于由发包人供应的材料设备，双方应当约定发包人供应材料设备的一览表，作为合同附件。一览表的内容应当包括材料设备种类、规格、型号、数量、单价、质量等级、提供的时间和地点。发包人按照一览表的约定提供材料设备。

2．发包人供应材料设备的清点

发包人应当向承包人提供其供应材料设备的产品合格证明，对其质量负责。发包人应在其所供应的材料设备到货前24小时，以书面形式通知承包人，由承包人派人与发包人共同清点。

3．材料设备清点后的保管

发包人供应的材料设备经双方共同清点后由承包人妥善保管，发包人支付相应的保管费用。发生损坏丢失，由承包人负责赔偿。发包人不按规定通知承包人清点，发生的损坏丢失由发包人负责。

4．发包人供应的材料设备与约定不符时的处理

发包人供应的材料设备与约定不符时，应当由发包人承担有关责任，具体按照下列情况进行处理：

（1）材料设备单价与合同约定不符时，由发包人承担所有差价；

（2）材料设备种类、规格、型号、数量、质量等级与合同约定不符时，承包人可以拒绝接收保管，由发包人运出施工场地并重新采购。

（3）发包人供应材料的规格、型号与合同约定不符时，承包人可以代为调剂串换，发

包人承担相应的费用；

（4）到货地点与合同约定不符时，发包人负责运至合同约定的地点；

（5）供应数量少于合同约定的数量时，发包人将数量补齐；多于合同约定的数量时，发包人负责将多出部分运出施工场地；

（6）到货时间早于合同约定时间，发包人承担因此发生的保管费用；到货时间迟于合同约定的供应时间，由发包人承担相应的追加合同价款。发生延误，相应顺延工期，发包人赔偿由此给承包方造成的损失。

5. 发包人供应材料设备的重新检验

发包人供应的材料设备进入施工现场后需要重新检验或者试验的，由承包人负责检验或试验，费用由发包人负责。即使在承包人检验通过之后，如果又发现材料设备有质量问题的，发包人仍应承担重新采购及拆除重建的追加合同价款，并相应顺延由此延误的工期。

（三）承包人采购材料设备的质量控制

对于合同约定由承包人采购的材料设备，应当由承包人选择生产厂家或者供应商，发包人不得指定生产厂家或者供应商。

1. 承包人采购材料设备的清点

承包方根据专用条款的约定及设计和有关标准要求采购工程需要的材料设备，并提供产品合格证明，对其质量负责。承包人在材料设备到货前24小时通知工程师清点。

2. 承包人采购的材料设备与要求不符时的处理

承包人采购的材料设备与设计或者标准要求不符时，由承包人按照工程师要求的时间运出施工场地，重新采购符合要求的产品，并承担由此发生的费用，由此延误的工期不予顺延。

工程师不能按时到场清点，事后发现材料设备不符合设计或者标准要求时，仍由承包人负责修复、拆除或者重新采购，并承担发生的费用，由此造成工期延误可以相应顺延。

承包人采购的材料设备在使用前，承包人应按工程师的要求进行检验或试验，不合格的不得使用，检验或试验费用由承包人承担。

3. 承包人使用代用材料

承包人需要使用代用材料时，须经工程师认可后方可使用，由此增减的合同价款由双方以书面形式议定。

四、工程验收的质量控制

工程验收是一项以确认工程是否符合施工合同规定目的的行为，是质量控制的最重要的环节。

（一）工程质量标准

工程质量应当达到协议书约定的质量标准，质量标准的评定按国家或者专业的质量检验评定标准。发包人要求部分或者全部工程质量达到优良标准，应支付由此增加的追加合同价款，对工期有影响的应给予相应顺延。这是"优质优价"原则的具体体现。

达不到约定标准的工程部分，工程师一经发现，可要求承包人返工，承包人应当按照工程师的要求返工，直到符合约定标准。因承包人的原因达不到约定标准，由承包人承担返工费用，工期不予顺延。因发包人的原因达不到约定标准，由发包人承担返工的追加合同价款，工期相应顺延。因双方原因达不到约定标准，责任由双方分别承担。按照《建设工程质量管理办法》的规定，对达不到国家标准规定的合格要求的或者合同中规定的相应等级要求的工程，要扣除一定幅度的承包价。

双方对工程质量有争议，由专用条款约定的工程质量监督管理部门鉴定，所需费用及因此造成的损失，由责任方承担。双方均有责任，由双方根据其责任分别承担。

（二）施工过程中的检查和返工（《施工合同文本》第16条）

在工程施工过程中，工程师及其委派人员对工程的检查检验，是他们一项日常性工作和重要职能。

承包人应认真按照标准、规范和设计要求以及工程师依据合同发出的指令施工，随时接受工程师及其委派人员的检查检验，为检查检验提供便利条件，并按工程师及其委派人员的要求返工、修改，承担由于自身原因导致返工、修改的费用。

检查检验合格后，又发现因承包人引起的质量问题，由承包方承担的责任，赔偿发包人的直接损失，工期相应顺延。

检查检验不应影响施工正常进行，如影响施工正常进行，检查检验不合格时，影响正常施工的费用由承包人承担。除此之外影响正常施工的追加合同价款由发包人承担，相应顺延工期。

因工程师指令失误和其他非承包人原因发生的追加合同价款，由发包人承担。

（三）隐蔽工程和中间验收（《施工合同文本》第17条）

由于隐蔽工程在施工中一旦完成隐蔽，很难再对其进行质量检查（这种检查成本很大），因此必须在隐蔽前进行检查验收。对于中间验收，合同双方应在专用条款中约定需要进行中间验收的单项工程和部位的名称、验收的时间和要求，以及发包人应提供的便利条件。

工程具备隐蔽条件和达到专用条款约定的中间验收部位，承包人进行自检，并在隐蔽和中间验收前48小时以书面形式通知工程师验收。通知包括隐蔽和中间验收内容、验收时间和地点。承包人准备验收记录，验收合格，工程师在验收记录上签字后，承包人可进行隐蔽和继续施工。验收不合格，承包人在工程师限定的时间内修改后重新验收。

工程质量符合标准、规范和设计图纸等的要求，验收24小时后，工程师不在验收记录上签字，视为工程已经批准，承包人可进行隐蔽或者继续施工。

（四）重新检验（《施工合同文本》第18条）

工程师不能按时参加验收，须在开始验收前24小时向承包人提出书面延期要求，延期不能超过两天。工程师未能按以上时间提出延期要求，不参加验收，承包人可自行组织验收，发包人应承认验收记录。

无论工程师是否参加验收，当其提出对已经隐蔽的工程重新检验的要求时，承包人应按要求进行剥露，并在检验后重新覆盖或者修复。检验合格，发包人承担由此发生的全部追加合同价款，赔偿承包人损失，并相应顺延工期。检验不合格，承包人承担发生的全部费用，但工期也予顺延。

（五）工程试车（《施工合同文本》第19条）

1. 试车的组织责任

对于设备安装工程，应当组织试车。试车内容应与承包人承包的安装范围相一致。

（1）单机无负荷试车。设备安装工程具备单机无负荷试车条件，由承包人组织试车。只有单机试运转达到规定要求，才能进行联试。承包人应在试车前 48 小时书面通知工程师。通知包括试车内容、时间、地点。承包人准备试车记录，发包人为试车提供必要条件。试车通过，工程师在试车记录上签字。

（2）联动无负荷试车。设备安装工程具备无负荷联动试车条件，由发包人组织试车，并在试车前 48 小时书面通知承包人。通知内容包括试车内容、时间、地点和对承包人的要求，承包人按要求做好准备工作和试车记录。试车通过，双方在试车记录上签字。

（3）投料试车。投料试车，应当在工程竣工验收后由发包人全部负责。如果发包人要求承包人配合或在工程竣工验收前进行时，应当征得承包人同意，另行签订补充协议。

2. 试车的双方责任

（1）由于设计原因试车达不到验收要求，发包人应要求设计单位修改设计，承包人按修改后的设计重新安装。发包人承担修改设计、拆除及重新安装全部费用和追加合同价款，工期相应顺延。

（2）由于设备制造原因试车达不到验收要求，由该设备采购一方负责重新购置和修理，承包人负责拆除和重新安装。设备由承包人采购，由承包人承担修理或重新购置、拆除及重新安装的费用，工期不予顺延；设备由发包人采购的，发包人承担上述各项追加合同价款，工期相应顺延。

（3）由于承包人施工原因试车达不到验收要求，工程师提出修改意见。承包人修改后重新试车，承担修改和重新试车的费用，工期不予顺延。

（4）试车费除已包括在合同价款之内或者专用条款另有约定外，均由发包人承担。

（5）工程师未在规定时间内提出修改意见，或试车合格不在试车记录上签字，试车结束 24 小时后，记录自行生效，承包人可继续施工或办理竣工手续。

3. 工程师要求延期试车

工程师不能按时参加试车，须在开始试车前 24 小时向承包人提出书面延期要求，延期不能超过 48 小时。工程师未能按以上时间提出延期要求，不参加试车，承包人可自行组织试车，发包人应当承认试车记录。

（六）竣工验收（《施工合同文本》第 32 条）

竣工验收，是全面考核建设工作，检查是否符合设计要求和工程质量的重要环节。

1. 竣工工程必须符合的基本要求

竣工交付使用的工程必须符合下列基本要求：

（1）完成工程设计和合同中规定的各项工作内容，达到国家规定的竣工条件；

（2）工程质量应符合国家现行有关法律、法规、技术标准、设计文件及合同规定的要求，并经质量监督机构核定为合格或优良；

（3）工程所用的设备和主要建筑材料、构件应具有产品质量出厂检验合格证明和技术标准规定必要的进场试验报告；

（4）具有完整的工程技术档案和竣工图，已办理工程竣工交付使用的有关手续；

（5）已签署工程保修证书。

2. 竣工验收程序

国家计委《建设项目（工程）竣工验收办法》规定，竣工验收程序为：

（1）根据建设项目（工程）的规模大小和复杂程度，整个建设项目（工程）的验收可分为初步验收和竣工验收两个阶段进行。规模较大、较复杂的建设项目（工程）应先进行初验，然后进行全部建设项目（工程）的竣工验收。规模较小、较简单的项目（工程），可以一次进行全部项目（工程）的竣工验收。

（2）建设项目（工程）在竣工验收之前，由建设单位组织施工、设计及使用等有关单位进行初验。初验前由施工单位按照国家规定，整理好文件、技术资料，向发包方提交竣工报告。建设单位接到报告后，应及时组织初验。

（3）建设项目（工程）全部完成，经过各单项工程的验收，符合设计要求，并具备竣工图表、竣工决算、工程总结等必要文件资料，由项目（工程）主管部门或建设单位向负责验收的单位提出竣工验收申请报告。

3. 竣工验收中承发包双方的具体工作程序和责任

工程具备竣工验收条件，承包人按国家工程竣工验收有关规定，向发包人提供完整竣工资料及竣工验收报告。双方约定由承包人提供竣工图，应当在专用条款内约定提供的日期和份数。

发包人收到竣工验收报告后 28 天内组织有关单位验收，并在验收后 14 天内给予认可或提出修改意见。承包人按要求修改。由于承包人原因，工程质量达不到约定的质量标准，承包人承担修改费用。

因特殊原因，发包人要求部分单位工程或者工程部位须甩项竣工时，双方另行签订甩项竣工协议，明确各方责任和工程价款的支付办法。

工程未经竣工验收或竣工验收未通过的，不得交付使用。发包人强行使用的，由此发生的质量问题及其他问题，由发包人承担责任。

五、保修

建设工程办理交工验收手续后，在规定的期限内，因勘察、设计、施工、材料等原因造成的质量缺陷，应当由施工单位负责维修。所谓质量缺陷是指工程不符合国家或行业现行的有关技术标准、设计文件以及合同中对质量的要求。《建设工程施工合同（示范文本）》第 34 条对质量保修作了规定。

（一）质量保修书的内容

承包人应当在工程竣工验收之前，与发包人签订质量保修书，作为合同附件。质量保修书的主要内容包括：

（1）质量保修项目内容及范围；

（2）质量保修期；

（3）质量保修责任；

（4）质量保修金的支付方法。

（二）工程质量保修范围和内容

质量保修范围包括地基基础工程、主体结构工程、屋面防水工程和双方约定的其他土建工程，以及电气管线、上下水管线的安装工程，供热、供冷系统工程等项目。工程质量保修范围是国家强制性的规定，合同当事人不能约定减少国家规定的工程质量保修范围。工程质量保修的内容由当事人在合同中约定。

（三）质量保修期

质量保修期从工程竣工验收之日算起。分单项竣工验收的工程，按单项工程分别计算质量保修期。其中部分工程的最低质量保修期为：

（1）基础设施工程、房屋建筑的地基基础工程和主体结构工程，为设计文件规定的该工程合理使用年限；

（2）屋面防水工程、有防水要求的卫生间、房间和外墙面的防渗漏，为5年；

（3）供热与供冷系统，为2个采暖期、供冷期；

（4）电气管线、给排水管道、设备安装和装修工程，为2年。

其他项目的保修期限由发包方和承包方约定。

（四）质量保修责任

（1）属于保修范围和内容的项目，承包人应在接到修理通知之日后7天内派人修理。承包人不在约定期限内派人修理，发包人可委托其他人员修理，修理费用从质量保修金内扣除。

（2）发生须紧急抢修事故（如上水跑水、暖气漏水漏气、燃气漏气等），承包人接到事故通知后，须立即到达事故现场抢修。非承包人施工质量引起的事故，抢修费用由发包人承担。

（3）在工程合理使用期限内，承包人确保地基基础工程和主体结构的质量。因承包人原因致使工程在合理使用期限内造成人身和财产损害，承包人应承担损害赔偿责任。

第四节　建设工程施工合同的经济条款

在一个合同中，涉及经济问题的条款总是双方关心的焦点。合同在履行过程中，项目经理仍然应当做好这方面的管理。其总的目标是降低施工成本，争取应当属于己方的经济利益。特别是后者，站在合同管理的角度，应当由发包人支付的施工合同价款，项目经理应当积极督促有关人员办理有关手续；对于应当追加的合同价款和应当由发包人承担的有关费用，项目经理应当准备好有关的材料，一旦发生争议，能够据理力争，维护己方的合法权益。当然，所有的这些工作都应当在合同规定的程序和时限内进行。

一、施工合同价款及调整（《施工合同文本》第23条）

（一）施工合同价款的约定

施工合同价款，按有关规定和协议条款约定的各种取费标准计算，用以支付发包人按照合同要求完成工程内容的价款总额。这是合同双方关心的核心问题之一，招投标等工作主要是围绕合同价款展开的。合同价款应依据中标通知书中的中标价格和非招标工程的工程预算书确定。合同价款在协议书内约定后，任何一方不得擅自改变。合同价款可以按照固定价格合同、可调价格合同、成本加酬金合同三种方式约定。

1. 固定价格合同

固定价格合同，是指在约定的风险范围内价款不再调整的合同。这种合同的价款并不是绝对不可调整，而是约定范围内的风险由承包人承担。双方应当在专用条款中约定合同价款包括的风险费用和承担风险的范围。风险范围以外的合同价款调整方法，应当在专用条款内约定。

2. 可调价格合同

可调价格合同，是指合同价格可以调整的合同。合同双方应当在专用条款内约定合同价款的调整方法。

3. 成本加酬金合同

成本加酬金合同，是由发包人向承包人支付工程项目的实际成本，并按事先约定的某一种方式支付酬金的合同类型。合同价款包括成本和酬金两部分，合同双方应在专用条款内约定成本构成和酬金的计算方法。

（二）可调价格合同中合同价款的调整

1. 可调价格合同中价格调整的范围

（1）法律、行政法规和国家有关政策变化影响合同价款；

（2）工程造价管理部门公布的价格调整；

（3）一周内非承包人原因停水、停电、停气造成停工累计超过 8 小时；

（4）双方约定的其他因素。

2. 可调价格合同中价格调整的程序

承包人应当在价款可以调整的情况发生后 14 天内，将调整原因、金额以书面方式通知工程师，工程师确认后作为追加合同价款，与工程款同期支付。工程师收到承包人通知之后 14 天内不予确认也不提出修改意见，视为该项调整已经同意。

二、工程预付款（《施工合同文本》第 24 条）

工程预付款主要是用于采购建筑材料。预付额度，建筑工程一般不得超过当年建筑（包括水、电、暖、卫等）工程工作量的 30%，大量采用预制构件以及工期在 6 个月以内的工程，可以适当增加；安装工程一般不得超过当年安装工程量的 10%，安装材料用量较大的工程，可以适当增加。

双方应当在专用条款内约定发包人向承包人预付工程款的时间和数额，开工后按约定的时间和比例逐次扣回。预付时间应不迟于约定的开工日期前 7 天。发包人不按约定预付，承包人在约定预付时间 7 天后向发包人发出要求预付的通知，发包人收到通知后仍不能按要求预付，承包人可在发出通知后 7 天停止施工，发包人应从约定应付之日起向承包人支付应付款的贷款利息，并承担违约责任。

三、工程款（进度款）**支付**（《施工合同文本》第 26 条）

（一）工程量的确认

对承包人已完成工程量的核实确认，是发包人支付工程款的前提，其具体的确认程序如下：

1. 承包人向工程师提交已完工程量的报告

承包人应按专用条款约定的时间，向工程师提交已完工程量的报告。该报告应当由《完成工程量报审表》和作为其附件的《完成工程量统计报表》组成。承包人应当写明项目名称、申报工程量及简要说明。

2. 工程师的计量

工程师接到报告后 7 天内按设计图纸核实已完工程量（以下称计量），并在计量前 24 小时通知承包人，承包人为计量提供便利条件并派人参加。承包人不参加计量，发包人自行进行，计量结果有效，作为工程价款支付的依据。

工程师收到承包人报告后 7 天内未进行计量，从第 8 天起，承包人报告中开列的工程量即视为已被确认，作为工程价款支付的依据。工程师不按约定时间通知承包人，致使承包人未能参加计量，计量结果无效。

工程师对承包人超出设计图纸范围和（或）因自身原因造成返工的工程量，不予计量。

（二）工程款（进度款）结算方式

1. 按月结算

这种结算办法实行旬末或月中预支，月末结算，竣工后清算的办法。跨年度施工的工程，在年终进行工程盘点，办理年度结算。

2. 竣工后一次结算

建设项目或单项工程全部建筑安装工程建设期在 12 个月以内，或者建设工程施工合同价值在 100 万元以下，可以实行工程价款每月月中预支，竣工后一次结算。

3. 分段结算

这种结算方式要求当年开工、当年不能竣工的单项工程或单位工程按照工程形象进度，划分不同阶段进行结算。分段的划分标准，由各部门和省、自治区、直辖市、计划单列市规定，分段结算可以按月预支工程款。

实行竣工后一次结算和分段结算的工程，当年结算的工程应与年度完成工程量一致，年终不另清算。

4. 其他结算方式

结算双方可以约定采用并经开户建设银行同意的其他结算方式。

（三）工程款（进度款）支付的程序和责任

发包人应在在双方计量确认后 14 天内，向承包人支付工程款（进度款）。同期用于工程上的发包人供应材料设备的价款，以及按约定时间发包人应按比例扣回的预付款，与工程款（进度款）同期结算。合同价款调整、设计变更调整的合同价款及追加的合同价款，应与工程款（进度款）同期调整支付。

发包人超过约定的支付时间不支付工程款（进度款），承包人可向发包人发出要求付款的通知，发包人在收到承包人通知后仍不能按要求支付，可与承包人协商签订延期付款协议，经承包人同意后可以延期支付。协议须明确延期支付时间和从发包人计量签字后第 15 天起计算应付款的贷款利息。发包人不按合同约定支付工程款（进度款），双方又未达成延期付款协议，导致施工无法进行，承包人可停止施工，由发包人承担违约责任。

四、确定变更价款（《施工合同文本》第 31 条）

（一）变更价款的确定程序

设计变更发生后，承包人在工程设计变更确定后 14 天内，提出变更工程价款的报告，经工程师确认后调整合同价款。承包人在确定变更后 14 天内不向工程师提出变更工程价款报告时，视为该项设计变更不涉及合同价款的变更。

工程师收到变更工程价款报告之日起 14 天内，予以确认。工程师无正当理由不确认时，自变更价款报告送达之日起 14 天后变更工程价款报告自行生效。

工程师不同意承包人提出的变更价款，按照合同约定的争议解决方法处理。

（二）变更价款的确定方法

变更合同价款按照下列方法进行：

（1）合同中已有适用于变更工程的价格，按合同已有的价格计算、变更合同价款；

（2）合同中只有类似于变更工程的价格，可以参照此价格确定变更价格，变更合同价

款;

（3）合同中没有适用或类似于变更工程的价格，由承包人提出适当的变更价格，经工程师确认后执行。

五、施工中涉及的其他费用

（一）安全施工方面的费用（《施工合同文本》第 20～22 条）

承包人按工程质量、安全及消防管理有关规定组织施工，采取严格的安全防护措施，承担由于自身的安全措施不力造成事故的责任和因此发生的费用。非承包人责任造成安全事故，由责任方承担责任和发生的费用。

发生重大伤亡及其他安全事故，承包人应按有关规定立即上报有关部门并通知工程师，同时按政府有关部门要求处理，发生的费用由事故责任方承担。发包人承包人对事故责任有争议时，应按政府有关部门的认定处理。

承包人在动力设备、输电线路、地下管道、密封防震车间、易燃易爆地段以及临街交通要道附近施工时，施工开始前应向工程师提出安全保护措施，经工程师认可后实施，防护措施费用由发包人承担。

实施爆破作业，在放射、毒害性环境中施工（含储存、运输、使用）及使用毒害性、腐蚀性物品施工时，承包人应在施工前14天以书面形式通知工程师，并提出相应的安全防护措施，经工程师认可后实施。安全防护措施费用由发包人承担。

（二）专利技术及特殊工艺涉及的费用（《施工合同文本》第 42 条）

发包人要求使用专利技术或特殊工艺，须负责办理相应的申报手续，承担申报、试验、使用等费用。承包人按发包人要求使用，并负责试验等有关工作。承包人提出使用专利技术或特殊工艺，报工程师认可后实施。承包人负责办理申报手续并承担有关费用。

擅自使用专利技术侵犯他人专利权，责任者承担全部后果及所发生的费用。

（三）文物和地下障碍物（《施工合同文本》第 43 条）

在施工中发现古墓、古建筑遗址等文物及化石或其他有考古、地质研究等价值的物品时，承包人应立即保护好现场并于 4 小时内以书面形式通知工程师，工程师应于收到书面通知后 24 小时内报告当地文物管理部门，承发包双方按文物管理部门的要求采取妥善保护措施。发包人承担由此发生的费用，延误的工期相应顺延。

如施工中发现古墓、古建筑遗址等文物及化石或其他有考古、地质研究等价值的物品，隐瞒不报的，致使文物遭受破坏，责任方、责任人依法承担相应责任。

施工中发现影响施工的地下障碍物时，承包人应于 4 小时内以书面形式通知工程师，同时提出处置方案，工程师收到处置方案后 24 小时内予以认可或提出修正方案。发包人承担由此发生的费用，延误的工期相应顺延。所发现的地下障碍物有归属单位时，发包人报请有关部门协同处置。

六、竣工结算（《施工合同文本》第 33 条）

（一）承包人递交竣工结算报告及违约责任

工程竣工验收报告经发包人认可后，承发包双方应当按协议书约定的合同价款及专用条款约定的合同价款调整方式，进行工程竣工结算。

工程竣工验收报告经发包人认可后28天，承包人向发包人递交竣工结算报告及完整的结算资料。

工程竣工验收报告经发包人认可后28天内,承包人未能向发包人递交竣工结算报告及完整的结算资料,造成工程竣工结算不能正常进行或工程竣工结算价款不能及时支付,发包人要求交付工程的,承包人应当交付;发包人不要求交付工程的,承包人承担保管责任。

（二）发包人的核实和支付

发包人自收到竣工结算报告及结算资料后28天内进行核实,给予确认或者提出修改意见。发包人确认后支付工程竣工结算价款。承包人收到竣工结算价款后14天内将竣工工程交付发包人。

（三）发包人不支付结算价款的违约责任。

发包人收到竣工结算报告及结算资料后28天内无正当理由不支付工程竣工结算价款,从第29天起按承包人同期向银行贷款利率支付拖欠工程价款的利息,并承担违约责任。

发包人收到竣工结算报告及结算资料后28天内不支付工程竣工结算价款,承包人可以催告发包人支付结算价款。发包人在收到竣工结算报告及结算资料后56天内仍不支付的,承包人可以与发包人协议将该工程折价,也可以由承包人申请人民法院将该工程依法拍卖,承包人就该工程折价或者拍卖的价款优先受偿。

七、质量保修金

（一）质量保修金的支付

保修金由承包人向发包人支付,也可由发包人从应付承包方工程款内预留。质量保修金的比例及金额由双方约定,但不应超过施工合同价款的3%。

（二）质量保修金的结算与返还

工程的质量保修期满后,发包人应当及时结算和返还（如有剩余）质量保修金。发包人应当在质量保修期满后14天内,将剩余保修金和按约定利率计算的利息返还承包人。

第五节 建设工程施工合同的进度条款

进度管理,是施工合同管理的重要组成部分。合同当事人应当在合同规定的工期内完成施工任务,发包人应当按时做好准备工作,承包人应当按照施工进度计划组织施工。为此,项目经理应当落实进度控制部门的人员、具体的控制任务和管理职能分工,并且编制合理的施工进度计划并控制其执行,即在工程进展全过程中,进行计划进度与实际进度的比较,对出现的偏差及时采取措施。

施工合同的进度控制可以分为施工准备阶段、施工阶段和竣工验收阶段的进度控制。

一、施工准备阶段的进度控制

施工准备阶段的许多工作都对施工的开始和进度有直接的影响,包括双方对合同工期的约定、承包方提交进度计划、设计图纸的提供、材料设备的采购、延期开工的处理等。

（一）合同双方约定合同工期

施工合同工期,是指施工的工程从开工起到完成施工合同专用条款双方约定的全部内容,工程达到竣工验收标准所经历的时间。合同工期是施工合同的重要内容之一,故《建设工程施工合同文本》要求双方在协议书中作出明确约定。约定的内容包括开工日期、竣工日期和合同工期总日历天数。合同当事人应当在开工日期前做好一切开工的准备工作,承包人则应按约定的开工日期开工。

我国目前确定合同工期的依据是建设工期定额，它是由国务院有关部门按照不同工程类型分别编制的。所谓建设工程工期定额，是指在平均的建设管理水平和施工装备水平及正常的建设条件（自然的、经济的）下，一个建设项目从设计文件规定的工程正式破土动工，到全部工程建完，验收合格交付使用全过程所需的额定时间。

（二）承包人提交进度计划

承包人应当在专用条款约定的日期，将施工组织设计和工程进度计划提交工程师。群体工程中采取分阶段进行施工的工程，承包人则应按照发包人提供图纸及有关资料的时间，分阶段编制进度计划，分别向工程师提交。

（三）工程师对进度计划予以确认或者提出修改意见

工程师接到承包人提交的进度计划后，应当予以确认或者提出修改意见，时间限制则由双方在专用条款中约定。如果工程师逾期不确认也不提出书面意见，则视为已经同意。

工程师对进度计划予以确认或者提出修改意见，并不免除承包人施工组织设计和工程进度计划本身的缺陷所应承担的责任。工程师对进度计划予以确认的主要目的是为工程师对进度进行控制提供依据。

（四）其他准备工作

在开工前，合同双方还应当做好其他各项准备工作。如发包人应当按照专用条款的规定使施工现场具备施工条件、开通施工现场与公共道路，承包人应当做好施工人员和设备的调配工作。

对于工程师而言，特别需要做好水准点与坐标控制点的交验，按时提供标准、规范。为了能够按时向承包人提供设计图纸，工程师可能还需要做好设计单位的协调工作，按照专用条款的约定组织图纸会审和设计交底。

（五）延期开工。

1. 承包人要求的延期开工

如果承包人要求的延期开工，则工程师有权批准是否同意延期开工。

承包人应当按协议书约定的开工日期开始施工。承包人不能按时开工，应在不迟于协议书约定的开工日期前 7 天，以书面形式向工程师提出延期开工的理由和要求。工程师在接到延期开工申请后的 48 小时内以书面形式答复承包人。工程师在接到延期开工申请后的 48 小时内不答复，视为同意承包人的要求，工期相应顺延。

如果工程师不同意延期要求，工期不予顺延。如果承包人未在规定时间内提出延期开工要求，如在协议书约定的开工日期前 5 天才提出，工期也不予顺延。

2. 因发包人原因延期开工

因发包人的原因不能按照协议书约定的开工日期开工，工程师以书面形式通知承包人后，可推迟开工日期。承包人对延期开工的通知没有否决权，但发包人应当赔偿承包人因此造成的损失，相应顺延工期。

二、施工阶段的进度控制

工程开工后，合同履行即进入施工阶段，直至工程竣工。这一阶段进度控制的任务是控制施工任务在协议书规定的合同工期内完成。

（一）监督进度计划的执行

开工后，承包人必须按照工程师确认的进度计划组织施工，接受工程师对进度的检查、监督。这是工程师进行进度控制的一项日常性工作，检查、监督的依据是已经确认的进度计划。一般情况下，工程师每月检查一次承包人的进度计划执行情况，由承包人提交一份上月进度计划实际执行情况和本月的施工计划。同时，工程师还应进行必要的现场实地检查。

工程实际进度与进度计划不符时，承包人应当按照工程师的要求提出改进措施，经工程师确认后执行。如果采用改进措施后，经过一段时间工程实际进展赶上了进度计划，则仍可按原进度计划执行。如果采用改进措施一段时间后，工程实际进展仍明显与进度计划不符，则工程师可以要求承包人修改原进度计划，并经工程师确认。但是，这种确认并不是工程师对工程延期的批准，而仅仅是要求承包人在合理的状态下施工。因此，如果修改后的进度计划不能按期完工，仍应承担相应的违约责任。

工程师应当随时了解施工进度计划执行过程中所存在的问题，并帮助承包人予以解决，特别是承包人无力解决的内外关系协调问题。

（二）暂停施工（《施工合同文本》第12条）

在施工过程中，有些情况会导致暂停施工。暂停施工当然会影响工程进度，作为工程师应当尽量避免暂停施工。暂停施工的原因是多方面的，但归纳起来有以下三个方面：

1. 工程师要求的暂停施工

工程师在主观上是不希望暂停施工的，但有时继续施工会造成更大的损失。工程师在确有必要时，应当以书面形式要求承包人暂停施工，不论暂停施工的责任在发包人还是在承包人。工程师应当在提出暂停施工要求后48小时内提出书面处理意见。承包人应当按照工程师的要求停止施工，并妥善保护已完工工程。承包人实施工程师作出的处理意见后，可提出书面复工要求，工程师应当在48小时内给予答复。工程师未能在规定时间内提出处理意见，或收到承包人复工要求后48小时内未予答复，承包人可以自行复工。

如果停工责任在发包人，由发包人承担所发生的追加合同价款，相应顺延工期；如果停工责任在承包人，由承包人承担发生的费用，工期不予顺延。因为工程师不及时作出答复，导致承包人无法复工，由发包人承担违约责任。

2. 由于发包人违约，承包人主动暂停施工

当发包人出现某些违约情况时，承包人可以暂停施工。这是承包人保护自己权益的有效措施。如发包人不按合同规定及时向承包方支付工程预付款、发包人不按合同规定及时向承包人支付工程进度款且双方未达成延期付款协议，承包人均可暂停施工。这时，发包人应当承担相应的违约责任。出现这种情况时，工程师应当尽量督促发包人履行合同，以尽量减少双方的损失。

3. 意外情况导致的暂停施工

在施工过程中出现一些意外情况，如果需要暂停施工则承包人应暂停施工。在这些情况下，工期是否给予顺延应视风险责任的承担确定。如发现有价值的文物、发生不可抗力事件等，风险责任应当由发包人承担，故应给予承包人工期顺延。

（三）工程设计变更（《施工合同文本》第29条）

在施工过程中如果发生设计变更，将对施工进度产生很大的影响。如果必须对设计进行变更，必须严格按照国家的规定和合同约定的程序进行。

1. 变更的程序

施工中发包人如果需要对原工程设计进行变更,应不迟于变更前14天以书面形式向承包人发出变更通知。变更超过原设计标准或者批准的建设规模时,须经原规划管理部门和其他有关部门审查批准,并由原设计单位提供变更的相应图纸和说明。

承包方应当严格按照图纸施工,不得对原工程设计进行变更。

2. 设计变更事项

能够构成设计变更的事项包括以下变更:

(1) 更改有关部分的标高、基线、位置和尺寸;

(2) 增减合同中约定的工程量;

(3) 改变有关工程的施工时间和顺序;

(4) 其他有关工程变更需要的附加工作。

由于发包人对原设计进行变更,以及经工程师同意的、承包人要求进行的设计变更,导致合同价款的增减及造成的承包方损失,由发包人承担,延误的工期相应顺延。

(四) 工期延误 (《施工合同文本》第13条)

承包人应当按照合同约定完成工程施工,如果由于其自身的原因造成工期延误,应当承担违约责任。但是,在有些情况下工期延误后,竣工日期可以相应顺延。

1. 工期可以顺延的工期延误

因以下原因造成工期延误,经工程师确认,工期相应顺延:

(1) 发包人不能按专用条款的约定提供开工条件;

(2) 发包人不能按约定日期支付工程预付款、进度款,致使施工不能正常进行;

(3) 工程师未按合同约定提供所需指令、批准、图纸等,致使施工不能正常进行;

(4) 设计变更和工程量增加;

(5) 一周内非承包人原因停水、停电、停气造成停工累计超过8小时;

(6) 不可抗力;

(7) 专用条款中约定或工程师同意工期顺延的其他情况。

这些情况工期可以顺延的根本原因在于:这些情况属于发包人违约或者是应当由发包方承担的风险。

2. 工期顺延的确认程序

承包人在工期可以顺延的情况发生后14天内,就将延误的内容和因此发生的追加合同价款向工程师提出书面报告。工程师在收到报告后14天内予以确认,逾期不予确认也不提出修改意见,视为同意工期顺延。

当然,工程师确认的工期顺延期限应当是事件造成的合理延误,由工程师根据发生事件的具体情况和工期定额、合同等的规定确认。经工程师确认的顺延的工期应纳入合同工期,作为合同工期的一部分。如果承包人不同意工程师的确认结果,则按合同规定的争议解决方式处理。

三、竣工验收阶段的进度控制

竣工验收是发包人对工程的全面检验,是保修期外的最后阶段。在竣工验收阶段,项目经理进度控制的任务是督促完成工程扫尾工作,协调竣工验收中的各方关系,参加竣工验收。

(一) 竣工验收的程序

工程应当按期竣工。工程按期竣工有两种情况：承包人按照协议书约定的竣工日期或者工程师同意顺延的工期竣工。工程如果不能按期竣工，承包人应当承担违约责任。

1. 承包人提交竣工验收报告

当工程按合同要求全部完成后，工程具备了竣工验收条件，承包人按国家工程竣工验收的有关规定，向发包人提供完整的竣工资料和竣工验收报告，并按专用条款要求的日期和份数向发包人提交竣工图。

2. 发包人组织验收

发包人在收到竣工验收报告后28天内组织有关部门验收，并在验收14天内给予认可或者提出修改意见。竣工日期为承包方送交竣工验收报告日期。需修改后才能达到验收要求的，竣工日期为承包人修改后提请发包人验收日期。

3. 发包人不按时组织验收的后果

发包人收到承包方送交的竣工验收报告后28天内不组织验收，或者在验收后14天内不提出修改意见，则视为竣工验收报告已经被认可。发包人收到承包人送交的竣工验收报告后28天内不组织验收，从第29天起承担工程保管及一切意外责任。

（二）发包人要求提前竣工

在施工中，发包人如果要求提前竣工，发包人应当与承包人进行协商，协商一致后应签订提前竣工协议。发包人应为赶工提供方便条件。提前竣工协议应包括以下方面的内容：

（1）提前的时间；

（2）承包人采取的赶工措施；

（3）发包人为赶工提供的条件；

（4）赶工措施的经济支出和承担；

（5）提前竣工的收益分享。

第六节　建设工程施工合同的管理

一、施工合同管理概述

施工合同的管理，是指各级工商行政管理机关、建设行政主管机关和金融机构，以及工程发包单位、监理单位、承包单位依据法律和行政法规、规章制度，采取法律的、行政的手段，对施工合同关系进行组织、指导、协调及监督，保护施工合同当事人的合法权益，处理施工合同纠纷，防止和制裁违法行为，保证施工合同法规的贯彻实施等一系列活动。

施工合同管理，既包括各级工商行政管理机关、建设行政主管机关、金融机构对施工合同的管理，也包括发包单位、监理单位、承包单位对施工合同的管理。可将这些管理划分为以下两个层次：第一层次为国家机关及金融机构对施工合同的管理；第二层次则为建设工程施工合同当事人及监理单位对施工合同的管理。

各级工商行政管理机关、建设行政主管机关对合同的管理侧重于宏观的管理，而发包单位、监理单位、承包单位对施工合同的管理则是具体的管理，也是合同管理的出发点和落脚点。发包单位、监理单位、承包单位对施工合同的管理体现在施工合同从订立到履行的全过程中，本节主要是介绍一些在合同履行过程中的一些重点和难点。

二、不可抗力、保险和担保的管理

(一) 不可抗力 (《施工合同文本》第39条)

不可抗力事件发生后，对施工合同的履行会造成较大的影响。在合同订立时应当明确不可抗力的范围。工程师应当对不可抗力风险的承担有一个通盘的考虑：哪些不可抗力风险可以自己承担，哪些不可抗力风险应当转移出去（如投保等）。在施工合同的履行中，应当加强管理，在可能的范围减少或者避开不可抗力事件的发生（如爆炸、火灾等有时就是因为管理不善引起的）。不可抗力事件发生后应当尽量减少损失。

1. 不可抗力的范围

不可抗力是指合同当事人不能预见、不能避免并不能克服的客观情况。建设工程施工中的不可抗力包括因战争、动乱、空中飞行物坠落或其他非发包人承包人责任造成的爆炸、火灾，以及专用条款约定程度的风、雨、雪、洪水、地震等自然灾害。

2. 不可抗力事件发生后双方的工作

不可抗力事件发生后，承包人应在力所能及的条件下迅速采取措施，尽量减少损失，发包人应协助承包人采取措施。并在不可抗力事件结束后48小时内承包人向工程师通报受害情况和损失情况，及预计清理和修复的费用。发包人应协助承包人采取措施。不可抗力事件继续发生，承包人应每隔7天向工程师报告一次受害情况，并于不可抗力事件结束后14天内，向工程师提交清理和修复费用的正式报告及有关资料。

3. 不可抗力的承担

因不可抗力事件导致的费用及延误的工期由双方按以下方法分别承担：

(1) 工程本身的损害、因工程损害导致第三方人员伤亡和财产损失以及运至施工场地用于施工的材料和待安装的设备的损害，由发包人承担；

(2) 发包人承包人人员伤亡由其所在单位负责，并承担相应费用；

(3) 承包人机械设备损坏及停工损失，由承包人承担；

(4) 停工期间，承包人应工程师要求留在施工场地的必要的管理人员及保卫人员的费用由发包人承担；

(5) 工程所需清理、修复费用，由发包人承担；

(6) 延误的工期相应顺延。

因合同一方迟延履行合同后发生不可抗力的，不能免除迟延履行方的相应责任。

(二) 保险 (《施工合同文本》第40条)

虽然我国对工程保险（主要是施工过程中的保险）没有强制性的规定，但随着业主负责制的推行，以前存在着事实上由国家承担不可抗力风险的情况将会有很大改变。工程项目参加保险的情况会越来越多。

双方的保险义务分担如下：

(1) 工程开工前，发包人应当为建设工程和施工场地内发包人人员及第三方人员生命财产办理保险，支付保险费用。发包人可以将上述保险事项委托承包人办理，但费用由发包人承担。

(2) 承包人必须为从事危险作业的职工办理意外伤害保险，并为施工场地内自有人员生命财产和施工机械设备办理保险，支付保险费用。

(3) 运至施工场地内用于工程的材料和待安装设备，不论由承发包双方任何一方保管，都应由发包人（或委托承包人）办理保险，并支付保险费用。

保险事故发生时，承发包双方有责任尽力采取必要的措施，防止或者减少损失。

（三）担保（《施工合同文本》第41条）

按照我国《担保法》的规定，担保的方式有保证、抵押、质押、留置和定金五种。在施工合同中，一般都是由信誉较好的第三方（如银行）出具保函的方式担保施工合同当事人履行合同。从担保理论上说，这种保函实际是一份保证书，是一种保证担保。这种担保是以第三方的信誉为基础的，对于担保义务人而言，可以免于向对方交纳一笔资金或者提供抵押、质押财产。

承发包双方为了全面履行合同，应互相提供以下担保：

（1）发包人向承包人提供履约担保，按合同约定履行自己的各项义务。

（2）承包人向发包人提供履约担保，按合同约定履行自己的各项义务。

提供担保的内容、方式和相关责任，承发包双方除在专用条款中约定外，被担保方和担保方还应签订担保合同，作为施工合同的附件。

对于项目经理而言，提供担保后，己方履行合同的约束力增加了。由银行出具保函时，如果己方违约，发包方将要求银行支付保函中承诺的保证金。银行支付后，即产生向施工企业要求赔偿的权利。所以，当施工企业的履约信誉不佳时，银行会拒绝出具保函；如果出现违约事件，最终受损失的是施工企业。因此，项目经理应当严格履行合同规定的各项义务。

当合同都顺利履行以后，履约担保将被退回。

三、工程转包与分包

施工企业的施工力量、技术力量、人员素质、信誉好坏等，对工程质量、投资控制、进度控制等有直接影响。发包人是在经过了一系列考察、以及资格预审、投标和评标等活动之后选中承包人的，签订合同不仅意味着双方对报价、工期等可定量化因素的认可，也意味着发包人对承包人的信任。因此在一般情况下，承包人应当以自己的力量来完成施工任务或者主要施工任务。

（一）关于工程转包

工程转包，是指不行使承包人的管理职能，不承担技术经济责任，将所承包的工程倒手转给他人承包的行为。承包人不得将其承包的全部工程转包给他人，也不得将其承包的全部工程肢解以后以分包的名义分别转包给他人。工程转包，不仅违反合同，也违反我国有关法律和法规的规定。

下列行为均属转包：

（1）承包人将承包的工程全部包给其他施工单位，从中提取回扣者；

（2）承包人将工程的主要部分或群体工程（指结构技术要求相同的）中半数以上的单位工程包给其他施工单位者；

（2）分包单位将承包的工程再次分包给其他施工单位者。

（二）关于工程分包（《施工合同文本》第38条）

工程分包，是指经合同约定和发包单位认可，从工程承包人承包的工程中承包部分工程的行为。承包人按照有关规定对承包的工程进行分包是允许的。

1. 分包合同的签订

承包人必须自行完成建设项目（或单项、单位工程）的主要部分，其非主要部分或专业性较强的工程可分包给营业条件符合该工程技术要求的建筑安装单位。结构和技术要求相同的群体工程，承包人应自行完成半数以上的单位工程。

承包人按专用条款的约定分包所承包的部分工程，并与分包人签订分包合同。非经发包人同意，承包人不得将承包工程的任何部分分包。

分包合同签订后，发包人与分包人之间不存在直接的合同关系。分包人应对承包人负责，承包人对发包人负责。

2. 分包合同的履行

工程分包不能解除承包人任何责任与义务。承包人应在分包场地派驻相应监督管理人员，保证本合同的履行。分包单位的任何违约行为、安全事故或疏忽导致工程损害或给发包方造成其他损失，承包方承担连带责任。

分包工程价款由承包方与分包单位结算。发包人未经承包人同意不得以任何形式向分包单位支付各种工程款项。

四、合同争议的解决（《施工合同文本》第 37 条）

（一）施工合同争议的解决方式

合同当事人在履行施工合同时发生争议，可以和解或者要求合同管理及其他有关主管部门调解。当事人不愿和解、调解或者和解或调解不成的，双方可以在专用条款内约定以下一种方式解决争议：

第一种解决方式：双方达成仲裁协议，向约定的仲裁委员会申请仲裁；

第二种解决方式：向有管辖权的人民法院起诉。

需要注意的是，这两种争议解决方式都是最终的解决方式，只能约定其中一种。如果由仲裁作为最终的解决方式，则这部分内容将成为仲裁协议。双方必须约定具体的仲裁委员会，否则仲裁协议将无效，因为仲裁没有法定管辖。

一旦发生争议，项目经理应当尽量争取通过和解或者调解解决争议，因为这样解决争议的速度快、成本低，且有利于与对方的继续合作。但是，项目经理应当有这种准备和努力，即并不排除双方在施工合同中约定仲裁或者诉讼。

一旦合同的争议将进入仲裁或者诉讼，建筑施工企业的项目经理都应及时向企业的领导汇报和请示。因为仲裁或者诉讼必须以企业（具有法人资格）的名义进行。并且仲裁或者诉讼一般都被认为是企业的一项重要事项，许多决策必须由企业作出。

（二）争议发生后允许停止履行合同的情况

发生争议后，在一般情况下，双方都应继续履行合同，保持施工连续，保护好已完工程。

只有出现下列情况时，当事人方可停止履行施工合同：

（1）单方违约导致合同确已无法履行，双方协议停止施工；

（2）调解要求停止施工，且为双方接受；

（3）仲裁机构要求停止施工；

（4）法院要求停止施工。

五、施工合同的解除（《施工合同文本》第 44 条）

施工合同订立后，当事人应当按照合同的约定履行。但是，在一定的条件下，合同没有履行或者完全履行，当事人也可以解除合同。

（一）可以解除合同的情形

1. 合同的协商解除

施工合同当事人协商一致，可以解除。这是在合同成立以后、履行完毕以前，双方当事人通过协商而同意终止合同关系的解除。当事人的这项权利是合同中意思自治的具体体现。

2. 发生不可抗力时合同的解除

因为不可抗力或者非合同当事人的原因，造成工程停建或缓建，致使合同无法履行，合同双方可以解除合同。

3. 当事人违约时合同的解除

（1）发包人不按合同约定支付工程款（进度款），双方又未达成延期付款协议，导致施工无法进行，承包人停止施工超过 56 天，发包人仍不支付工程款（进度款），承包人有权解除合同。

（2）承包人将其承包的全部工程转包给他人或者肢解后以分包的名义分别转包给他人，发包人有权解除合同。

（3）合同当事人一方的其他违约致使合同无法履行，合同双方可以解除合同。

（二）一方主张解除合同的程序

一方主张解除合同的，应向对方发出解除合同的书面通知，并在发出通知前 7 天告知对方。通知到达对方时合同解除。对解除合同有异议的，按照解决合同争议程序处理。

（三）合同解除后的善后处理

合同解除后，当事人双方约定的结算和清理条款仍然有效。承包人应当按照发包人要求妥善做好已完工程和已购材料、设备的保护和移交工作，按发包人要求将自有机械设备和人员撤出施工场地。发包人应为承包人撤出提供必要条件，支付以上所发生的费用，并按合同约定支付已完工程款。已订货的材料、设备由订货方负责退货或解除订货合同，不能退还的货款和退货、解除订货合同发生的费用，由发包人承担。

六、违约责任

发包人不按合同约定支付各项价款或工程师不能及时给出必要的指令、确认，致使合同无法履行，发包人承担违约责任，赔偿因其违约给承包人造成的直接损失，延误的工期相应顺延。双方应当在专用条款内约定发包人赔偿承包人损失的计算方法或者发包人应当支付违约金的数额和计算方法。

承包人不能按合同工期竣工，工程质量达不到约定的质量标准，或由于承包人原因致使合同无法履行，承包人承担违约责任，赔偿因其违约给发包人造成的损失。双方应当在专用条款内约定承包人赔偿发包人损失的计算方法或者承包人应当支付违约金的数额和计算方法。

一方违约后，另一方可按双方约定的担保条款，要求提供担保的第三方承担相应责任。

一方违约后，另一方要求违约方继续履行合同时，违约方承担违约责任后仍应继续履行合同。

项目经理在违约责任的管理方面，首先要管好己方的履约行为，避免承担违约责任。如果发包人违约的，应当督促发包人按照约定履行合同，并与之协商违约责任的承担。特别应当注意的是收集和整理对方违约的证据，因为不论是协商还是仲裁、诉讼，都要依据证据维护自己的权益。

第九章 FIDIC《土木工程施工合同条件》

第一节 国际咨询工程师联合会简介

一、国际咨询工程师联合会

FIDIC 是指国际咨询工程师联合会（F′ed′eration Internationale des Ing′enieurs Conseils），它是该联合会法语名称的字头缩写。许多国家和地区都有自己民间的咨询工程师协会，这些协会的国际联合会就是"FIDIC"。

FIDIC 最早是于 1913 年由欧洲四个国家的咨询工程师协会组成的。自 1945 年二次世界大战结束以来，已有全球各地 60 多个国家和地区的成员加入了 FIDIC，中国在 1996 年正式加入。可以说 FIDIC 代表了世界上大多数独立的咨询工程师，是最具有权威性的咨询工程师组织，它推动了全球范围内的高质量的工程咨询服务业的发展。

FIDIC 下属有两个地区成员协会：FIDIC 亚洲及太平洋地区成员协会(ASPAC)；FIDIC 非洲成员协会集团（CAMA）。FIDIC 下设五个长期性的专业委员会：业主咨询工程师关系委员会（CCRC）；合同委员会（CC）；风险管理委员会（RMC）；质量管理委员会（QMC）；环境委员会（ENVC）。FIDIC 的各专业委员会编制了许多规范性的文件，这些文件不仅 FIDIC 成员国采用，世界银行、亚洲开发银行、非洲开发银行的招标样本也常常采用。其中最常用的有《土木工程施工合同条件》，《电气和机械工程合同条件》，《业主/咨询工程师标准服务协议书》，《设计——建造与交钥匙工程合同条件》（国际上分别通称为 FIDIC "红皮书"、"黄皮书"、"白皮书"和"桔皮书"）以及《土木工程施工分包合同条件》。1999 年 9 月，FIDIC 又出版了新的《施工合同条件》、《工程设备与设计—建造合同条件》、《EPC 交钥匙工程合同条件》及《合同简短格式》。

二、FIDIC 编制的各类合同条件的特点

FIDIC 编制的合同条件具有以下特点：

（一）国际性、通用性、权威性

FIDIC 编制的合同条件（以下简称"FIDIC 合同条件"）是在总结国际工程合同管理各方面的经验教训的基础上制定的，并且不断地吸取各方意见加以修改完善。如 FIDIC "红皮书"从 1957 年制定第 1 版以来，已经多次修订和增补。在起草第 3 版时，各大洲的承包商协会的代表曾参加起草工作；在第 4 版的编写工作中，欧洲国际承包商会（EIC）和美国承包商总会（AGC）曾提出不少意见和建议；1999 年出版的"新红皮书"更是在广泛采纳众多专家意见的基础上，全面修改了合同条件的结构和内容。由此可见，FIDIC 的合同条件是在总结各个地区、国家的业主、咨询工程师和承包商各方的经验的基础上编制出来的，是国际上一个高水平的通用性的文件。既可用于国际工程，稍加修改后又可用于国内工程，我国有关部委编制的合同条件或协议书范本都将 FIDIC 合同条件作为重要的参考文本。一些

国际金融组织的贷款项目和一些国家和地区的国际工程项目也都采用了 FIDIC 合同条件。

（二）公正合理、职责分明

合同条件的各项规定具体体现了业主、承包商的义务、权利和职责以及工程师的职责和权限。由于 FIDIC 大量地听取了各方的意见和建议，因而其合同条件中的各项规定也体现了在业主和承包商之间风险合理分担的精神，并且在合同条件中倡导合同各方以坦诚合作的精神去完成工程。合同条件中对有关各方的职责既有明确的规定和要求，也有必要的限制，这一切对合同的实施都是非常重要的。

（三）程序严谨，易于操作

合同条件中对处理各种问题的程序都有严谨的规定，特别强调要及时处理和解决问题，以避免由于任一方拖拉而产生新的问题，另外还特别强调各种书面文件及证据的重要性，这些规定使各方均有规可循，并使条款中的规定易于操作和实施。

（四）通用条件和专用条件的有机结合

FIDIC 合同条件一般都分为两个部分，第一部分是"通用条件"（General Conditions）；第二部分是"特殊应用条件"（Conditions of Particular Application），也可称为"专用条件"（本书中用"专用条件"）。

通用条件是指对某一类工程都通用，如 FIDIC《土木工程施工合同条件》对于各种类型的土木工程（如工业和民用房屋建筑、公路、桥梁、水利、港口、铁路等）均适用。

专用条件则是针对一个具体的工程项目，考虑到国家和地区的法律法规的不同，项目特点和业主对合同实施的不同要求，而对通用条件进行的具体化、修改和补充。FIDIC 编制的各类合同条件的专用条件中，有许多建议性的措词范例，业主与他聘用的咨询工程师有权决定采用这些措词范例或另行编制自己认为合理的措词来对通用条件进行修改和补充。在合同中，凡合同条件第二部分和第一部分不同之处均以第二部分为准。第二部分的条款号与第一部分相同。这样合同条件第一部分和第二部分共同构成一个完整的合同条件。本章中主要介绍通用条件，对专用条件中的各类措词范例读者在工作中需要时可查看原著。

三、如何运用 FIDIC 编制合同条件

（一）国际金融组织贷款和一些国际项目直接采用

在世界各地，凡是世行、亚行、非行贷款的工程项目以及一些国家的工程项目招标文件中，都全文采用 FIDIC 的合同条件（或适当修改）。因而参与项目实施的各方都必须十分了解和熟悉这些合同条件，才能保证工程合同的执行并根据合同条件行使自己的职权和保护自己的权利。

在我国，凡亚行贷款项目，都全文采用 FIDIC "红皮书"。凡世行贷款项目，财政部编制的招标文件范本中，对 FIDIC 合同条件有一些特殊的规定和修改，请读者在使用时注意。

（二）对比分析采用

许多国家和一些工程项目都有自己编制的合同条件，这些合同条件的条目、内容和 FIDIC 编制的合同条件大同小异，只是在处理问题的程序规定以及风险分担等方面有所不同。FIDIC 合同条件在处理业主和承包商的风险分担和权利义务上是比较公正的，各项程序也是比较严谨完善的，因而在掌握了 FIDIC 合同条件之后，可以之作为一把尺子来与工作中遇到的其他合同条件逐条对比，分析和研究，由此可以发现风险因素以便制定防范风险或利用风险的措施，也可以发现索赔的机遇。

（三）合同谈判时采用

因为 FIDIC 合同条件是国际上权威性的文件，在招标过程中，如果承包商认为招标文件中有些规定不合理或是不完善，可以用 FIDIC 合同条件作为"国际惯例"，在合同谈判时要求对方修改或补充某些条款。

（四）局部选择采用

当咨询工程师协助业主编制招标文件时或是总承包商编制分包项目招标文件时，可以局部选择 FIDIC 合同条件中的某些部分、某些条款、某些思路、某些程序或某些规定。也可以在项目实施过程中借助于某些思路和程序去处理遇到的问题。

总之，系统地、认真地学习 FIDIC 的各种合同条件，将会使每一位参与工程项目管理人员的水平大大地提高一步，使我们在工程项目管理的思路上和作法上与国际接轨。

FIDIC 还对"红皮书""黄皮书"、"白皮书"和"桔皮书"分别编制了"应用指南"。在"应用指南"中除介绍了招标程序、合同各方及工程师的职责外，还对每一条款进行了详细的解释和讨论，对使用者深入理解合同条款很有帮助。

由于目前世行、亚行的工程采购招标文件标准文本中以及我国财政部的范本中均采用 FIDIC "红皮书"（第 4 版，1992 年版），因而在本书中仍介绍 FIDIC "红皮书"（第 4 版，1992 年版）。

在此要特别强调的是：如果读者在工作中要使用 FIDIC 编制的各个合同条件时，应一律以正式的英文版合同条件文本为准。

第二节　FIDIC《土木工程施工合同条件》内容简介
（1987 年第四版，1988 年修订版，1992 年再次修订版）

FIDIC "红皮书"第 4 版于 1987 年出版，1988 年出了修订版，进行了 17 处修订，1992 年再次修订版有 28 处修订，增加了"期中支付证书"和"最终支付证书"两个定义。1996 年又出版了增补本，主要介绍了争议裁决委员会、采用总价支付条款及工程师拖延签发支付证书时对承包商的保护措施。下列有关条款简介内容均以 1992 年修订版为准。1996 年增补内容在本节末作一简介。

FIDIC "红皮书"适用于单价与子项包干混合式合同，适用于业主任命工程师监理合同的土木工程施工项目。

合同条件中 32 个定义在此不再抄录，请阅读原版或中译文版。

FIDIC "红皮书"第一部分通用条件，包括 25 节、72 条、194 款，论述了以下 25 个方面的问题：定义与解释，工程师及工程师代表，转让与分包，合同文件，一般义务，劳务，材料、工程设备和工艺，暂时停工，开工和延误，缺陷责任，变更、增添与省略，索赔程序，承包商的设备、临时工程和材料，计量，暂定金额，指定分包商，证书和支付，补救措施，特殊风险，解除履约，争端的解决，通知，业主的违约，费用和法规的变更，货币和汇率。

合同条件规定了业主和承包商的职责、义务和权利以及监理工程师（条款中均用"工程师"一词，下同）在根据业主和承包商的合同执行对工程的监理任务时的职责和权限。通用条件后面附有投标书、投标书附录和协议书的范例格式。第二部分为专用条件，本节中对通用条件中的 19 个主要问题进行简要地介绍和分析讨论。标题后或文字说明后括号内的数字为相应的条款号。

一、工程师（Engineer）与工程师代表（Engineer's Representative）

（一）工程师的职责概述（2.1）

工程师不属于业主与承包商之间签订的合同中的任一方。工程师是独立的、公正的第三方，工程师是受业主聘用的，工程师的义务和权利在业主和咨询工程师的服务协议书附件 A 中有原则性的规定，而在合同实施过程中，工程师的具体职责是在业主和承包商签订的合同中规定的，如果业主要对工程师的某些职权作出限制，他应在专用条件中作出明确规定。

工程师的职责也可以概括为进行合同管理，负责进行工程的进度控制、质量控制和投资控制以及从事协调工作。

（二）工程监理人员的三个层次及其职责权限（2.2、2.3、2.4）

"红皮书"中将工程施工阶段的监理人员分为三个层次：即工程师、工程师代表和助理（Assistant）。工程师是由业主聘用的咨询或监理单位委派的。工程师代表是由工程师任命的。助理则是由工程师或工程师代表任命的。所有这些委派或任命均应以书面形式通知业主和承包商。

工程师是受业主任命，履行合同中规定的职责，行使合同中规定或合同隐含的权力，除非业主另外授权，他无权改变合同，也无权解除合同规定的承包商的任何义务。至于哪些问题在业主授权范围之内，可以由工程师决定：哪些问题需上报业主批准，则按合同专用条件中的规定办理。

工程师代表是由工程师任命并对工程师负责的，工程师可以随时授权工程师代表执行工程师授予的那部分职责和权力。在授权范围内，工程师代表的任何书面指示或批示应如同工程师的指示和批示一样，对承包商有约束力。工程师也可随时撤消这种授权。工程师代表的工作中如果有差错，工程师有权纠正。承包商如对工程师代表的决定有不同意见时，可书面提交工程师，工程师应对提出的问题进行确认、否定或更改。

工程师或工程师代表可以任命助理以协助工程师或工程师代表履行某些职责。工程师或工程师代表应将助理人员的姓名、职责和权力范围书面通知承包商。助理无权向承包商发出他职责和权力范围以外的任何指示。

总之，工程师将经常在工地处理各类具体问题的职权分别授予各个工程师代表，但有关重大问题必须亲自处理。下面比较详细地讨论在执行施工监理任务时，这三个层次各自的职权和分工。

（1）工程师是指由少数级别比较高，经验比较丰富的人员组成的委员会或小组，行使合同中规定的工程师的职权。大部分工程师这一层的成员，不常驻工地，只是不定期去工地考察处理重大问题以及审批驻地工程师呈报的各类报告，和业主研究决定有关重要事宜。下述有关的重要问题必须由工程师亲自处理，（有的需报业主批准）这类问题包含：

①签发工程开工令。

②审查合同分包。

③撤换不称职的承包商的施工项目经理和（或）工作人员。

④签发移交证书、缺陷责任证书、最终报表、最终证书等。

⑤批准承包商递交的部分永久工程设计图纸和图纸变更。

⑥签发各类付款证书，对使用暂定金额、对补充工程预算，承包商申请的索赔以及法规变更引起的价格调整等问题提出意见，上报业主批准。

⑦就工期延长、工程的局部或全部暂停、变更命令（包括增减项目、工期变更、决定价格等）等问题提出意见，上报业主批准。

⑧处理特殊风险引起的问题。

⑨按合同条款规定处理承包商违约或业主违约有关问题。

⑩协调和处理争端引起的要求仲裁有关的问题。

⑪其他。

（2）工程师代表指工程师指派常驻工地，代表他行使所委托的那部分职权的人员，通常称为"驻地工程师"（Resident Engineer）。工程师指派工程师代表可以按两种方式指派：一种是按专业分工，如工地现场施工，钻探灌浆，实验室工作等；另一种则按区段，如将一个合同的高速公路分成几个区段。为了能及时解决工地发生的各类问题，工程师可以考虑将下列全部或部分职责和职权委托给工程师代表。

①澄清各合同文件的不一致之处。

②处理不利的外界障碍或条件引起的问题。

③发出补充图纸和有关指示，解释图纸。

④为承包商提供测量所需的基准点、基准线和参考标高，以便工程放线，检查承包商的测量放样结果。

⑤检查施工的材料、工程设备和工艺、并进行现场每一个工序的施工验收。

⑥指示承包商处理有关现场的化石、文物等问题。

⑦计量完工的工程。

⑧检查承包商负责的工地安全，保卫和环保措施。

⑨保存实验和计量记录。

⑩完成竣工图纸（如监理合同有此要求）。

⑪处理运输和道路有关的问题。

⑫处理承包商的劳务出现的各类问题。

⑬向工程师呈报每月付款证书，事先校核证书中的工程量及价格（包括价格调整的计算）。

⑭要求承包商制定修改进度计划并进行检查，在进度拖延时，向承包商发出赶工令。

⑮在需要时，命令承包商按"计日工"进行某些工作。

⑯处理夜间和公休日工作问题。

⑰出于保护工程或安全的原因，需要马上采取行动时，安排紧急补救工作或暂停工程。

⑱缺陷责任期内检查承包商应完成的扫尾工作和缺陷修补工作，处理缺陷调查有关问题。

⑲呈报承包商设备申请进出口的报告。

⑳就补充工程预算上书工程师。

㉑防止和减少承包商的索赔。研究承包商的索赔要求并提出建议上书工程师。

㉒主持工地会议，发布会议记录，保存与承包商往来的所有公函。

㉓处理"指定分包商"有关问题。

㉔与实施合同有关各方打交道，并保存来往公函。

㉕协调工地中各承包商之间的关系。

㉖其他。

（3）助理。工程师或工程师代表可指派助理协助他进行一部分工作。这些工作一般是：

①工地施工现场值班，监督承包商现场施工质量。

②派往工地以外的设备制造厂家监督工程设备的用料和加工制造过程。

③派往工地内或工地之外的预制构件或施工用料（如混凝土）加工厂监督保证加工质量。

④其他。

（三）工程师要行为公正（2.6）

工程师虽然是受业主聘用为其监理工程，但工程师是业主和承包商合同之外的第三方，本身是独立的法人单位。

工程师必须按照国家有关的法律、法规和业主、承包商之间签订的合同对工程进行监理。他在处理各类合同中的问题时，在表明自己的意见、决定、批准、确定价值时，或采取影响业主和承包商的权利和义务的任何行动时，均应仔细倾听业主和承包商双方的意见，进行认真的调查研究，然后依据合同和事实作出公正的决定。工程师应该行为公正，既要维护合同中业主的利益，也应维护合同中规定的承包商的利益。

二、合同的转让（Assignment）和分包（Subcontracting）

（一）合同的转让（3.1）

如果没有业主的事先同意，承包商不得自行将全部或部分合同，包括合同中的任何权益或利益转让给他人。但也有两种例外情况：即按合同规定，已支付或将支付给承包商的银行的款项；以及当保险公司替承包商进行了偿付时，余下的权益。

（二）分包（4.1、4.2）

在合同实施中，承包商将一部分工作分包给某些分包商是很正常的，但是这种分包必须经过同意；如果在订合同时已列入，即意味着业主已同意；如果在工程开工后再进行分包，则必须经工程师事先同意。工程师有权审核分包合同。承包商在订分包合同时，一定要注意将合同条件中对分包合同的特殊要求订进去（如"红皮书"中4.2等款），以保护业主的权益。

分包商对承包商负责，承包商应对分包商及其代理人、雇员、工人的行为、违约和疏忽造成的后果向业主承担责任。

（三）"指定的分包商"（Nominated Subcontractor）（59）

是指由业主和工程师挑选或指定的进行与工程实施、货物采购等工作有关的分包商，这种指定可以在招标文件中指定，也可在工程开工后指定，但指定分包商并不直接与业主签订合同，而是仍与承包商签订合同，作为承包商的分包商，由承包商负责对他们的管理和协调有关的工作。"指定的分包商"的支付由暂定金额中开支，但通过承包商支付。

"指定的分包商"对承包商承担他分包的有关项目的全部义务和责任。"指定的分包商"还应保护承包商免受由于他的代理人、雇员、工人的行为、违约或疏忽造成的损失和索赔责任。

"指定的分包商"在得到支付方面比较有保证，即如承包商无正当理由而扣留或拒绝按分包合同的规定向"指定的分包商"进行支付时，业主有权根据工程师的证明直接向该"指定的分包商"进行支付，并从业主向承包商的支付中扣回这笔支付。

三、合同文件（Contract Documents）与图纸（Drawings）

（一）语言（Language）和法律（Law）（5.1）

应在专用条件中说明适用于该合同以及据之对该合同进行解释的国家或州的法律，同时要说明用以拟定合同的一种或几种语言，如果是几种语言，则应指定一种语言为"主导语言"，用以解释和说明合同。

（二）合同文件的优先顺序（Priority）（5.2）

构成合同的几个文件应该是互为说明的，也不应彼此间有矛盾，为此，应对合同包括的各类文件排一个次序，当出现歧义时，以排在前面的文件的解释为准。

（三）图纸（6）

1. 由承包商设计永久工程

凡合同中规定由承包商设计部分永久工程时，承包商应将所设计的图纸，计算书及规范等资料以及使用手册，维修手册和竣工图纸送交工程师批准。承包商应将他进行的上述有关设计资料免费提交一式4份给工程师，如需要更多的复印件时，则应由业主支付费用。

2. 图纸文件的提供和保管

图纸由工程师保管并免费向承包商提供2本复印件，未经工程师同意，承包商不得将图纸转送给与执行合同无关的第三方。承包商应在现场保留1份图纸供有关人员使用。工程师有权不断向承包商发出补充图纸和指示，承包商应贯彻执行。

3. 由于图纸原因使工程进展受影响

如果工程师未能及时发出进一步的图纸或指示以致可能造成工程延误或中断时，承包商应向工程师书面提出要求提供图纸或指示的内容和时间。如工程师未能按承包商的书面要求提供图纸或指示而使承包商蒙受误期和招致费用损失时，工程师应就此向承包商作出时间和费用方面的补偿。

四、承包商的一般义务（General Obligations）（8.1～33.1）

承包商的一般义务在"红皮书"中列举了26条55款，包括了许多内容，在这里摘要地介绍一部分，有关保险的条款在下面介绍。

1. 承包商应按照合同的各项规定，精心设计（如有此要求时），精心施工，修补缺陷，做好对工程施工的各方面的管理工作。

承包商应将他在审查合同或实施工程时，在设计图纸或规范中发现的任何错误、遗漏、失误或其它缺陷立即通知工程师和业主。（在1992年版中增加的这句话是强调承包商应以主人翁的思想参与工程）。

承包商应只从工程师处（或工程师代表处）得到指示。

承包商应对现场作业和施工方法的完备性，工地安全，工程质量以及要求他进行的设计的质量负全部责任，即使设计需由工程师批准，如果出现错误也由承包商负责。

2. 履约保证（Performance Security）（10）

承包商应在收到中标函后28天内，按规定的格式和投标书附件中规定的金额向业主提交履约保证（可以是履约保函或履约担保），履约保证单位必须经业主同意。

此履约保证的有效期一直到发出缺陷责任证书时为止，业主应在发出此证书后14天内将履约保函或担保退还给承包商。

FIDIC提倡采用有条件履约保函，如果业主单位既采用FIDIC"红皮书"而又要采用无条件履约保函时，则应在专用条件中注明。

3. 在承包商提交投标书之前，业主应负责向承包商提供该工程有关的水文及地表以下的资料。业主一方应对提供资料的正确性负责，而承包商在应用这些资料时对资料的分析和解释负责。

承包商在提交投标书之前应认真地进行现场视察以使投标书建立在比较可靠的资料的基础上。

4. 如果在施工过程中，遇到了一个有经验的承包商无法预见的外界障碍和条件，则承包商可要求工程师考虑给予延长工期和增加费用。

5. 应提交进度计划（Programme to be Submitted）（14）

承包商应按照合同及工程师的要求，在规定的时间内，向工程师提交1份将付诸实施的施工进度计划，并取得工程师的同意，同时提交工程施工方法和安排的总的说明。

如果承包商没有理由要求延长工期，而工程师根据上述提交的施工进度计划认为进度太慢时，可以要求承包商赶工，由此引起的各种开支（包括监理工程师加班的开支）均应由承包商承担。

6. 承包商应任命一位合格的并被授权的代表（即承包商的工地项目经理）全面负责工程的管理，该项目经理须经工程师批准，代表承包商接受工程师的各项指示。如果由于此项目经理不胜任，渎职等原因，工程师有权要求承包商将其撤回，并且以后不能再在此项目工作，而承包商应另外再派一名工地项目经理。（15.1）

工程师也有权要求承包商由工地撤走那些他认为渎职者，或不能胜任者，或玩忽职守者，并选派其他胜任的人员。不经工程师批准，上述被要求撤走的人员不能再在工地工作。（16.1）

7. 放线（Setting Out）（17.1）

承包商应根据工程师给定的原始基准点、基准线、参考标高等，对工程进行准确的放线并对工程放线的正确性负责。

除非是由于工程师提供了错误的原始数据，承包商应对由于放线错误引起的一切差错自费纠正（即使工程师进行过检查）。

8. 承包商应采取一切必要的措施，保障工地人员的安全及施工安全。（19.1）

9. 承包商应遵守所有有关的法律、法令和规章。（26.1）

10. 如果在施工现场发现化石、文物等，承包商应保护现场并立即通知工程师。按工程师指示进行保护。由此而产生的时间和费用损失由业主给予补偿。上述化石、文物等，均属于业主的绝对财产。（27.1）

11. 专利权（Patent Rights）（28.1）

承包商应保护业主免受由于承包商在工作中侵犯专利权而引起的各种索赔和诉讼。但由于工程师提供的设计或技术规范引起的此类问题除外。

12. 运输（30）

（1）承包商应采用一切合理的措施（如选择运输线路，选用运输工具，限制和分配载重量等）保护运输时使用的道路和桥梁。

（2）在运输承包商的设备和临时工程时，承包商应自费负担所经道路上的桥梁加固、道路改建等。并保障业主免于与之有关的一切索赔。

（3）如果运输中对道路、桥梁造成了损坏，则：

①承包商在得知此类损害，或收到有关索赔要求之后，应立即通知工程师和业主。

②如果根据当地法律或规章规定，要求由设备、材料的运输公司给予赔偿时，则业主、承包商均不对索赔负责。

③在其他情况下，业主和工程师应根据实际情况决定如何赔偿。如果承包商有责任时，业主应与承包商协商解决。

五、风险（Risk）与保险（Insurance）

（一）工程的照管（20.1、20.2）

（1）对永久工程的整个工程，从工程开工到颁发整个工程的移交证书的日期为止，承包商应对工程以及材料和待安装的设备等的照管负完全责任，颁发移交证书后，照管的责任随之移交给业主。对工程的某一部分或区段，同样由颁发移交证书之日起将保管责任移交给业主。

（2）承包商在缺陷责任期内对任何未完成的工程以及材料和工程设备的照管负有责任。

（二）业主的风险（Employer's Risks）（20.3、20.4）

（1）业主的风险一般指以下任一种情况：

①战争、入侵等外敌行动；

②叛乱、革命、暴动、篡权、内战等；

③核爆炸、核废物、有毒气体的污染等；

④超音速飞机的压力波；

⑤暴乱、骚乱、混乱（但承包商、分包商内部的除外）；

⑥由业主使用或占用合同规定提供给他的以外的任何永久工程的区段或部分造成的损失；

⑦业主提供的设计不当造成的损失；

⑧一个有经验的承包商通常无法预测和防范的任何自然力的作用。

（2）由于业主的风险造成的损失或损害，在工程师要求承包商修复时，应按合同价格向承包商支付，但如其中也有承包商的责任时，则应考虑承包商和业主各自责任所占比例。

（三）特殊风险（Special Risks）（65）

（1）特殊风险定义：指上述业主风险中的（1）、（3）、（4）、（5）段定义的风险以及（2）段中所定义的，在工程施工所在国内的有关风险。不论何时何地发生的因战争中的各种爆破物（如地雷、炸弹等）引起的破坏、损害、人身伤亡，也属于特殊风险。

（2）战争爆发：

在合同执行过程中，如果在世界上任何地区爆发战争，承包商仍应尽最大努力实施合同。但在战争爆发后，业主有权通知承包商终止合同，此时，承包商及其分包商应尽速从现场撤离其全部设备。业主应按合同条件规定向承包商支付所有应支付的款项。

（3）承包商的责任和权利

①如果由于特殊风险使工程受到破坏或损坏；或使业主或第三方财产受到破坏或损害；或人身伤亡，承包商不承担赔偿或其它责任。如果工程师要求承包商修复任何由于特殊风险被破坏或损害的工程以及替换材料或修复承包商的设备，工程师应公平合理地追加合同价格。但在特殊风险发生前，已被工程师宣布为不合格的工程，即使由于特殊风险被损坏，承包商仍应负责自费修复。业主还应向承包商支付由于特殊风险引起的一切增加的费用。

②由于上述原因，合同被终止后的付款办法：

a. 业主应按合同中规定的费率和价格向承包商支付在合同终止日期以前完成的全部工作的费用，但应减去帐上已支付给承包商的款项与项目；

b. 另外支付下述费用：

· 工程量表中的任何开办项目中已进行或履行了的相应部分工作的费用；

· 为该工程合理订购的材料、工程设备或货物的费用，如已将其交付给承包商或承包商对之依法有责任收货时，则业主一经支付此项费用后即成为业主的财产；

· 承包商为完成整个工程所合理发生的任何其他开支的总计；

· 承包商的撤离费用，在承包商提出要求时，将承包商的设备运回其注册国内承包商的注册基地或其他目的地的合理费用；

· 承包商雇佣的所有从事工程施工及与工程有关的职员和工人在合同终止时的合理遣返费。

但业主除按本款规定应支付任何费用外，也应有权要求承包商偿还任何预付款的未结算余额以及其他任何金额

（四）工程和承包商设备的保险（21）

（1）应该对工程（连同材料和配套设备）以业主和承包商联合的名义进行保险。保险的数额可以用保险项目的重置成本（即在指定地区，用当时通行价格重置一项资产的成本，此处成本一词应包含利润），同时再考虑加上重置成本的15％的附加金额投保。但应针对工程项目的具体情况，投保额要具体分析确定。

投保的期限一般为从现场开始工作到工程的任何区段或全部工程颁发移交证书为止。

如果由于未投保或未能从保险公司回收有关金额所招致的损失，应由业主和承包商根据具体情况及合同条件有关规定分担。

（2）对承包商的设备和其它物品由承包商投保，投保金额为重置这些物品的金额。

对缺陷责任期间，由于发生在缺陷责任期开始之前的原因造成的损失和损害，以及由承包商在缺陷调查作业过程中造成的损失和损害均由承包商去投保。

前述保险不包括由于战争、革命、核爆炸、超音速飞机的压力波引起的破坏。

（3）第三方保险（Third Party Insurance）（23）

承包商应以业主和承包商的联合名义，对由于工程施工引起的第三方（指承保人和被保险人之外的）的人员伤亡及财产损失进行责任保险。保险金额至少应为投标书附件中所规定的数额。

（4）承包商应为其在工地工作的人员在雇用期间进行人身保险，同时也应要求分包商进行此类保险。除非是由于业主一方的原因造成承包商雇员的伤亡，业主对承包商人员的伤亡均不负责任。

（5）承包商应在现场工作开始前向业主提供证据证明，说明保险已生效，并应在开工

之日起 84 天内向业主提供保险单。

如果工程的范围、进度有了变化，承包商应将变化的情况及时通知承保人，必要时补充办理保险，否则，承包商应承担有关责任。

（6）如果承包商未去办理保险，业主可自己去办理保险，在某些条件下，业主也可规定由他自己办理保险。专用条件中为业主自己办理保险编写了范例条款。

六、工程的开工（Commencement）、工期延长（Extension）和暂停（Suspension）

（一）工程的开工（41.1）

在投标书附件中规定了颁发开工通知的时间，即在中标函颁发之后的一段时间内，工程师应向承包商发出开工通知。而承包商收到此开工通知的日期即为开工日期，承包商应尽快开工。竣工期限是由开工日期算起。

如果由于业主方面的原因未能在开工日期或按承包商的施工进度表的要求做好征地、拆迁工作，未能及时提供施工现场及有关通道，导致承包商延误工期或增加开支，则应给予承包商延长工期的权利并补偿由此引起的开支。

（二）工期的延长（44）

（1）如果由于下列原因，承包商有权得到延长工期：

①额外的或附加的工作；

②合同条件提到的导致工期延误的原因：如征地拆迁延误；颁发图纸或指令延误；工程师命令暂时停工；特殊风险引起的对工程的损害或延误等；

③异常恶劣的气候条件；

④由业主造成的任何延误；

⑤不属于承包商的过失或违约引起的延误。

上述延期是否使承包商有权得到额外支付，要视具体情况而定。

（2）承包商必须在导致延期的事件开始发生后 28 天内将要求延期的报告送给工程师（副本送业主），并在上述通知后 28 天内或工程师可能同意的其它合理期限内，向工程师提交要求延期的详细申请以便工程师进行调查，否则工程师可以不受理这一要求。

如果导致延期的事件持续发生，则承包商应每 28 天向工程师送 1 份期中报告，说明事件的详情，并于该事件引起的影响结束日起 28 天内递交最终报告。工程师在收到期中报告时，应及时作出关于延长工期的期中决定。在收到最终报告之后再审核全部过程的情况，作出有关该事件需要延长的全部工期的决定。但最后决定延长的全部工期不能少于各个阶段期中决定的延长工期的总和。

（三）工程暂停（40）

承包商应根据工程师的指示，在规定时间内对某一部分或全部工程暂时停工，并负责保护这一部分工程。此时工程师应考虑给予承包商延长工期的权利和增加由于停工招致的额外损失。但下述情况下的停工不给予工期和费用补偿：合同中另有规定；由于承包商违约；因施工现场气候原因以及为了合理施工和工程的安全。

如果按工程师指示工程暂停已经延续了 84 天（不包含上述例外情况），而工程师仍未通知复工，则承包商可向工程师发函，要求在 28 天内准许复工。如果复工要求未能获准，则承包商可以采取下列措施：

①当暂时停工仅影响工程的局部时，通知工程师把这部分暂停工程视作删减的工程。

②当暂时停工影响到整个工程进度时，承包商可视该事件属于业主违约，并要求按业主违约处理。

但承包商也可以不采取上述措施，继续等待工程师的复工指示。

七、工程的移交 (Taking-Over) (48)

1. 当承包商认为他所承包的全部工程实质上已完工（指主体工程可按预定目的交给业主使用），并已合格地通过了合同规定的竣工检验时，他可递交报告向工程师申请颁发移交证书 (Taking-Over Certificate)，报告中应保证在缺陷责任期内完成各项扫尾工作。

工程师在收到上述报告后 21 天内，如果对验收结果表示满意，则应发给承包商 1 份移交证书。但也可要求承包商进行某些补充和完善的工作，待承包商完成这些工作并令工程师满意后 21 天内，再发给移交证书。

移交证书中应确认工程竣工日期以及缺陷责任期开始日期，并应注明缺陷责任期内承包商应完成的扫尾工作。从颁发工程移交证书之日起，全部工程的保管责任即移交给了业主。

2. 区段或部分工程的移交

根据投标书附件中的规定，对有区段完工要求的；或是已局部竣工，工程师认为合格且已为业主占有、使用的永久性工程；或是在竣工之前已由业主占有、使用的永久性工程，均应根据承包商的申请，由工程师颁发区段或部分工程的移交证书。在签发的此类移交证书中也应注明这些区段或部分工程的竣工日期和缺陷责任期的开始日期，移交证书颁发后，工程保管的责任即移交给业主，但承包商应继续负责完成各项扫尾工作。

八、缺陷责任期 (Defects Liability Period) (49、50)

缺陷责任期一般也叫维修期(Maintenance Period)，指正式签发的移交证书中注明的缺陷责任期开始日期（一般即通过竣工验收的日期）后的一段时期（一般为一年或更长），在这段时期内，承包商除应继续完成在移交证书上写明的扫尾工作外，还应对于工程由于施工原因所产生的各种缺陷负责维修。这些缺陷的产生如果是由于承包商未按合同要求施工，或由于承包商负责设计的部分永久工程出现缺陷，或由于承包商疏忽等原因未能履行其义务时，则应由承包商自费修复。否则应由工程师考虑向承包商追加支付。如果承包商未能完成他应自费修复的缺陷，则业主可另行雇人修复，费用由保留金中扣除或由承包商支付。

九、变更 (Alterations)、增加 (Additions) 与删减 (Omissions)

（一）变更 (51.1、51.2)

在工程师认为必要时，可以改变任何部分工程的型式、质量或数量，如

（1）增加或减少合同中所包括的任何工作的数量。

（2）删减任何工作。

（3）改变任何工作的性质、质量或类型。

（4）改变工程任何部分的标高、基线、位置和尺寸。

（5）必要的附加工作。

（6）改动工程任何部分合同中规定的施工顺序或时间。

但当工程量表中某些项目实际实施的工程量超过或低于工程量表中的估计工程量时，不需要颁发变更指令。

（二）变更的费用 (52.1、52.2)

（1）工程师指示承包商进行上述变更时，如果导致变更的原因是由承包商引起，则费用应由承包商负责。

（2）变更项目的估价和工程师确定单价的权利。

在变更指示发出 14 天之内以及在变更工作开始之前，或由承包商提出要求额外支付及变更单价和价格的意图，或由工程师将他准备变更单价和价格的意图通知承包商。

对变更项目的估价，一般应参照合同中已有的单价或价格，或以之作为另行估价的基础。但是如果变更项目的性质和数量与原合同差别甚大，而原合同中已有的单价和价格均不能用以参考，此时工程师应在与业主和承包商适当协商之后，最后与承包商商定一个合适的单价或价格。如果达不成一致意见，则由工程师确定他认为合理的单价或价格。在此之前，工程师可以确定一个暂行单价或价格用于每月支付。

如果业主要求工程师在改变合同价格或单价时必须经过他批准，这种要求应在专用条件中明确规定。如果部分支付需用外币，应特别说明。

（三）变更超过 15% （52.3）

合同在实施过程中，由于多种影响因素，最终结算时，工程量表中的每一个子项以及整个合同价格多半都不与签订合同时的价格一致，在这种情况下，国际上一般有两种调整方式：一种是对工程量表中的各个子项单独考虑，例如当每一个子项变化超过 ±30% 时，合同一方可提出进行单价调整，即当实施的工程量比工程量表中的估算工程量增多超过 30% 时，业主可要求承包商适当降低单价，反之，则承包商可要求业主适当提高单价。但这种对每个子项调整单价的方法非常麻烦，而且不利于双方的合作关系。

针对上述弊端，FIDIC 规定了一个算总帐的办法，即当工程量最终结算后考虑到所有变更的项目以及实施的工程量与工程量表中估算工程量的差异这两个原因（不考虑价格调整，暂定金额和计日工的费用），整个工程价格超出或少于签订合同时价格的 15% 时，可对支付款额进行调整，即如结算价格为合同价格的 115% 以上时，业主可要求承包商对超过 115% 的部分适当让利，反之，如结算价格为合同价格的 85% 以下时，承包商可要求业主对低于 85% 的部分适当提高利润。

实施这个规定最好在订合同时即在专用条件中规定好让利或提高利润的百分率，以利于工程竣工后的结算。结算时对外币支付部分应采用合同价格中规定的外币比例支付。

（四）变更指令（Instruction for variations）（2.5）

变更指令应由工程师用书面发出指示。如果是口头指示，承包商也应遵守执行，但工程师应尽快用书面确认。为了防止工程师忽略书面确认，承包商可在工程师发出口头指示 7 天内用书面形式要求工程师确认他的口头指示、工程师应尽快批复。如果工程师在 7 天之内未以书面形式提出异议，则等于确认了他的口头指示。

这条规定同样适用于工程师代表或助理发出的口头指示。

十、工程的计量（Measurement）（56、57）

工程量表中的工程量都是根据图纸和规范估算出来的。工程实施时则要通过测量来核实实际完成的工程量并据以支付。工程师测量时应通知承包商一方派人参加，如承包商未能派人参加测量，即应承认工程师的测量数据是正确的。有时也可以在工程师的监理下，由承包商进行测量，工程师审核签字确认。

测量方法应事先在合同中规定。如果合同没有特殊规定，工程均应测量净值（Net）。

对于工程量表中的包干项目,工程师可要求承包商在收到中标函后 28 天内提交 1 份包干项目分解表(Breakdown of Lump Sum Items),即是将该包干项目内容分解为若干子项、标明每个子项的价格,以便在合同执行过程中按照分解表中每个子项的完成情况逐月付款。该分解表应得到工程师的批准。

十一、质量检查(36~39)

(一)质量检查的要求

对于所有的材料,永久工程的设备和施工工艺均应符合合同要求及工程师的指示。承包商并应随时按照工程师的要求在工地现场以及为工程加工制造设备的所有场所为其检查提供方便。

在工地现场一般施工工序的常规检查(如混凝土浇筑前模板尺寸检查,钢筋规格、数量的检查,又如土方填筑中每层填土碾压之后的土样试验等),由现场值班的工程师代表或助理进行,不需事先约定。但对于某些专项检查,工程师应在 24 小时以前将参加检查和检验的计划通知承包商,若工程师或其授权代表未能按期前往(除非事先通知承包商外),承包商可以自己进行检查和验收,工程师应确认此检查和验收结果。如果工程师或其授权代表经过检查认为质量不合格时,承包商应及时补救,直到下一次验收合格为止。

对隐蔽工程,基础工程和工程的任何部位,在工程师检查验收前,均不得覆盖。

工程师有权指示承包商从现场运走不合格的材料或工程设备,而以合格的产品代替。

(二)检查的费用

(1)在下列情况下,检查和检验的费用应由承包商一方支付:

①合同中明确规定的;

②合同中有详细说明允许承包商可以在投标书中报价的;

③由于第一次检验不合格而需要重复检验所导致的业主开支的费用;

④工程师要求对工程的任何部位进行剥露或开孔以检查工程质量,如果该部位经检验不合格时所有有关的费用;

⑤承包商在规定时间内不执行工程师的指示或违约情况下,业主雇用其他人员来完成此项任务时的有关费用;

⑥工程师要求检验的项目,在合同中没有规定或合同中虽有规定,但检验地点在现场以外或在材料、设备的制造生产场所以外,如果检验结果不合格时的全部费用;

(2)在下列情况下,检查和检验的费用应由业主一方支付:

①工程师要求检验的项目,但合同中没有规定的;

②工程师要求进行的检验虽然合同中有说明,但是检验地点在现场以外或在材料、设备的制造生产场所以外。检验结果合格时的费用。

③工程师要求对工程的任何部位进行剥露或开孔以检查工程质量,如果该部位经检验合格时,剥露、开孔以及还原的费用。

十二、承包商的违约(Default of Contractor)(63、64)

承包商违约是指承包商在实施合同过程中由于破产等原因而不能执行合同,或是无视工程师的指示,有意的不执行合同或无能力去执行合同。一般发生下述情况即可认为承包商违约:

(1)承包商依法被认为不能到期偿还债务,或宣告破产、或被清偿,或解体(不包含为了合并或重建而进行的自愿清理），或已失去偿付能力等。

（2）工程师向业主证明，他认为承包商：

①已不再承认合同；

②无正当理由而不按时开工，或工程进度太慢，收到工程师指令后又不积极赶工者；

③当检查验收的材料、设备和工艺不合格时，拒不采取措施纠正缺陷，或拒绝用合格的材料和设备替代原来不合格的材料和设备者；

④无视工程师事先的书面警告，公然忽视履行合同中所规定的义务；

⑤无视合同中有关分包必须经过批准以及承包商要为其分包商承担责任的规定。

在上述情况下，业主可以在向承包商发出通知14天后终止对承包商的雇用，进驻现场，并可自行或雇用其他承包商完成此工程。业主有使用承包商的设备、材料和临时工程的权利。

当业主终止对原有承包商的雇用之后，工程师应对承包商已经做完的工作、库存材料、承包商的设备和临时工程的价值进行估价，并清理各种已经支付和未支付的费用。同时，承包商应将为该合同提供材料，货物和服务而签订的有关协议的权益转让给业主。

十三、业主的违约 （Default of Employer）（69）

业主的违约主要是业主的支付能力问题，包含以下几种情况：

（1）在合同条件中规定的应付款期限期满后28天内，未按工程师签署的支付证书向承包商支付应支付的款额；

（2）干扰、阻挠或拒绝批准工程师上报的支付证书；

（3）如果业主不是政府或公共当局而是一家公司时，此公司宣告破产或停业清理（不是为了重建或合并）。

（4）由于不可预见的经济原因，业主通知承包商他已不可能继续履行合同。

在上述情况下，承包商有权通知业主和工程师；在发出此通知14天后，业主根据合同对自己（指承包商）的雇用将自动终止，并且不再受合同的约束，而可以从现场撤出所有自己的设备。此时业主应按合同条件因特殊风险导致合同终止后的各项付款规定向承包商支付，并赔偿由于业主违约造成的承包商的各种损失。

当业主违约时，承包商也可以不立即终止合同而采用其它的办法：即提前28天通知业主和工程师、然后暂停全部或部分工作；或减缓工作速度。由此而导致的费用增加以及工期延误均应由业主一方补偿。在某些情况下，承包商也可不采取上述措施，按计划继续施工。

在承包商尚未发出终止合同通知的情况下，如果业主随即支付了应支付的款项（包括利息），则承包商不能再主动终止合同，并应尽快恢复正常施工。

十四、索赔程序 （Procedure for Claims）（53）

索赔是承包工程实施过程中经常发生的问题，过去常常拖到引起索赔的事件发生很久以后，甚至拖到工程结束后才讨论索赔，依据的记录和资料也不完整，因而很容易产生分歧和争论不休，为此FIDIC在"红皮书"第4版中新规定了一套对业主和承包商都有利的关于处理索赔问题的程序，现介绍如下：

（一）索赔通知

如果承包商根据合同或有关规定企图对某一事件要求索赔，他必须在引起索赔的事件第一次发生后的 28 天内，将要求索赔的意向书面通知工程师。

（二）保持同期记录

工程师在收到上述索赔意向书面通知后，应及时检查有关的同期记录，并指示承包商保持这些同期记录以及作好进一步的同期记录。在工程师需要时，承包商应向工程师提供这些同期记录的副本。

（三）索赔的证明

在承包商向工程师发出要求索赔的意向性通知 28 天内（或工程师同意的时间段内），应向工程师再递交 1 份详细报告，说明承包商要求索赔的款额，计算方法和提出索赔的根据。

如果导致索赔的事件有连续影响，上述详细报告则只是 1 份期中报告，承包商应按工程师的要求在每一个一定的时间段内陆续递交进一步的期中详细报告，提出索赔的累计额和进一步提出索赔的依据。

在引起索赔的事件结束后 28 天之内，承包商应向工程师递交 1 份最终详细报告，提出累计的索赔总额和所有可以作为索赔依据的资料。

如果承包商未能遵守上述各项规定和要求，则由工程师或是在争端采用仲裁时，由指定的仲裁人核实同期记录及有关资料，并计算索赔金额付给承包商。

（四）索赔的支付

在工程师核实了承包商提供的报告、同期记录和其他资料后，所确定的索赔款额应在随后的期中月支付证书中付给承包商。如果承包商提供的细节不足以证实全部索赔而只能证实一部分索赔时，则这一部分被证实的索赔款额应该支付给承包商，不应将索赔款额全部拖到工程结束后再支付。

十五、暂定金额（Provisional Sums）（58）

（一）定义

暂定金额是在招标文件中规定的用以作为业主的备用金的一笔固定金额。每个投标人必须在自己的投标报价中加上此笔金额，在签订合同后，合同金额包含暂定金额。

（二）暂定金额的使用

暂定金额由工程师决定如何使用。可用于工程量表中列明的服务项目、不可预见事件、计日工、指定分包商的付款。这些服务项目或不可预见的工作可由工程师指示承包商或某一指定的分包商来实施。

（三）暂定金额的支付

暂定金额的支付有二种方式：

（1）按原合同工程量表中所列的费率或价格（如计日工）；

（2）由承包商向工程师出示与暂定金额开支有关的所有单据，按实际支出款额再加上承包商的管理费用和利润。后者的计算为采用在投标书附录或工程量表中事先列明的一个百分数，以这个百分数乘以实际支出款额作为承包商的管理费用和利润。

十六、证书与支付（Certificate and Payment）

（一）月报表（Monthly Statements）（60.1、60.2、60.3）

月报表是指对每月完成的工程量的核算，结算和支付的报表。承包商应在每个月底以后，按工程师指定的格式向工程师递交一式 6 份月报表，每份均由承包商代表签字，说明承包商认为自己到月底应得到的涉及到以下几方面的款项。

（1）已实施的永久工程的价值；

（2）工程量表中的任何其他项目，如临时工程，计日工等；

（3）投标书附录中注明的设备和材料发票价值的某一百分比；

（4）由于费用和法规的变更引起的价格调整；

（5）按合同或其他的规定承包商有权得到的其它款项，如索赔等。

工程师应在收到上述月报表28天内向业主递交1份期中支付证书，阐明他认为到期应支付给承包商的付款金额，在月报表中应扣除保留金以及应偿还的预付款等，如果工程拖期，还应扣除误期损害赔偿费。在扣除各种应扣款之后，如果余下的净额少于投标书附录中规定的期中支付证书的最小限额时，则这个月不向承包商支付。

业主应在收到工程师审核完并签字的期中支付证书后28天内向承包商支付，否则应该按投标书附录中规定的利率支付利息。

保留金一般每月按投标书附录中规定的百分比扣除（但计算应扣的保留金时以该月不调价款额为基数），一直扣到所规定的保留金限额为止。在颁发部分或整个工程的移交证书时，应将相应的保留金的一半退还给承包商，另一半在整个工程缺陷责任期满后退还承包商。

（二）竣工报表（Statement at Completion）（60.5）

在颁发整个工程的移交证书之后84天内，承包商应向工程师送交竣工报表（一式6份），该报表应附有按工程师批准的格式所编写的证明文件，并应详细说明以下几点：

（1）到移交证书注明的日期为止，根据合同完成的全部工作的最终价值。

（2）承包商认为应该支付给他的其他款项，如所要求的索赔款等；

（3）承包商认为根据合同应支付给他的估算总额。所谓估算总额，是因为有些工作留在缺陷责任期内实施，有关金额并未经工程师审核同意。

工程师应根据对竣工工程量的核算，对承包商其他支付要求的审核，确定应支付而尚未支付的金额，上报业主批准支付。

（三）最终报表（Final Statement），结清单（Discharge）（60.6、60.7）

在颁发缺陷责任证书后56天之内，承包商应向工程师提交最终报表的草案（一式6份），以及按工程师要求的格式，提交有关证明文件，该草案包含：

（1）根据合同所完成的全部工作的价值。

（2）承包商根据合同或其他情况认为应支付给他的任何进一步的款项。

如承包商和工程师之间达成一致意见后，则承包商可向工程师提交正式的最终报表，承包商同时向业主提交1份书面结清单，进一步证实最终报表中按照合同应支付给承包商的总金额。如承包商和工程师未能达成一致，则工程师可对最终报表草案中没有争议的部分向业主签发期中支付证书。争议留待仲裁裁决。

（四）最终支付证书（Final Payment Certificate）（60.8）

在接到正式最终报表及结清单之后28天内，工程师应向业主递交1份最终支付证书，说明：

（1）工程师认为按照合同最终应支付给承包商的款额；以及

（2）业主以前所有应支付和应得到款额的收支差额。

在最终支付证书送交业主56天内，业主应向承包商进行支付，否则应按投标书附件中的规定支付利息。如果56天期满之后再超过28天不支付，就构成业主违约。承包商递送最终支付证书后，就不能再要求任何索赔了。

（五）缺陷责任证书（Defects Liability Certificate）（62、61.1）

缺陷责任证书应由工程师在整个工程的最后一个区段缺陷责任期期满之后28天内颁发，这说明承包商已尽其义务完成施工和竣工并修补了其中的缺陷，达到了使工程师满意的程度。至此，承包商与合同有关的实际义务业已完成，但如业主或承包商任一方有未履行的合同义务时，合同仍然有效。缺陷责任证书发出后14天内业主应将履约保证退还给承包商。

只有缺陷责任证书才能被视为对工程的批准。

关于移交证书、缺陷责任证书、结清单、最终支付证书、竣工报表和最终报表的提交和颁发时间顺序见图9-1。

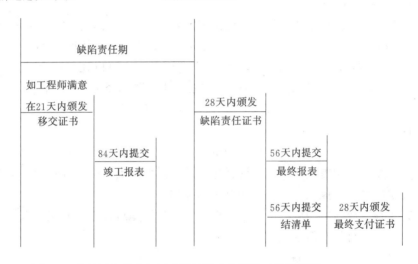

图 9-1　有关财务报表与证书等的提交和颁发时间顺序图

十七、争端的解决（Settlement of Disputes）（67）

在工程承包中，经常发生各种争端，有一些争端可以按照合同来解决，另一些争端可能在合同中没有详细的规定，或是虽有规定而双方理解不一致，这种争端是不可避免的。

争端的解决有许多方式，如谈判、调解、仲裁、诉讼等。在工程承包合同中，应该规定争端的解决办法，一般均是通过工程师调解，不能解决时再诉诸仲裁。

合同中对仲裁地点、机构、程序和仲裁裁决效力等四个方面都应做出具体明确的规定。

下面介绍解决争端的途径和步骤：

1. 争端提交工程师解决

不论在工程实施过程之中还是竣工以后，也不论在合同有效期内或终止前后，业主和承包商之间产生的任何争端，包括对工程师的任何意见、指示、签署的证书或估价等方面的争端，应首先以书面报告形式提交给工程师，同时将1份复印件送交另一方。

工程师应在收到一方的书面报告后84天内对争端做出他的决定，并将此决定通知双方。

如果业主和承包商双方中的任一方对工程师的决定不满意，或是工程师在 84 天内未能就争端做出决定，则任一方均可在收到工程师决定后的 70 天内，或在送交通知 84 天（而工程师未能做出决定）以后的 70 天内通知对方，准备将争端提交仲裁，如果双方在收到工程师的决定 70 天内均未发出准备将争端提交仲裁的意向通知，则工程师的决定即被视为最终决定，并应对业主和承包商均有约束力。

　　一般处理此种争端，最好由一位不参与合同日常管理工作且资历较深的工程师负责，而且应该在听取法律顾问的意见之后再作慎重处理。

　　在争端双方未转为友好解决或仲裁之前，业主和承包商双方均应执行工程师的每一项决定，只要合同未终止，承包商应尽全力继续工程的施工。

　　2. 友好解决（Amicable Arbitration）

　　当一方通知对方要将争端提交仲裁后，应等待 56 天以后才能进行仲裁。这个时间段是留给双方友好协商解决争端的，必要时可请工程师协助。

　　3. 仲裁（Arbitration）

　　当工程师的决定未能被接受，而又未能友好协商解决争端时，则应按设在巴黎的国际商会（International Chamber of Commerce，ICC）仲裁庭的调解与仲裁章程以及据此章程指定的一名或数名仲裁人予以最终裁决。合同双方也可以在签订合同时选择其他仲裁庭（如联合国国际贸易法委员会（UNCITRAL）。中国国际经济贸易仲裁委员会（CIETIC））但应考虑当地的中立性，当地法律的适宜性及服务费用等。选择其他仲裁庭和地点必须在专用条件中明确规定。

　　在裁决过程中，仲裁人有全权来解释，复查和修改工程师对争端所做的任何决定。业主和承包商双方所提交的证据或论证也不限于以前已提交给工程师的。工程师可以作为证人被要求向仲裁人提供任何与争端有关的证据。

　　在工程完成前后均可诉诸仲裁，但是在工程实施过程中，业主、工程师及承包商各自的义务不因进行仲裁而改变。

　　4. 不遵守工程师的决定

　　当工程师对争端做出决定后，如果一方既未向对方提交要将争端提交仲裁的意向通知，尔后又不遵守此决定，则另一方可将此未履约行为直接提交仲裁而不需经过友好解决阶段。

　　上述解决争端的程序可以简明地表示如图 9-2。

十八、费用和法规的变更

　　（一）费用的增减（70.1）

　　凡由于人工费，材料费等影响施工的费用的涨落，均应按合同专用条件中规定的办法或公式进行调价。

　　（二）后继的法规（70.2）

　　凡在递交投标书截止日期前的 28 天之后的时间内，如由于项目所在国或州的法规、法令、政令或法律等的改变影响到施工的费用，均应由工程师与业主和承包商协商后决定对合同价格进行增减。

十九、货币和汇率

　　（一）货币限制（71.1）

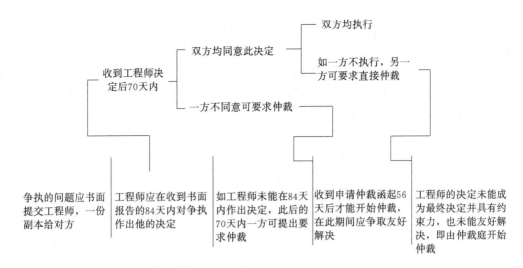

图 9-2　解决争端的规定与程序示意图

凡在递交投标书截止日期前的 28 天之后的时间内，如项目所在国政府的授权机构对支付合同价格的外币实行货币限制或汇兑限制，则承包商由此蒙受的损失应由业主一方补偿。

（二）汇率（72.1）

如合同规定付款以一种或几种外币支付给承包商，则此项支付不应受上述外币与当地币汇率的影响。

（三）货币比例（72.2）

如招标以单一货币报价，用一种以上的货币支付，汇率应为在递交投标书截止日期前 28 天施工所在国中央银行的通用汇率。

暂定金额支付的原则同（二）（三）。（72.3）

以上介绍了 FIDIC "红皮书" 1992 年版 19 个方面的基本内容，对这些内容严格的和详尽的含义和规定应该阅读英文原版。其它内容在此不一一介绍，请参阅原版。

FIDIC 在 1996 年又对 1992 年版的 "红皮书" 作了增补，包括三部分内容：

（1）总价支付（Payment on a Lump Sum Basis）：FIDIC "红皮书"（1992 年版）用于单价支付合同的项目。1996 年版对 "红皮书" 用于总价支付时的有关条款内容作了增补（共修改了 17 款以及投标书及附录，协议书等）。现将总价支付特点简介如下：

①总价合同一般用于比较简单的工程，相对造价不高（100 万美元以下）工期不长（少于 12 月）。如是较大的工程则建议采用 FIDIC 编制的 "设计—建造与交钥匙合同条件"（桔皮书）（也是总价合同）。

②总价合同招标时的图纸必须十分完善且不应出现实质性变更。施工图由承包商设计，工程师批准。

③对承包商的支付不再使用工程量表中单价乘工程量的办法，而是利用投标书后附的工程主要组成部分总价分解（Breakdown of the Lump Sum）表，逐月进行支付。

（2）拖延签发支付证书（Late Certification）：为了防止工程师在收到承包商的月报表后拖延签发支付证书，将 60.10 款改为 "在工程师收到承包商的月报表后 56 天内，业主应向承包商支付。"

（3）争端裁决委员会"（Dispute Adjudication Board，DAB）：采用 DAB 的方式解决争

端与"红皮书"(第 4 版，1992 年版）的最大不同在于将承包商与业主（工程师）之间的争端不再提交工程师解决，而是直接提交 DAB。

DAB 的委员最好选择懂法律，熟悉项目管理（特别是合同管理），并有一定技术专长和经验的专家。委员的选择和提名是由双方在开工日期后 28 天内各提名一个委员，再共同提名第三名委员并且均须经对方批准后，共同组成 DAB（小项目也可由双方共同提名一位委员）。合同双方共同与 DAB 的委员签订协议，附在合同通用条件后的争端裁决协议书中。委员的酬金可参照国际投资争议解决中心（ICSID）仲裁员的酬金水平，或由双方与 DAB 成员商定。酬金由业主和承包商各支付一半。

合同双方中任一方因工程实施或对工程师的决定产生争端后，可用书面形式将争端提交 DAB，副本送交对方和工程师。DAB 在收到书面报告后应在 84 天内对争端作出决定并说明理由。如合同双方中任一方对 DAB 的决定不满意，应在收到决定后 28 天内发出"不满"通知并表明要提交仲裁；如 DAB 未能在 84 天内对争端作出决定，则任一方均可在 84 天后的 28 天内要求仲裁。在上述任一情况下，必须经过 56 天的友好调解期，如不能友好解决，则可开始仲裁。

如果合同双方收到 DAB 的决定后 28 天内没有表示不满，则均应执行此决定。如此后任一方又不执行此决定，则另一方可直接申请仲裁。

由之可见，设立 DAB 的目的是借鉴在美国以及世行大型贷款项目采用争端审议委员会（Dispute Review Board，DRB）的经验。DAB 的委员由双方提名，双方批准，并由双方各出一半酬金聘用，更容易超脱和公正。每年到工地来几次，现场听取意见和协调解决争议。根据美国的经验，可以将大部分争端化解，从而避免了大小争端均走向仲裁。

在 FIDIC1999 年出版的"新红皮书"中，也规定采用 DAB 的方式协调解决争端。

第十章 工程施工索赔

第一节 概 述

在市场经济条件下，建筑市场中的工程索赔是一种正常的现象。在我国，由于社会主义市场经济体制尚未完全形成，在工程实施中，业主不让索赔，承包商不敢索赔和不懂索赔，监理工程师不会处理索赔的现象普遍存在。面对这种情况，在建筑市场中，应当大力提高业主和承包商对工程索赔的认识，加强对索赔理论和方法的研究，认真对待和搞好工程索赔，这对维护国家和企业利益都有十分重要的意义。

施工索赔是在施工过程中，承包商根据合同和法律的规定，对并非由于自己的过错所造成的损失，或承担了合同规定之外的工作所付的额外支出，承包商向业主提出在经济或时间上要求补偿的权利。从广义上讲，施工索赔还包括业主对承包商的索赔。通常称为反索赔。

从以上对施工索赔的定义可以说明以下几点：

（1）索赔是一种合法的正当权利要求，不是无理争利。它是依据合同和法律的规定，向承担责任方索回不应该由自己承担的损失，这完全是合理合法的。

（2）索赔是双向的。合同的双方都可向对方提出索赔要求，被索赔方可以对索赔方提出异议，阻止对方的不合理的索赔要求。

（3）索赔的依据是签订的合同和有关法律、法规和规章。索赔成功的主要依据是合同和法律及与此有关的证据。没有合同和法律依据，没有依据合同和法律提出的各种证据，索赔不能成立。

（4）施工索赔的目的。在工程施工中，索赔的目的是补偿索赔方在工期和经济上的损失。

一、发生索赔的原因

据国外资料统计，施工索赔无论在数量或金额上，都在稳步增长。如在美国有人统计了由政府管理的 22 项工程，发生施工索赔的次数达 427 次，平均每项工程索赔约 20 次，索赔金额约占总合同额的 6% 左右，索赔成功率占 93%。

施工索赔发生的原因大致有以下四个方面：

1. 建筑过程的难度和复杂性增大

随着社会的发展，出现了越来越多的新技术、新工艺，业主对项目建设的质量和功能要求越来越高，越来越完善。因而使设计难度不断增大，另一方面施工过程也变得更加复杂。

由于设计难度加大，要求设计人员在设计图纸，规范使用上不出差错，尽善尽美是不可能的。往往在施工过程中随时发现问题，随时解决，因而需要进行设计变更，这就会导致施工费用的变化。

2. 合同文件（包括技术规范）前后矛盾和用词不严谨

一般在合同协议书中列出的合同文件，如果发现某几个文件的解释和说明有矛盾可按合同文件的优先顺序，排在前面的文件的解释说明更具有权威性，尽管这样还可能有些矛盾不好解决，如在某高速公路的施工规范中在路基的"清理与掘除"和"道路填方"的施工要求的提法上不一致；在"清理与掘除"中规定："凡路基填方地段，均应将路堤基底上所有树根，草皮和其他有机杂质清除干净"；而在"道路填方"中规定："除非工程师另有指示，凡是修建的道路路堤高度低于1m的地方。其原地面上所有草皮，树根及有机杂质均予以清除，并将表面土翻松，深度为250mm"。承包商按施工规范中'道路填方"的施工要求进行施工，对有些路堤高于1m的地方的草皮，树根未予清除，而业主和监理工程师则认为未到达"清理与掘除"规定的施工要求，要求清除草皮和树根，由于有的路段树根多达1000余棵，承包商为此向业主提出了费用索赔。这里不谈及此索赔如何处理，主要说明由于施工规范前后矛盾而产生索赔的原因。

另外用词不严谨，导致双方对合同条款的不同理解，从而引起工程索赔，例如"应抹平整"，"足够的尺寸"，像这样的词容易引起争议，因为没有给出"平整"的标准和多大的尺寸算"足够"。图纸、规范是"死"的，而建筑工程千变万化，人们从不同的角度对它的理解也会有所不同，这个问题的本身就构成了索赔产生的外部原因。

3. 建筑业经济效益的影响

有人说索赔是业主和承包商之间经济效益"对立"关系的结果，这种认识是不对的，如果双方能够很好履约或得到了满意的收益，那么都不愿意计较另一方给自己造成的经济损失。反过来讲，假如双方都不能很好地履约，或得不到预期的经济效益，那么双方就容易为索赔的事件发生争议。基于这个前提，索赔与建筑业的经济效益低下有关。在投标报价中，承包商常采用"靠低标争标。靠索赔盈利"的策略，而业主也常由于建筑成本的不断增加，预算常处于紧张状态。因此，合同双方都不愿承担义务或作出让步。所以工程施工索赔与建筑成本的增长及建筑业经济效率低下有着一定的联系。

4. 项目及管理模式的变化

在建筑市场中，工程建设项目采用招投标制。有总包、分包、指定分包、劳务承包，设备材料供应承包等。这些单位会在整个项目的建设中发生经济方面、技术方面、工作方面的联系和影响。在工程实施过程中，管理上的失误往往是难免的。若一方失误，不仅会对自己造成损失，也会连累与此有关系的单位。特别是如果处于关键路线上的工程的延期，会对整个工程产生连锁反应。对此若不能采取有效措施及时解决，可能会产生一系列重大索赔。特别是采用边勘测边设计边施工的建设管理模式尤为明显。

二、索赔的分类

施工索赔分类的方法很多，从不同的角度，有不同的分类方法。如按索赔的有关当事人可分为：承包商同业主之间的索赔，承包商同分包商之间的索赔，承包商同供货商之间的索赔，承包商向保险公司索赔。按索赔的业务范围分类可分为施工索赔，即在施工过程中的索赔；商务索赔，指在物资采购，运输过程中的索赔；按索赔的对象分类可分为索赔和反索赔等等。本书主要介绍与处理索赔有关的几种分类方法。

1. 按索赔的目的，索赔可分为工期索赔和经济索赔这种分类方法，是施工索赔业务中通用的称呼方法。当提出索赔时，要明确提出是工期索赔还是经济索赔，前者是要求得到工期的延长，后者是要求得到经济补偿。当然，在索赔报告论证的文件中，也是为达此目的提出论证材料和合同依据。

2. 按索赔处理方式和处理时间不同，可分为单项索赔和一揽子索赔

（1）单项索赔。它是指在工程实施过程中，出现了干扰原合同的索赔事件，承包商为此一事件提出的索赔。如业主发出设计变更指令，造成承包商成本增加，工期延长。承包商为变更设计这一事件提出索赔要求，就可能是单项索赔。应当注意，单项索赔往往在合同中规定必须在索赔有效期内完成，即在索赔有效期内提出索赔报告，经监理工程师审核后交业主批准。如果超过规定的索赔有效期，则该索赔无效。因此对于单项索赔，必须有合同管理人员对日常的每一个合同事件跟踪，一旦发现问题即应迅速研究是否对此提出索赔要求。

单项索赔由于涉及的合同事件比较简单，责任分析和索赔值计算不太复杂，金额也不会太大，双方往往容易达成协议，获得成功。

（2）一揽子索赔，又称总索赔。它是指承包商在工程竣工前后，将施工过程中已提出但未解决的索赔汇总一起，向业主提出一份总索赔报告的索赔。

这种索赔是在合同实施过程中，一些单项索赔问题比较复杂，不能立即解决，经双方协商同意留待以后解决。有的是业主对索赔迟迟不作答复，采取拖延的办法，使索赔谈判旷日持久，或有的承包商对合同管理的水平差，平时没有注意对索赔的管理，忙于工程施工，当工程快完工时，发现自己亏了本，或业主不付款时，才准备进行索赔，甚至提出仲裁或诉讼。

由于以上原因，在处理一揽子索赔时，因许多干扰事件交织在一起，影响因素比较复杂，有些证据，事过境迁，责任分析和索赔值的计算发生困难，使索赔处理和谈判很艰难。加上一揽子索赔的金额较大，往往需要承包商作出较大让步才能解决。

因此，承包商在进行施工索赔时，一定要掌握索赔的有利时机，力争单项索赔，使索赔在施工过程中一项一项地单项解决。对于实在不能单项解决，需要一揽子索赔的，也应力争在施工建成移交之前完成主要的谈判与付款。如果业主无理拒绝和拖延索赔，承包商还有约束业主的合同"武器"。否则，工程移交后，承包商就失去了约束业主的"王牌"，业主有可能"赖帐"，使索赔长期得不到解决。

对于一个有索赔经验的承包商来说，一般从投标开始就可能发现索赔机会，至工程建成一半时，就会发现很多的索赔机会，施工建成一半后发现的索赔，往往来不及得到彻底的处理。在工程建成 1/4～3/4 这阶段应大量地、有效地处理索赔事件，承包商应抓紧时间，把索赔争端在这一段内基本解决。整个项目的索赔谈判和解决阶段，应该争取在工程竣工验收或移交之前解决，这是最理想的解决索赔方案。

3. 按索赔发生的原因分类

按索赔发生的原因分类，会有很多很多。尽管每种索赔都有独特的原因，但可以把这些原因按其特征归纳为四类：即延期索赔，工程变更索赔，施工加速索赔和不利现场条件索赔。

（1）延期索赔。延期索赔主要表现在由于业主的原因不能按原定计划的时间进行施工所引起的索赔。

由于材料和设备价格的上涨，为了控制建设的成本，业主往往把材料和设备自己直接订货，再供应给施工的承包商，这样业主则要承担因不能按时供货，而导致工程延期的风险。如某公司为了建设一个生产工厂，与一家设备安装公司签订承包合同。其中比较昂贵的三个锅炉业主直接供货，按合同规定，三个锅炉应开工后的第三个月，第六个月，第九个月先后运到施工现场，工程一年内完工。合同总价 100 万美元。在最初的 6 个月内，已顺利安装第一个，在准备接着安装第二个时，设备安装公司接到通知，余下的锅炉不能及时地供给，因生产厂家的工人罢工，何日供货不能确定，使锅炉安装工作拖延 6 个月，共花了 18 个月的时间才完工。设备安装公司向业主提出索赔 24.8 万美元的损失报告，包括增加的劳务成本，现场管理费用，小工具损失费用，公司管理费用等。业主驳回了小工具损失费用和公司管理费用的索赔，其理由是公司只做了合同规定的工作，而未完成额外的工作，承包商则认为现场使用的小工具作为时间的函数而消耗，现场小工具的丢失和被盗的损失是时间的函数，这个时间不是 12 个月，而是 18 个月，应增加 1/3 的小工具成本损失费 1.14 万美元。建筑法规的改变最容易造成延期。如某大学的医院要建设一附属机构，在医院和附属机构之间要埋设一条电缆管道，按设计图纸是埋设 4 英寸的管道，当工程完成到 1/3 时，市政府颁布了新的建筑法规，应埋设 5 英寸的管道，这样造成工程返工，需要清除原管道，重购新管道，使工程拖延 10 天，使劳务成本，材料成本，设备租金，现场管理费增加，承包商索赔金额达数万美元。

还有设计图纸和规范的错误和遗漏，设计者不能及时提交审查或批准图纸，引起延期索赔的事件更是屡见不鲜。

（2）工程变更索赔。工程变更索赔是指对合同中规定工作范围的变化而引起的索赔。其责任和损失不如延期索赔那么容易确定，如某分项工程所包含的详细工作内容和技术要求、施工要求很难在合同文件中用语言描述清楚，设计图纸也很难对每一个施工细节的要求都说得清清楚楚。另外设计的错误和遗漏，或业主和设计者主观意志的改变都会向承包商发布变更设计的命令从而引起索赔。

设计变更引起的工作量和技术要求的变化都可能被认为是工作范围的变化，为完成此变更可能增加时间，并影响原计划工作的执行，从而可能导致工期和费用的增加。

有人说，真正的项目设计费用是设计费加上由于设计错误、遗漏和不全面履行设计者职责引起的承包商损失索赔费用之和。

（3）施工加速索赔。施工加速索赔经常是延期或工程变更索赔的结果，有时也被称为"赶工索赔"，而施工加速索赔与劳动生产率的降低关系极大，因此又称为劳动产生率损失索赔。

如果业主要求承包商比合同规定的工期提前，或者因工程前段的工程拖期，要求后一阶段工程弥补已经损失的工期，使整个工程按期完工。这样，承包商可以因施工加速成本超过原计划的成本而提出索赔，其索赔的费用一般应考虑加班工资，雇用额外劳动力，采用额外设备，改变施工方法，提供额外监督管理人员和由于拥挤，干扰加班引起的疲劳的劳动生产率损失所引起的费用的增加。在国外的许多索赔案例中对劳动生产率损失通常数量很大，但一般不易被业主接受。这就要求承包商在提交施工加速索赔报告中提供施工加速对劳动生产率的消极影响的证据。

（4）不利现场条件索赔。不利的现场条件是指合同的图纸和技术规范中所描述的条件与实际情况有实质性的不同或虽合同中未作描述，是一个有经验的承包商无法预料的。一般是地下的水文地质条件，但也包括某些隐藏着的不可知的地面条件。有人认为，因为现场条件不可能确切预知，是施工项目中的固有风险因素，承包商应把此种风险包括在投标报价中，出现了不利的现场条件应由承包商负责。因此，几乎所有的业主都会在合同中写入某些"开脱责任条款"，如有的合同中写道："因合同工作的性质或施工过程中遇到的不可预见情况所造成的一切损失均由承包商自己承担"。但实际上，如果承包商证明业主没有给出某地段的现场资料，或所给的资料与实际相差甚远，或所遇到的现场条件是一个有经验的承包商不能预料的，那么承包商对不利现场条件的索赔应能成功。

不利现场条件索赔近似于工程变更索赔，然而又不大象大多数工程变更索赔。不利现场条件索赔应归咎于确实不易预知的某个事实。如现场的水文，地质条件在设计时全部弄得一清二楚几乎是不可能的，只能根据某些地质钻孔和土样试验资料来分析和判断。要对现场进行彻底全面的调查将会耗费大量的成本时间，一般业主不会这样做，承包商在短短投标报价的时间内更不可能做这种现场调查工作。这种不利现场条件的风险由业主来承担是合理的。

4. 依据合同的索赔分类

索赔的目的为了得到费用损失和工期延长，其依据是按合同中条款的规定。因此索赔按合同的依据分类，可分为合同内索赔，合同外索赔和道义索赔。

(1) 合同内索赔，此种索赔是以合同条款为依据，在合同中有明文规定的索赔，如工程延误，工程变更，工程师给出错误数据导致放线的差错，业主不按合同规定支付进度款等等。这种索赔，由于在合同中明文规定往往容易得到。

(2) 合同外索赔。此种索赔一般是难于直接从合同的某条款中找到依据，但可以从对合同条件的合理推断或同其他的有关条款联系起来论证该索赔是属合同规定的索赔。例如，因天气的影响给承包商造成的损失一般应由承包商自己负责，如果承包商能证明是特殊反常的气候条件（如百年一遇的洪水，50 年一遇的暴雨），就可利用合同条款中规定的"一个有经验的承包商无法合理预见不利的条件"而得工期的延长（见 FIDIC《土木工程施工合同条件》12.1 和 44.1 条），同时若能进一步论证工期的改变属于"工程变更"的范畴，也可得到费用的索赔（见 FIDIC《土木工程施工合同条件》51.1 条）。合同外的索赔需要承包商非常熟悉合同和相关法律，并有比较丰富的索赔经验。

(3) 道义索赔，这种索赔无合同和法律依据，承包商认为自己在施工中确实遭到很大损失，要向业主寻求优惠性质的额外付款。这只有在遇到通情达理的业主时才有希望成功。一般在承包商的确克服了很多困难，使工程获得满意成功，因而蒙受重大损失，当承包商提出索赔要求时，业主可出自善意，给承包商一定经济补偿。

三、施工索赔的重要意义

从以上对索赔的概念，产生索赔的原因和索赔分类几个问题的分析和说明，可以看出施工索赔在工程项目管理中有重要的意义。

1. 索赔是合同管理的重要环节

索赔和合同管理有直接的联系，合同是索赔的依据。整个索赔处理的过程是执行合同过程，所以常称施工索赔为合同索赔。

承包商从工程投标之日开始就要对合同进行分析。项目开工以后，合同管理人员要将每日实施合同的情况与原合同分析的结果相对照，一旦出现合同规定以外的情况，或合同实施受到干扰，承包商就要研究是否就此提出索赔。日常的单项索赔的处理可由合同管理人员来完成。对于重大的一揽子索赔，要依靠合同管理人员从日常积累的工程文件中提供证据，供合同管理方面的专家进行分析。因此，要想索赔必须加强合同管理。

2. 索赔是计划管理的动力

计划管理一般是指项目实施方案，进度安排，施工顺序，劳动力，机械设备材料的使用与安排。而索赔必须分析在施工过程中，实际实施的计划与原计划的偏离程度。比如工期索赔就是通过实际过程中与原计划的关键路线分析比较，才能成功，其费用索赔往往也是基于这种比较分析基础之上。因此，在某种意义上讲，离开了计划管理，索赔将成为一句空话。反过来讲要索赔就必须加强项目的计划管理，索赔是计划管理的动力。

3. 索赔是挽回成本损失的重要手段

在合同报价中最主要的工作是计算工程成本的花费，承包商按合同规定的工程量和责任，合同所给定的条件以及当时项目的自然、经济环境作出成本估算。在合同实施过程中，由于这些条件和环境的变化，使承包商的实际工程成本增加，承包商为挽回这些实际工程成本的损失，只有通过索赔这种合法的手段才能得到。

索赔是以赔偿实际损失为原则，这就要求有可靠的工程成本计算的依据。所以，要搞好索赔，承包商必须建立完整的成本核算体系，及时、准确地提供整个工程以及分项工程的成本核算资料，索赔计算才有可靠的依据。因此，索赔又能促进工程成本的分析和管理，以便确定挽回损失的数量。

4. 索赔要求提高文档管理的水平

索赔要有证据，证据是索赔报告的重要组成部分，证据不足或没有证据，索赔就不能成立。由于建筑工程比较复杂，工期又长，工程文件资料多，如果文档管理混乱，许多资料得不到及时整理和保存，就会给索赔证据的获得带来极大的困难。因此，加强文档管理，为索赔提供及时、准确、有力的证据有重要意义。承包商应委派专人负责工程资料和各种经济活动的资料收集，并分门别类的进行归档整理，特别要学会利用先进的计算机管理信息系统，提高对文档工作的管理水平，这对有效地进行索赔有很重要的意义。

总之，施工索赔是利用经济杠杆进行项目管理的有效手段，对承包商、业主和监理工程师来说，对处理索赔问题水平的高低，反映了他们对项目管理水平的高低。索赔随着建筑市场的建立和发展，将成为项目管理中越来越重要的问题。

第二节　施工索赔的处理过程

要搞好索赔，不仅要善于发现和把握住索赔的机会，更重要的是要会处理索赔，本节将就施工索赔的处理过程及有关问题作一介绍。

一、意向通知

发现索赔或意识到存在的索赔机会后，承包商要做的第一件事就是要将自己的索赔意向书面通知给监理工程师（业主）。这种意向通知是非常重要的，它标志着一项索赔的开始，FIDIC《土木工程施工合同条件》第 53.1 条规定："在引起索赔事件第一次发生之后的 28 天内，承包商将他的索赔意向以书面形式通知工程师，同时将 1 份副本呈交业主"。事先向监理工程师（业主）通知索赔意向，这不仅是承包商要取得补偿的必须首先遵守的基本要求之一，也是承包商在整个合同实施期间保持良好的索赔意识的最好办法。

索赔意向通知，通常包括以下四个方面的内容：

(1) 事件发生的时间和情况的简单描述；

(2) 合同依据的条款和理由；

(3) 有关后续资料的提供，包括及时记录和提供事件发展的动态；

(4) 对工程成本和工期产生的不利影响的严重程度，以期引起监理工程师（业主）的注意。

一般索赔意向通知仅仅是表明意向，应简明扼要，涉及索赔内容但不涉及索赔金额。

二、证据资料准备

索赔的成功很大程序上取决于承包商对索赔作出的解释和具有强有力的证明材料。因此，承包商在正式提出索赔报告前的资料准备工作极为重要，这就要求承包商注意记录和积累保存以下各方面的资料，并可随时从中索取与索赔事件有关的证据资料。

(1) 施工日志。应指定有关人员现场记录施工中发生的各种情况，包括天气、出工人数、设备数量及其使用情况，进度，质量情况，安全情况，监理工程师在现场有什么指示，进行了什么实验，有无特殊干扰施工的情况，遇到了什么不利的现场条件，多少人员参观了现场等等。这种现场记录和日志有利于及时发现和正确分析索赔，可能是索赔的重要证明材料。

(2) 来往信件。对与监理工程师、业主和有关政府部门、银行、保险公司的来往信函必须认真保存，并注明发送和收到的详细时间。

(3) 气象资料。在分析进度安排和施工条件时，天气是考虑的重要因素之一，因此，要保持一份如实完整、详细的天气情况记录，包括气温、风力、温度、降雨量、暴雨雪、冰雹等。

(4) 备忘录。承包商对监理工程师和业主的口头指示和电话应随时用书面记录，并请签字给予书面确认。事件发生和持续过程的重要情况记录。

(5) 会议纪要。承包商、业主和监理工程师举行会议时要作好详细记录，对其主要问题形成会议记要，并由会议各方签字确认。

(6) 工程照片和工程声像资料。这些资料都是反映工程客观情况的真实写照，也是法律承认的有效证据，应拍摄有关资料并妥善保存。

(7) 工程进度计划。承包商编制的经监理工程师或业主批准同意的所有工程总进度、年进度、季进度、月进度计划都必须妥善保管，任何与延期有关的索赔分析、工程进度计划都是非常重要的证据。

(8) 工程核算资料。工人劳动计时卡和工资单，设备、材料和零配件采购单，付款数收据，工程开支月报，工程成本分析资料，会计报表，财务报表，货币汇率，物价指数，收付款票据都应分类装订成册，这些都是进行索赔费用计算的基础。

(9) 工程图纸。工程师和业主签发的各种图纸，包括设计图、施工图、竣工图及其相应的修改图应注意对照检查和妥善保存，设计变更一类的索赔，原设计图和修改图的差异是索赔最有力证据。

(10) 招投标文件。招标文件是承包商报价的依据，是工程成本计算的基础资料，是索赔时进行附加成本计算的依据。投标文件是承包商编标报价的成果资料，对施工所需的设备，材料列出了数量和价格，也是索赔的基本依据。

由此可见，高水平的文档管理信息系统，为索赔进行资料准备和提供证据是极为重要。

三、索赔报告的编写

索赔报告是承包商向监理工程师（业主）提交的一份要求业主给予一定经济（费用）补偿和（或）延长工期的正式报告，承包商应该在索赔事件对工程产生的影响结束后，尽快（一般合同规定 28 天）向监理工程师（业主）提交正式的索赔报告。

编写索赔报告应注意以下几个问题：

（1）索赔报告的基本要求。首先，必须说明索赔的合同依据，即基于何种理由有资格提出索赔要求，一种是根据合同某条款规定，承包商有资格因合同变更或追加额外工作而取得费用补偿和（或）延长工期；一种是业主或其代理人任何违反合同规定给承包造成损失，承包商有权索取补偿。第二，索赔报告中必须有详细准确的损失金额及时间的计算。第三，要证明客观事务与损失之间的因果关系，说明索赔前因后果的关联性，要以合同为依据，说明业主违约或合同变更与引起索赔的必然性联系。如果不能有理有据说明因果关系，而仅在事件的严重性和损失的巨大上花费过多的笔墨，对索赔的成功都无济于事。

（2）索赔报告必须准确。编写索赔报告是一项复杂的工作，须有一个专门的小组和各方的大力协助才能完成。索赔小组的人员应具有合同、法律、工程技术、施工组织计划、成本核算、财务管理、写作等各方面的知识，进行深入的调查研究、对较大的、复杂的索赔需要请有关专家咨询，对索赔报告进行反复讨论和修改，写出的报告不仅有理有据，而且必须准确可靠。应特别强调以下几点：

①责任分析应清楚、准确。在报告中所提出索赔的事件的责任是对方引起的。应把全部或主要责任推给对方，不能有责任含混不清和自我批评式的语言。要作到这一点，就必须强调事件的不可预见性，承包商对它不能有所准备，事发后尽管采取能够采取的措施也无法制止；指出索赔事件使承包商工期拖延，费用增加的严重性和索赔值之间的直接因果关系。

②索赔值的计算依据要正确，计算结果要准确。计算依据要用文件规定的公认合理的计算方法，并加以适当的分析。数字计算上不要有差额，一个小的计算错误可能影响到整个计算结果，容易给人在索赔的可信度上造成不好的印象。

③用辞要婉转和恰当。在索赔报告中要避免使用强硬的不友好的抗拒式的语言。不能因语言而伤害了和气及双方的感情。切忌断章取义，牵强附会，夸大其词。

（3）索赔报告的形式和内容。索赔报告简明扼要，条理清楚。便于对方由表及里、由浅入深地阅读和了解，注意对索赔报告形式和内容的安排也是很有必要的。一般可以考虑用金字塔的形式安排编写，如图 10-1 所示。

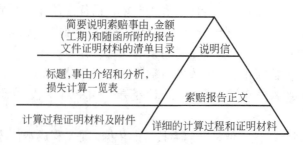

图 10-1　索赔报告形式和内容

说明信是承包商递交索赔报告时写的，一定要简明扼要，主要让监理工程师（业主）了解所提交索赔报告的概况，千万不可罗嗦。

索赔报告正文，包括题目、事件、理由（依据）、因果分析、索赔费用（工期）。题目应简洁说明针对什么提出的索赔，即概括出索赔的中心内容。事件是对索赔事件发生的原因和经过，包括双方活动所附的证明材料。理由是指出根据所陈述的事件，提出索赔的根据。因果分析是指依上述事件和理由所造成成本增加，工期延长的必然结果。最后提出索赔费用（工期）的分项总计的结果。

计算过程和证明材料的附件是支持索赔报告的有力依据，一定要和索赔中提到的完全一致，不可有丝毫相互矛盾的地方，否则有可能导致索赔的失败。

应当注意，承包商除了提交索赔报告的资料外，还要准备一些与索赔有关的各种细节性的资料，以防对方提出问题时进行说明和解释，比如运用图表的形式对实际成本与预算成本、实际进度与计划进度、修订计划与原计划的比较，人员工资上涨、材料设备价格上涨，各时期工作任务密集程度的变化，资金流进流出等等，通过图表来说明和解释，使之一目了然。

四、提交索赔报告

索赔报告编写完毕后，应及时提交给监理工程师（业主），正式提出索赔。索赔报告提交后，承包商不能被动等待，应隔一定的时间，主动向对方了解索赔处理的情况，根据所提出问题进一步作资料方面的准备，或提供补充资料，尽量为监理工程师处理索赔提供帮助、支持和合作。

索赔的关键问题在于"索"，承包商不积极主动去"索"，业主没有任何义务去"赔"，因此，提交索赔报告本身就是"索"，但要让业主"赔"，提交索赔报告，还只是刚刚开始，承包商还有许多更艰难的工作。

五、索赔报告评审

工程师（业主）接到承包商的索赔报告后，应该马上仔细阅读其报告，并对不合理的索赔进行反驳或提出疑问，工程师将自己掌握的资料和处理索赔的工作经验可能就以下问题提出质疑：

（1）索赔事件不属于业主和监理工程师的责任，而是第三方的责任；

（2）事实和合同依据不足；

（3）承包商未能遵守索赔意向通知的要求；

（4）合同中的开脱责任条款已经免除了业主补偿的责任；

（5）索赔是由不可抗力引起的，承包商没有划分和证明双方责任的大小；

（6）承包商没有采取适当措施避免或减少损失；

（7）承包商必须提供进一步的证据；

（8）损失计算夸大；

（9）承包商以前已明示或暗示放弃了此次索赔的要求等等。

在评审过程中，承包商应对工程师提出的各种质疑作出圆满的答复。

六、谈判解决

经过监理工程师对索赔报告的评审，与承包商进行了较充分的讨论后，工程师应提出对索赔处理决定的初步意见，并参加业主和承包商进行的索赔谈判，通过谈判，作出索赔的最后决定。

七、争端的解决

如果索赔在业主和承包商之间不能通过谈判解决，可就其争端的问题进一步提交监理工程师解决直至仲裁。按FIDIC《木土工程施工合同条件》的规定，其争端解决的程序如下：

（1）合同的一方就其争端的问题书面通知工程师，并将一份副本提交对方。

（2）监理工程师应在收到有关争端的通知后84天内作出决定，并通知业主和承包商。

（3）业主和承包商收到监理工程师决定的通知70天后（包括70天）均未发出要将该争端提交仲裁的通知，则该决定视为最后决定，对业主和承包商均有约束力。若一方不执行此决定，另一方可按对方违约提出仲裁通知，并开始仲裁。

（4）如果业主承包商对监理工程师决定不同意，或在要求监理工程师作出决定的书面通知发出84天后，未得到监理工程师决定的通知，任何一方可在其后的70天内就其所争端的问题向对方提出仲裁通知，将一份副本送交监理工程师。仲裁可在此通知发出后的56天之后开始。在仲裁开始前的56天内应设法友好协商解决双方的争端。

第三节　索赔的计算方法

（一）工期索赔计算

工期索赔的计算主要有网络图分析和比例计算法两种。

网络分析法是利用进度计划的网络图，分析其关键线路。如果延误的工作为关键工作，则延误的时间为索赔的工期；如果延误的工作为非关键工作，当该工作由于延误超过时差限制而成为关键时，可以索赔延误时间与时差的差值；若该工作延误后仍为非关键工作，则不存在工期索赔问题。

可以看出，网络分析要求承包商切实使用网络技术进行进度控制，才能依据网络计划提出工期索赔。按照网络分析得出的工期索赔值是科学合理的，容易得到认可。

比例计算法的公式为：

对于已知部分工程的延期的时间：

$$工期索赔值 = \frac{受干扰部分工程的合同价}{原合同总价} \times 该受干扰部分工期拖延时间$$

对于已知额外增加工程量的价格：

$$工期索赔值 = \frac{额外增加的工程量的价格}{原合同总价} \times 原合同总工期$$

比例计算法简单方便，但有时不符合实际情况，比例计算法不适用于变更施工顺序、加速施工、删减工程量等事件的索赔。

（二）经济索赔计算

1. 总费用法和修正的总费用法

总费用法又称总成本法，就是计算出该项工程的总费用，再从这个已实际开支的总费用中减去投标报价时的成本费用，即为要求补偿的索赔费用额。

总费用法并不十分科学，但仍被经常采用，原因是对于某些索赔事件，难于精确地确定它们的导致的各项费用增加额。

一般认为在具备以下条件时采用总费用法是合理的：

（1）已开支的实际总费用经过审核，认为是比较合理的；

（2）承包商的原始报价是比较合理的；

（3）费用的增加是由于对方原因造成的，其中没有承包商管理不善的责任；

（4）由于该项索赔事件的性质以及现场记录的不足，难于采用更精确的计算方法。

修正总费用法是指对难于用实际总费用进行审核的，可以考虑是否能计算出与索赔事件有关的单项工程的实际总费用和该单项工程的投标报价。若可行，可按其单项工程的实际费用与报价的差值来计算其索赔的金额。

2. 分项法

分项法是将索赔的损失的费用分项进行计算，其内容如下：

（1）人工费索赔

人工费索赔包括额外雇佣劳务人员、加班工作、工资上涨、人员闲置和劳动生产率降低的费用。

对于额外雇佣劳务人员和加班工作，用投标时的人工单价乘以工时数即可，对于人员闲置费用，一般折算为人工单价的0.75，工资上涨是指由于工程变更，使承包商的大量人力资源的使用从前期推到后期，而后期工资水平上调，因此应得到相应的补偿。

有时工程师指令进行计日工，则人工费按计日工表中的人工单价计算。

对于劳动生产率降低导致的人工费索赔，一般可用如下方法计算：

①实际成本和预算成本比较法。这种方法是对受干扰影响工作的实际成本与合同中的预算成本进行比较，索赔其差额。这种方法需要有正确合理的估价体系和详细的施工记录。如某工程的现场混凝土模板制作，原计划20 000m²，估计人工工时为20 000，直接人工成本32 000美元。因业主未及时提供现场施工的场地占有权，使承包商被迫在雨季进行该项工作，实际人工工时24 000，人工成本为38 400美元，使承包商造成生产率降低的损失为6 400美元。这种索赔，只要预算成本和实际成本计算合理，成本的增加确属业主的原因，其索赔成功的把握是很大的。

②正常施工期与受影响期比较法。这种方法是在承包商的正常施工受到干扰，生产率下降，通过比较正常条件下的生产率和干扰状态下的生产率，得出生产率降低值，以此为基础进行索赔。

如某工程吊装浇注混凝土，前5天工作正常，第6天起业主架设临时电线，共有6天时间使吊车不能在正常角度下工作，导致吊运混凝土的方量减少。承包商有未受干扰时正常施工记录和受干扰时施工记录，如表10-1和表10-2所示。

未受干扰时正常施工记录（m³/h）   表10-1

时间（天）	1	2	3	4	5	平均值
平均劳动生产率	7	6	6.5	8	6	6.7

受干扰时施工记录（m³/h）   表10-2

时间（天）	1	2	3	4	5	6	平均值
平均劳动生产率	5	5	4	4.5	6	4	4.75

通过以上记录施工比较，劳动生产率降低值为：

$$6.7-4.75=1.95m^3/h$$

索赔费用的计算公式为：

索赔费用＝计划台班×（劳动生产率降低值/预期劳动生产率）×台班单价

（2）材料费索赔

材料费索赔包括材料消耗量增加和材料单位成本增加两种方面。追加额外工作，变更工程性质，改变施工方法等，都可能造成材料用量的增加或使用不同的材料，材料单位成本增加的原因包括材料价格上涨，手续费增加，运输费用（运距加长，二次倒运等），仓储保管费增加等等。

材料费索赔需要提供准确的数据和充分的证据。

（3）施工机械费索赔

机械费索赔包括增加台班数量、机械闲置或工作效率降低、台班费率上涨等费用。

台班费率按照有关定额和标准手册取值。对于工作效率降低，应参考劳动生产率降低的人工索赔的计算方法。台班量的计算数据来自机械使用记录。对于租赁的机械，取费标准按租赁合同计算。

对于机械闲置费，有两种计算方法。一是按公布的行业标准租赁费率进行折减计算，二是按定额标准的计算方法，一般建议将其中的不变费用和可变费用分别扣除一定的百分比进行计算。

对于工程师指令进行计日工作的，按计日工作表中的费率计算。

（4）现场管理费索赔计算

管理费包括现场管理费（工地管理费），包括工地的如临时设施费、通讯费、办公费、现场管理人员和服务人员的工资等。

现场管理费索赔计算的方法一般为：

现场管理费索赔值＝索赔的直接成本费用×现场管理费率

现场管理费率的确定选用下面的方法：

①合同百分比法。即管理费比率在合同中规定。

②行业平均水平法。即采用公开认可的行业标准费率。

③原始估价法。即采用投标报价时确定的费率。

④历史数据法，即采用以往相似工程的管理费率。

（5）总部管理费索赔计算

总部管理费是承包商的上级部门提取的管理费，如公司总部办公楼折旧，总部职员工资、交通差旅费，通讯、广告费等。

总部管理费与现场管理费相比，数额较为固定，一般仅在工程延期和工程范围变更时才允许索赔总部管理费。目前国际上应用得最多的总部管理费索赔的计算方法是 Eichealy 公式。该公式是在获得工程延期索赔后进一步获得总部管理费索赔的计算方法。对于获得工程成本索赔后，也可参照本公式的计算方法进一步获得总部管理费索赔。

①对于已获延期索赔的 Eichealy 公式是根据日费率分摊的办法，其计算步骤如下：

a. 延期的合同应分摊的管理费（A）＝（被延期合同原价/同期公司所有合同价之和）×同期公司计划总部管理费；

$b.$ 单位时间（日或周）总部管理费率$(B)=(A)/$计划合同工期（日或周）；

$c.$ 总部管理费索赔值$(C)=(B)\times$工程延期索赔（日或周）。

【例】 某承包商承包一工程，原计划合同期为 240 天，在实施过程中拖期 60 天，即实际工期为 300 天。原计划的 240 天内，承包商的经营状况见表 10-3。

承包商经营状况表（单位：元） 表 10-3

	拖 期 合 同	其 他 合 同	总 计
合 同 额	200 000	400 000	600 000
直 接 成 本	180 000	320 000	500 000
总部管理费			60 000

则$(A)=(200\ 000/600\ 000)\times60\ 000=20\ 000$（元）

$(B)=(A)/240=20\ 000/240$

$(C)=(B)\times60=20\ 000/240\times60=5\ 000$（元）

若用合同的直接成本来代替合同额，则

$(A_1)=180\ 000/500\ 000\times60\ 000=21\ 600$（元）

$(B_1)=(A_1)/240=21\ 600/240$

$(C_1)=(B_1)\times60=21\ 600/240=5400$（元）

Eichealy 公式在工程拖期后的总部的管理索赔的前提条件是：若工程延期，就相当与该工程占用了应调往其他工程合同的施工力量，这样就损失了在该工程合同中应得的总部管理费。也就是说，由于该工程拖期，影响了总部在这一时期内对其他合同收入，总部管理费应该从延期项目中索补。

②对于已获得工程直接成本索赔的总部管理费的计算也可用 Eichealy 公式计算：

$a.$ 被索赔合同应分摊总部管理费$(A_1)=$被索赔合同原计划直接成本/同期所有合同直接成本总和$\times$同期公司计划总部管理费；

$b.$ 每元直接成本包含的总部管理费用$(B_1)=(A_1)/$被索赔合同计划直接成本；

$c.$ 应索赔总部管理费$(C_1)=(B_1)\times$工程直接成本索赔值。

（6）融资成本、利润与机会利润损失的索赔

融资成本又称资金成本，即取得和使用资金所付出的代价，其中最主要的是支出资金供应者的利息。由于承包商只有在索赔事件处理完结后一段时间内才能得到其索赔的金额，所以承包商往往需从银行贷款或以自有资金垫付，这就产生了融资成本问题，主要表现在额外贷款利息的支付和自有资金的机会利润损失，在以下情况中，可以索赔利息：

①业主推迟支付工程款的保留金，这种金额的利息通常以合同约定的利率计算。

②承包商借款或动用自有资金弥补合法索赔事项所引起的现金流量缺口，在这种情况下，可以参照有关金融机构的利率标准，或者拟定把这些资金用于其他工程承包可得到的收益计算索赔金额，后者实际上是机会利润损失的计算。

利润是完成一定工程量的报酬，因此在工程量的增加时可索赔利润。不同的国家和地区对利润的理解和规定有所不同，有的将利润归入总部管理费中，则不能单独索赔利润。

机会利润损失是由于工程延期或合同终止而使承包商失去承揽其他工程的机会而造成的损失，在某些国家和地区，是可以索赔机会利润损失的。

第四节　索赔成功的关键

工程索赔是一门涉及面广，融技术、经济、法律为一体的边缘学科，它不仅是一门科学，又是一门艺术，要想获得好的索赔成果，必须要有强有力的、稳定的索赔班子，正确的索赔战略和机动灵活的索赔技巧，这也是取得索赔成功的关键。

一、组建强有力的、稳定的索赔班子

索赔是一项复杂细致而艰巨的工作，组建一个知识全面，有丰富索赔经验，稳定的索赔小组从事索赔工作是索赔成功的首要条件，索赔小组应由项目经理，合同法律专家，估算师，会计师，施工工程师组成，有专职人员搜查和整理，由各职能部门和科室提供的有关信息资料，索赔人员要有良好的素质，要懂得索赔的战略和策略，工作要勤奋、务实、不好大喜功，头脑清晰，思路敏捷，有逻辑，善推理，懂得搞好各方的公共关系。

索赔小组的人员一定要稳定，不仅各负其责，而且每个成员要积极配合，齐心协力，对内部讨论的战略和对策要保守秘密。

二、确定正确的索赔战略和策略

索赔战略和策略是承包商经营战略和策略的一部分，应当体现承包商目前利益和长远利益，全局利益和局部利益的统一，应由公司经理亲自把握和制定，索赔小组应提供决策的依据和建议。

索赔的战略和策略研究，对不同的情况，包含着不同的内容，有不同的重点，一般应包含如下几个方面：

1. 确定索赔目标

承包商的索赔目标是指承包商对索赔的基本要求，可对要达到的目标进行分解，按难易程度进行排队，并大致分析它们实现的可能性，从而确定最低、最高目标。

分析实现目标的风险，如能否抓住索赔机会，保证在索赔有效期内提出索赔，能否按期完成合同规定的工程量，执行业主加速施工指令，能否保证工程质量，按期交付工程，工程中出现失误后的处理办法等等。总之要注意对风险的防范，否则，就会影响索赔目标的实现。

2. 对被索赔方的分析

分析对方的兴趣和利益所在，要让索赔在友好和谐的气氛中进行、处理好单项索赔和一揽子索赔的关系，对于理由充分而重要的单项索赔应力争尽早解决，对于业主坚持拖后解决的索赔，要按业主意见认真积累有关资料，为一揽子解决准备充分的材料。要根据对方的利益所在，对双方感兴趣的地方，承包商就在不过多损害自己的利益的情况下作适当让步，打破问题的僵局。在责任分析和法律分析方面要适当，在对方愿意接受索赔的情况下，就不要得理不让人，否则反而达不到索赔目的。

3. 承包商的经营战略分析

承包商的经营战略直接制约着索赔的策略和计划，在分析业主情况和工程所在地的情况以后，承包商应考虑有无可能与业主继续进行新的合作，是否在当地继续扩展业务，承包商与业主之间的关系对当地开展业务有何影响等等。这些问题决定着承包商的整个索赔要求和解决的方法。

4. 相关关系分析

利用监理工程师、设计单位、业主的上级主管部门对业主施加影响，往往比同业主直接谈判有效，承包商要同这些单位搞好关系，展开"公关"、取得他们的同情和支持，并与业主沟通，这就要求承包商对这些单位的关键人物进行分析，同他们搞好关系，利用他们同业主的微妙关系从中斡旋、调停，能使索赔达到十分理想的效果。

5. 谈判过程分析

索赔一般都在谈判桌上最终解决，索赔谈判是双方面对面的较量，是索赔能否取得成功的关键。一切索赔的计划和策略都是在谈判桌上体现和接受检验，因此，在谈判之前要做好充分准备，对谈判的可能过程要做好分析。如怎样保持谈判的友好和谐气氛，估计对方在谈判过程中会提什么问题，采取什么行动，我方应采取什么措施争取有利的时机等等。因为索赔谈判是承包商要求业主承认自己的索赔，承包商处于很不利的地位，如果谈判一开始就气氛紧张，情绪对立，有可能导致业主拒绝谈判，使谈判旷日持久，这是最不利索赔问题解决的，谈判应从业主关心的议题入手，从业主感兴趣的问题开谈、使谈判气氛保持友好和谐是很重要的。

谈判过程中要讲事实，重证据，既要据理力争，坚持原则，又要适当让步，机动灵活，所谓索赔的"艺术"，往往在谈判桌上能得到充分的体现，所以，选择和组织好精明强干，有丰富的索赔知识和经验的谈判班子就显得极为重要。

三、索赔的技巧

索赔的技巧是为索赔的战略和策略目标服务的，因此，在确定了索赔的战略和策略目标之后，索赔技巧就显得格外重要，它是索赔策略的具体体现。索赔技巧应因人、因客观环境条件而异，现提出以下各项供参考。

1. 要及时发现索赔机会

一个有经验的承包商，在投标报价时就应考虑将来可能要发生索赔的问题，要仔细研究招标文件中合同条款和规范。仔细查勘施工现场，探索可能索赔的机会，在报价时要考虑索赔的需要。在进行单价分析时，应列入生产效率，把工程成本与投入资源的效率结合起来。这样，在施工过程中论证索赔原因时，可引用效率降低来论证索赔的根据。

在索赔谈判中，如果没有生产效率降低的资料，则很难说服监理工程师和业主，索赔无取胜可能。反而可能被认为，生产效率的降低是承包商施工组织不好，没达到投标时的效率，应采取措施提高效率，赶上工期。

要论证效率降低，承包商应做好施工记录，记录好每天使用的设备工时、材料和人工数量、完成的工程及施工中遇到的问题。

2. 商签好合同协议

在商签合同过程中，承包商应对明显把重大风险转嫁给承包商的合同条件提出修改的要求，对其达成修改的协议应以"谈判纪要"的形式写出，作出该合同文件的有效组成部分。特别要对业主开脱责任的条款特别注意，如：合同中不列索赔条款；拖期付款无时限，无利息；没有调价公式；业主认为对某部分工程不够满意，即有权决定扣减工程款；业主对不可预见的工程施工条件不承担责任等等。如果这些问题在签订合同协议时不谈判清楚，承包商就很难有索赔机会。

3. 对口头变更指令要得到确认

监理工程师常常乐于用口头指令变更，如果承包商不对监理工程师的口头指令予以书面确认，就进行变更工程的施工，此后，有的监理工程师矢口否认，拒绝承包商的索赔要求，使承包商有苦难言。

4. 及时发出"索赔通知书"

一般合同规定，索赔事件发生后的一定时间内，承包商必须送出"索赔通知书"，过期无效。

5. 索赔事件论证要充足

承包合同通常规定，承包商在发出"索赔通知书"后，每隔一定时间（28天），应报送一次证据资料，在索赔事件结束后的28天内报送总结性的索赔计算及索赔论证，提交索赔报告。索赔报告一定要令人信服，经得起推敲。

6. 索赔计价方法和款额要适当

索赔计算时采用"附加成本法"容易被对方接受，因为这种方法只计算索赔事件引起的计划外的附加开支，计价项目具体，使经济索赔能较快得到解决。另外索赔计价不能过高，要价过高容易让对方发生反感，使索赔报告束之高阁，长期得不到解决。另外还有可能让业主准备周密的反索赔计价，以高额的反索赔对付高额的索赔，使索赔工作更加复杂化。

7. 力争单项索赔，避免一揽子索赔

单项索赔事件简单，容易解决，而且能及时得到支付。一揽子索赔，问题复杂，金额大，不易解决，往往到工程结束后还得不到付款。

8. 坚持采用"清理帐目法"

承包商往往只注意接受业主按对某项索赔的当月结算索赔款，而忽略了该项索赔款的余额部分。没有以文字的形式保留自己今后获得余额部分的权利，等于同意并承认了业主对该项索赔的付款，以后对余额再无权追索。

因为在索赔支付过程中，承包商和监理工程师对确定新单价和工程量方面经常存在不同意见。按合同规定，工程师有决定单价的权力，如果承包商认为工程师的决定 不尽合理，而坚持自己的要求时，可同意接受工程师决定的"临时单价"，或"临时价格"付款，先拿到一部分索赔款，对其余不足部分，则书面通知工程师和业主，作为索赔款的余额，保留自己的索赔权利，否则，将失去了将来要求付款的权利。

9. 力争友好解决，防止对立情绪

索赔争端是难免的，如果遇到争端不能理智协商讨论问题，使一些本来可以解决的问题悬而未决。承包商尤其要头脑冷静，防止对立情绪，力争友好解决索赔争端。

10. 注意同监理工程师搞好关系

监理工程师是处理解决索赔问题的公正的第三方，注意同工程师搞好关系，争取工程师的公正裁决，竭力避免仲裁或诉讼。

第五节 索 赔 案 例

【案例一】 埃及建设部项目工期延误及其费用索赔。

中建公司承建的埃及住宅十月六日城 3000 套工程，萨达特城 4000 套工程和萨达特城 2000 套工程，萨达特城二区工程 3000 套和玛利娜旅游村工程等，总建筑面积 100 余万 m^2，总工程合同价为 124898640 埃磅。在实施合同过程中，由于业主拖欠工程进度款，这是因为按合同规定对钢筋、水泥、木材、玻璃应由业主负责供应的指标迟迟不到位、工程变更频繁、地基承载力需作土质处理、砂暴等恶劣自然气候及非公司的过失等其他各种因素，造成合同工期大幅度延误和巨大的成本外额外开支，公司蒙受重大经济损失。据此，中建公司并邀请英国高级律师于 1992 年元月向埃及建设部提出索赔报告。

1. 工期延误一览表（见表 10-4）

表 10-4

序 号	项 目 名 称	延期天数（天）
1	十月六日域 3000 套住宅工程	802
2	萨达特城 4000 套住宅工程	879
3	萨达特城 2000 套住宅工程	618
4	萨达特城 二区工程	1118
5	玛利娜旅 游村工程	439

2. 索赔项目和费用构成（见表 10-5）

表 10-5

序 号	项 目 名 称	索赔费用（埃磅）
1	人员往来机票费	2738230
2	保函延期费	3099397
3	劳动证、居住证办理延期费	193483
4	拖欠工程款利息	2931159
5	防火、防盗保险费	300944
6	人工费上涨	6746575
7	行政管理费增加	9382284
8	材料费上涨	4270218
9	埃镑贬值	2449158
10	机械设备折旧	2278941
	费用损失索赔总额	34390589

3. 索赔费用计算

（1）人员往来机票费。因工期延误，为完成工程余额，5个项目共新来人员总数341人。北京至开罗往返机票为8030埃镑，该项索赔总金额为2738230埃镑。其计算公式为：人数×往返机票费＝机票费索赔金额。

（2）保函延期费。包括履约保函保证金利息损失、履约保函和机械保函的延期损失和机械保函延期上交税收费用损失。履约保函为合同额的5%，中建公司向中国人民银行提供履约保函额度的25%无息抵押金，利息为18%，下面分别进行计算：

①履约保函保证金利息损失计算式为：

履约保函额×无息抵押金(%)×年息(%)×延期(年)＝履约保函保证金损失索赔金额

②履约保函和机械保函延期费用损失计算式为：

已发生的实际费用（埃镑）部分＋（美元）部分＋预计将发生的部分

③机械设备保函延期时上交的海关税损失计算式为：

机械设备保函费×海关税率(%)×延期次数(次/年)

（3）劳动证、居住证办理延期费用。埃及政府规定，新办理劳动证、居住证的费用标准为：

①劳动证：新办费用为209埃镑，延期费用为106埃镑。

②居住证：新办费用为42埃镑，延期费用为42埃镑。

③各项目因工程延误，办理新来工作人员的劳动证、居住证费用损失的计算式为：

新办证人数×〔新办理劳动证费用＋（延期费用×延期次数）＋（新办理居住证费用×次数）〕＝劳动证、居住证办理延期费用

（4）拖欠工程款利息。合同期内的维修金利息，按合同完工期结束时实际完成工程营业额的5%的维修金额及工程延长天数计算。

延期后工程维修金利息按剩余工程营业额的5%的维修金额及延长期（工期延长天数的一半）计算。维修金推迟支付利息索赔计算式为合同规定完工结束时剩余工程营业额×5%（维修金）×18%（年利率）×延长期（年）＝维修金推迟支付利息

合同完工期内维修利息索赔计算为

合同期结束时已完工程营业额×5%×18%（年利率）×延长期（年）

拖欠工程进度款利息，按业主认可的工程进度款额及实际天数计算。此项索赔额总计为2931159埃镑。

（5）防火、防盗保险费损失。埃及政府规定，每年必须对工程进行防火、防盗保险。工期延长，防火、防盗保险次数就要相应地增加，给中建公司完成工程造成了损失，此项索赔金额总计为300944埃镑。

（6）人工费上涨。各项项目剩余工程所需工日数如表10-6所示。

表10-6

项　目　名　称	所　需　工　日	索赔金额（埃镑）
十月六日城3000套	134138	444120
萨达特城4000套	387719	1283706
萨达特城2000套	122608	32201
萨达特城二区	976532	3935151
玛利娜旅游村	289725	761397

此项索赔金额总计为：6746575 埃镑。具体计算分三种情况：①十月六日城 3000 套和萨达特城 4000 套，在延期内完成工程比例为：第一年 5％，第二年 30％，第三年 20％；②萨达特城 2000 套和玛利娜旅游村在延期内完成工程比例：第一年 60％，第二年 40％；③萨达特城二区在工程延期内完成工程比例：第一年 40％，第二年 30％，第三年 20％，第四年 10％，则人工费上涨计算为

$$A_1 = Q \times D \times \sum_{i=1}^{n} (C_i\% \times B_i\%)$$

式中　A_1——人工费上涨费（埃镑）；

　　　　Q——某项目剩余工程量所需工日数（工日）；

　　　　D——每天人工工资平均数（埃镑）

　　　　C_i——第 i 年完成剩余工程量比例（％）；

　　　　B_i——第 i 年给人工增加基本工资比例（％）；

$$B_i\% = B_{i-1}\% + (1 + B_{i-1}\%) \times B_1\%$$

式中　$i = 1, 2, 3 \cdots, n$，

　　　例如萨城二区人工费在延期内上涨为：

976522 $\times$ 12 $\times$ [(40％×15％)＋(30％×32.25％)＋(20％×52.08％)

　　　　　＋(10％×74.90％)]＝3935151 埃镑

（7）行政管理费增加额外费用。此项索赔总额 9382284 埃镑，其中现场管理费为经理部管理费占合同总价的 5％，受工程延期影响的公司管理费占 3％，计算式为"该项工程合同额×8％，(3％＋5％)×延长天数占合同天数的百分比＝行政管理费增加的额外费用"

（8）材料费上涨。由于工期延长，埃及市场材料价格逐年上涨，给公司带来额外损失。钢筋、水泥、木材及玻璃等平均上涨率为：18.6％，按合同规定予以调价。此项索赔费用总金额为 4270218 埃镑。除上述四种材料外，材料费上涨计算式为：

$$A_2 = H \times T\% \times G\% \times \sum_{i=1}^{n} (C_i\% \times E_i\%)$$

式中　A_2——非四材材料费上涨费（埃镑）；

　　　　H——合同工期结束时剩余工程营业额（埃镑）；

　　　　T——材料费占合同价比例（％）；

　　　　G——非四材占材料费比例（％）；

　　　　C_i——第 i 年完成剩余工程量比例（％）；

　　　　E_i——除四材材料费平均每年上涨率（％）；

$$E_i\% = E_{i-1}\% + (1 + E_{i-1}\%) \times E_1\%$$

式中　$i = 1, 2, 3 \cdots, n$，

（9）埃镑贬值。因埃及市场动荡，埃镑不断下滑，如萨达特城 4000 套合同贬值率达 28.53％，工期延长后，完成工程增加额外费用。按合同规定，支付美元部分为合同总价的 20％，其计算式为

合同完工期结束时工程价×美元比例(％)×贬值率(％)＝埃镑贬值损失索赔金额

（10）机械设备折旧。由于工期延长，机械设备折旧增加了额外费用，年折旧率为 20％，

机械设备费占合同总价的 4%，其计算式为

工程合同总价×机械设备费占合同总价比例（％）×年折旧率

　　　×（延长天数÷年日历天数）＝机械设备折旧损失金额

此项索赔总金额为 2278941 埃镑。

4. 索赔结论

埃及建设部确认上述报告后，中埃双方反复进行了多次讨论，最终在有埃及国务委员会法律部及中建公司等领导的高层会议上，埃方表示原则同意赔偿非承建商引起的工期延误而产生的额外费用损失，其计算总原则应按合同工期结束时每月完成剩余工程量的 0.6％计价，同时还同意减少萨达特城二区工程的部分工程量。

按此计算各项索赔金额如下：十月六日城 3000 套，196030 埃镑；萨达特城 4000 套，869015 埃镑；萨达特城 2000 套，206150 埃镑；萨达特城二区，3758584 埃镑；玛利娜旅游村，206942 埃镑；减少萨达特城二区合同量折 700 万埃镑，按投入比为 4 计，需投资 2800 万埃镑；减去 700 万埃镑后，萨达特城二区工程，2100 万埃镑，索赔总金额 26236721 埃镑。

上述索赔金额占承建商（中建公司）要求索赔的 76.29％，占五个项目合同总价的 21.01％。

【案例二】 工程量增加引起的索赔。

某国水坝工程，为均质土坝，下游设滤水坝体，土方填筑为 836150m³；砂砾石滤料为 78500m³，中标合同价为 739920 美元，工期 18 个月。施工后，开始工程师先后发出 14 个变更指令，其中有两个指令涉及工程量的大幅度增加，而且土料和砂砾料的运输距离亦有所增加，承包商提出了工期索赔和经济索赔，要求延长工期 4 个月，同时向业主要求经济补偿 431789 美元，具体计算见表 10-7。

表 10-7

索 赔 项 目	增 加 工 程 量	单 价	款 数
1. 坝体土方	40250m³ （原为 836150m³） 运距由 750m 增至 1500m	4.75 美元/m³	191188 美元
2. 砂砾石滤料	12500m³ （原为 78500m³） 运距由 1700m 增至 2200m	6.25 美元/m³	78125 美元
3. 延期 4 个月的现场管理费	原合同额中现场管理费 731143 美元，工期 18 个月	40619 美元/月	162476 美元
以上三个方面索赔总计			431789 美元

表中延期 4 个月的现场管理费，系根据合同额 739920 美元推算的。根据投标报价书，工程净直接费（人工费、材料费、机械费以及施工开办费等）以外，另外 12％的现场管理费，构成工程直接费；另列 8％，工程间接费，即总部管理费及利润。

工程承包施工合同额为 7369920 美元

扣除总部管理费及利润

　　　　$7369920 \times 8/(100+8) = 545920$ 美元

工地现场管理费

　　　　$(7369920 - 545920) \times 12/(100+12) = 731143$ 美元

每月工地现场管理费

$$731143 \div 18 = 40619 \text{ 美元}$$

在投标报价书中，土坝土方的单价为 4.5 美元/m³，砂砾石滤料的单价为 5.5 美元/m³。承包商认为，这两项增加工程的数量都比较大，土料增加了原土方量的 5%，砂砾石滤料增加了约 16%，而且，运输距离相应增加了 100% 及 29%，承包商要求按新单价计算索赔款。

咨询工程师在接到承包商的上述索赔要求后，逐项地分析核算，并根据承包合同条款的有关规定提出以下审核意见：

（1）鉴于工程量的增加，以及一些不属于承包商责任的工期延误，经具体核定，同意给承包商延长工期 3 个月。

（2）对新增土方 40250m³ 的单价，进行了具体分析：

①新增土方开挖费用：用 1m³ 正铲挖掘装车，每小时按 60m³ 计，每小时机械及人工费 28 美元，挖掘单价为 28/60＝0.47 美元/m³。

②新增土方运输费用：用 6t 卡车运输，每次运 4m³，每小时运送 2 趟，运输费用每小时 25 美元，运输单价为 28/(4×2)＝3.13 美元/m³。

故新增土方的挖掘、装载和运输费单价为 0.47＋3.13＝3.60 美元/m³。

新增土方单价：净直接费单价为 3.60 美元，再增 12% 现场管理费 0.43 美元，还要增 8% 总部管理费及利润 0.32 美元，故新增加土方单价应为 3.60＋0.43＋0.32＝4.35 美元。

③新增土方补偿款额：40250×4.35＝175088 美元。

（3）对新增砂砾料 12500m³，进行单价分析：

①开挖费用：用 1m³ 正铲挖掘装车，每小时机械及人工费 28 美元，装料 45m³，单价 28/45＝0.62 美元。

②运输费用：每小时 2 趟，每次装 3.2m³，单价为 25/(3.2×2)＝3.91 美元

③单价分析，净直接费单价为 4.53 美元，增 12% 现场管理费 0.54 美元，增 8% 总部管理费及利润 0.41 美元，则新增加砂砾料单价应为每方 4.53＋0.54＋0.41＝5.48 美元。

④新增砂砾料补偿款额：12500×5.48＝68500 美元。

（4）关于工期延长管理费补偿：

①现场管理费，不应依总合同额中所包含的现场管理费的每月平均款额计算，而应按新增工程的款额计算。

土方：新增土方补偿款 175088 美元，增 8% 总部管理费及利润 175088×(8/108)＝12969 美元，增 12% 现场管理费 (175088−12969)×12/112＝17370 美元。

砂砾料：新增砂砾补偿款 68500 美元，增 8% 总部现场管理费及利润 68500×(8/108)＝5074 美元，增 12% 现场管理费 (68500−5074)×(12/112)＝6796 美元。

②土方及砂砾料补偿款的现场管理费为 17370＋6796＝24166 美元。

最终，经工程师核算，业主同意，支付索赔款 267754 美元，其中：坝体土方 175088 美元，砂砾石滤料为 68500 美元，现场管理费为 24166 美元。

承包商对此结果表示满意，因其索赔率占合同总价 267754 美元/7369920 美元≈4%，为承包商提出索赔金额的 62%，（267754 美元/431789 美元）。

【案例三】 关于物价上涨引起的索赔。

某国际工程公司，承包国外的一座水电站的施工，合同额为 12857000.00 美元，工期

18个月。合同条款采用FIDIC第4版"合同条款"，并有整套施工技术规程、工程清单和施工图纸。

在施工过程中，工程所在国物价上涨，在工程将近建成时，承包商要求调整，收回物价上涨引起的成本增加，并收回拖期支付四个半月的利息，合同规定按利率9.5%利息。该合同采用调价公式，计算价格调整系数。

$$P=0.15+0.17(EL/EL_0)+0.14(LL/LL_0)+0.25(PL/PL_0)+0.13(CE/CE_0)+0.10(ST/ST_0)+0.06(TI/TI_0)$$

式中　EL——出国人员调价时的工资；

EL_0——出国人员报价书中的工资；

LL、LL_0——当地人工调价时与报价书中工资；

PL、PL_0——施工机械调价时与报价书中的费用；

CE、CE_0——水泥调价时与报价书中的价格；

ST、ST_0——钢材调价时与报价书中的价格；

TI、TI_0——木材调价时与报价书中的价格。

经过价格调查，上式中各项成本费的比例如下：

表 10-8

EL/EL_0	LL/LL_0	PL/PL_0	CE/CE_0	ST/ST_0	TI/TI_0
1.12	1.10	1.09	1.06	1.14	1.08

故价格调整系数为

$$P=0.15+(0.17\times1.12)+(0.14\times1.10)+(0.25\times1.09)+(0.13\times1.06)$$
$$+(0.10\times1.14)+(0.06\times1.08)$$
$$=0.15+0.1904+0.1540+0.2725+0.1378+0.1140+0.0648=1.0835$$

采用下式，计算调整后的合同价 P 的值

$$P=P_0\times P$$

式中　P——调整后的合同价；

P_0——原合同价；

P——上面求出的价格调整系数（1.0835）。

调整后的合同价格　　　$P=12857000\times1.0835=13930560$ 美元

通过价格调整，合同额增加1073560美元，即由于物价上涨的索赔款。

业主应补偿拖付利息为

$$1073560\times(0.095/12)\times4.5=38246\text{ 美元}$$

业主共支付物价上涨调整及其拖付利息为

$$1073560+38246=1111806\text{ 美元}$$

该工程总索赔款占合同额的 $1111806/12857000=8.65\%$。

【案例四】　有关不利地质条件的索赔计算

一、案例背景

NKDWS是一个日处理15万t水的处理厂项目，由世界银行贷款。

合同金额为 200 万美元，工期为 29 个月，合同条件以 FIDIC 第 4 版为蓝本。

合同要求在河岸边修建一个泵站，承包商在进行泵站的基础开挖时，遇到了业主的勘测资料并未指明的流沙和风化岩层，为处理这些流沙和风化岩层，相应造成了承包商工程拖期和费用增加，为此，承包商要求索赔：

（1）工期：17 天

（2）费用：12504 美元

二、索赔论证

承包商在河岸进行泵站的基础开挖时遇到了流沙，为处理流沙花了 10 天的时间，处理完流沙后，又遇到风化岩层，为了爆破石方又花了 1 周的时间。

按照业主提供的地质勘探资料，河岸的基土应为淤泥和泥碳土，并未提及有流沙和风化岩层。

合同条件第 12.2 款规定，在工程施工中，承包商如果遇到了气候条件以外的外界障碍或条件，如果这些障碍和条件是一个有经验的承包商也无法预见到的，工程师应给予承包商相应的工期和费用补偿。

上述流沙和风化岩层，如果业主不在地质勘探资料中予以标明，在短短的投标期间，一个有经验的承包商也是无法预见到的。

故承包商要求索赔相应的工期，多支出的人工费、材料费、机械费、管理费及利润。

三、索赔计算

1. 工期索赔计算

处理流沙：	10 天
处理风化岩层：	7 天
小计：	17 天

由于上述事件，承包商在这 17 天除了处理流沙和风化岩层外，无法进行其正常工程施工，故承包商要求补偿工期：17 天

2. 费用索赔计算

（1）处理流沙的费用：

人工费：	1240 美元	
施工机械费：	1123 美元	
小计：	2363 美元	
加 15％的现场管理费	354 美元	2717 美元
加 5％的总部管理费	136 美元	2853 美元
加 3％的利润	86 美元	2939 美元

（2）处理风化岩层的费用：

人工费：	885 美元	
材料费：	2389 美元	
施工机械费：	1487 美元	
小计：	4761 美元	
加 15％的现场管理费	549 美元	4210 美元
加 5％的总部管理费	211 美元	4421 美元

加 3% 的利润   133 美元   4554 美元

（3）延期的现场管理费

管理费的提供采取按月平均分摊的方法。

合同总价中利润：

$$2000000 \times 3 \div 103 = 58252 \text{ 美元}$$

合同总价中的总部管理费：

$$(2000000 - 58252) \times 5 \div 105 = 92464 \text{ 美元}$$

每月的现场管理费：

$$(2000000 - 58252 - 92464) \times 15 \div 115 \div 29 = 8318 \text{ 美元}$$

延期 17 天的现场管理费：$8318 \div 30 \times 17 = 4714$ 美元

减去（1）、（2）项中包含的现场管理费：

$$4714 - 354 - 549 = 3811 \text{ 美元}$$

（4）延期的总部管理费

延期的总部管理费的计算采用 Eichealy 公式

分摊到被延误合同中的总部管理费 A＝被延误合同金额/合同期内所有合同总金额×合同期内总部管理费总额

被延误合同每天的总部管理费＝B/A 合同期

索赔的延期总部管理费 $C = B \times$ 延期天数

在本合同期的 29 个月内，承包商共承包了 3 个合同，3 个合同的总金额为 425 万美元，3 个合同的总部管理费总额为 17 万美元。

$$A = 2000000/4250000 \times 170000 = 80000 \text{ 美元}$$

$$B = 80000/881 = 91 \text{ 美元}$$

$$C = 91 \times 17 = 1547 \text{ 美元}$$

减去（1）、（2）项中包含的总部管理费：

$$1547 - 136 - 211 = 1200 \text{ 美元}$$

合计索赔费用：12504 美元

【案例五】 索赔款计价方法比较

某承包商通过竞争性投标中标承建一个宾馆工程。该工程由 3 个部分组成：两座结构形式相同的大楼，坐落在宾馆花园的东西两侧；中部是庭院工程，包括花园、亭阁和游泳池。东西大楼的中标价各为 1580000 美元，庭院工程的中标价为 524000 美元，共计合同价 3684000 美元。

在工程实施过程中，出现了不少的工程变更与施工难题，主要是：

（1）西大楼最先动工，在施工中因地基出现问题而被迫修改设计，从而导致了多项工程变更，因此使工程实际成本超过计划（即标价）甚多。可幸的是，东大楼的施工没有遭受干扰。

（2）在庭院工程施工中，由于遇到了连绵阴雨，被迫停工多日。又因为游泳池施工和安装时，专用设备交货期延误，几度处于停工待料状态，因而使工程费增多，给承包商带来亏损。

这三部分工程的费用开支情况见表 10-9。

工 程 部 分	中 标 合 同 价	实 际 费 用	盈 亏 状 况
1. 西大楼	1580000	1835000	−255000
2. 东大楼	1580000	1450000	+130000
3. 庭院工程	524000	755000	−231000
共　　　计	3684000	4040000	−356000
4. 西大楼工程变更	155000	155000	
全部工程总计	3839000	4195000	−356000

从表中可以看出：（1）承包商在西大楼工程和庭院工程中均遭亏损。唯在东大楼施工中有盈利，盈亏相抵，总亏损为 356000 美元。（2）在西大楼施工中，由于发生工程变更，承包商取得额外开支补偿款 155000 美元。

在这一合同项目施工费用实际盈亏状况下，如果采取不同的索赔款计价方法，其结果差别情况如下：

（1）如果按总费用法（Total coat Method）结算，就要考虑工程项目所有的三个部分工程的总费用。则其合同总计为 3684000 美元，但实际开支的总费用为 4040000 美元，按照总费用的理论承包商有权得到的经济补偿为 356000 美元。

但是，在采用总费用法时，业主肯定要提出许多的质疑，认为承包商亦应对其亏损承担责任，不能把全部的费用超支 356000 美元都要求业主补偿；况且，为了弥补承包商在西大楼施工中遇到的干扰所造成的损失，业主和工程师已经以工程变更的方式向承包商补偿了 155000 美元。

因此。承包商还要提出许多的证据和说明，来证明他要求的款额是合理的。

（2）如果按照修正的总费用法来计算索赔款，则不考虑 3 个部分工程的总费用，而仅考虑东、西两大楼工程的综合盈亏状况来索赔。因为这二座楼的结构形式相同，工程量相同；西大楼发生工程变更，东大楼没有受到干扰影响，因而是可比的。这样，其索赔款额应是

$$3285000 − 3160000 = 125000 \text{ 美元}$$

这样的计价，由于可比性强，且款额较小，是容易为业主所接受。

根据以上的两种计价的比较，采用修正的总费用法计算出来的索赔款额，仅占总成本法计算成果的 35%，自然容易被业主接受。但是，对承包商来说，他所得到的索赔仅仅是东大楼的，而没有包括庭院工程施工中所承担的费用亏损（755000 − 524000）＝ 231000 美元。对于庭院工程施工所受的亏损 231000 美元，承包商仍有权进行索赔，只要他的计价法合理，证据齐全可靠，他们仍然可以获得庭院工程的索赔款。

参 考 文 献

1. 中华人民共和国招标投标法.1999 年 8 月 30 日第九届全国人民代表大会常务委员会第 11 次会议通过
2. 中华人民共和国合同法.1999 年 3 月 15 日第九届全国人民代表大会通过
3. 建设部.国家工商行政管理局.建设工程施工合同文本.1999 年 12 月发布
4. 建设部.建设工程施工招标文件范本.1996 年 12 月
5. 卞耀武.中华人民共和国招投标法实用问答.中国建材工业出版社,1999
6. 丛培经,范运林等.实用工程项目管理手册.中国建筑工业出版社,1999
7. 杨俊杰.国际工程管理实务.海洋出版社,1998
8. 何伯森.国际工程合同与合同管理.中国建筑工业出版社,1999
9. 雷胜强.简明建设工程招标承包工作手册.中国建筑工业出版社,1998
10. 范运林.论政府对建设市场主体的依法管理.建筑,1999 年第 7 期
11. 何红锋,张连生.新编经济法教程.中国化学工业出版社,1999
12. 尹贻林,何红锋.工程合同管理.人民大学出版社,1999
13. 江平.中华人民共和国合同法精解.中国政法大学出版社,1999